Rubyではじめる Webアプリの作り方

久保秋 真 ● 著

JN039052

Ohmsha

はじめに

1 問題解決の手段としてのプログラミングを学ぼう

　本書を手に取っていただき、ありがとうございます。この本を手にした方は、プログラムを作ることに興味があったり、Rubyを使ってプログラムを作ってみたいと思っている人でしょう。あるいは、興味はさほどでもないが、大学の講義や研究でプログラムを作ることになったのがきっかけという人もいるでしょう。中にはプログラミングの講義で勉強はしたものの、いざプログラムを作るときになってどうしたらよいかピンとこない人もいるのではないでしょうか。

　この本は、Webアプリの仕組みやWebページの作り方を学ぶ本ではなく、Webアプリの中身の作り方を学ぶ本です。あまりそういう視点で書いている本は見当たらないので、きっと役に立つ人がいるでしょう。この違いに気づいて、この本を選んでもらえたら嬉しいですし、きっと他の本では得られない学びがあると期待しています。

　これまでも、Webアプリを作るという本はたくさん出版されています。たいていの本は、Webの仕組み、Webアプリの仕組み、ページの作り方、サーバーのアプリケーションの作り方などについて解説・演習します。たしかに、すでにアプリケーションを作ったことのある人がWebアプリの開発に入門するのであるなら、そのような構成がでよいでしょう。ところが、言語やプログラミングの基礎はやったけれどほとんどアプリケーションを作ったことがない人にとって、この構成は「アプリケーションの器」の作り方だけ教えてくれるようなものです。Webアプリとしての体裁は整っているけれど、どのような機能をどうやって作ればよいのかはわからないままです。結果として、演習課題などで自分で考えてプログラムを作ることになると「この課題のプログラムはどうやったら作れるのだ？」と困惑します。そして、まだプログラムを作れるようにはなっていない自分に気づくのです。

　それでは、いったいどうしたらよいのでしょうか。寺田寅彦[1]の随筆『数学と語学』[x01]には、次のようなことが書いてあります：

> 　語学を修得するにまず単語を覚え文法を覚えなければならない。しかしただそれを一通り理解し暗記しただけでは自分で話す事もできなければ文章も書けない。長い修練によってそれをすっかり体得した上で、始めて自分自身の考えを運ぶ道具にする事ができる。

　たしかに、みなさんが文章を書くことを学ぶとしたら、品詞や構文といった日本語の文法の知識が必要でしょう。原稿用紙の使い方や漢字の書き取りといったことも、欠かせない技能です[2]。ですが、これらばかりをいくら練習しても、それだけでは文章が書けるようにはならな

1　戦前の日本の物理学者、随筆家。夏目漱石の作品『吾輩は猫である』などの登場人物のモデルともいわれています。
2　いまは、ワープロの操作方法や推敲ツールの活用法というべきでしょうか。

いですよね。文章が書けるようになるには、よい文章に触れたり、真似て書いてみたりといったことが必要です。それから、拙い文章であっても、ともかくたくさん書いては良し悪しを見てもらうことも必要です。また、長い文章であれば、いきなり書くのではなくどのような筋書きや構成になるのかを考えることも必要になります。

図にまとめると、**図1**のようになるでしょう。

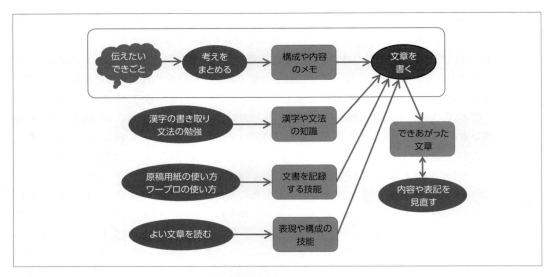

図1　文章を書けるようになるために必要な活動

　プログラミング言語の習得にも似たようなことが当てはまります。つまり、そのプログラミング言語の文法やライブラリの使い方を学んでも、それだけではプログラムを作れるようにはならないのです。プログラムを作れるようになるには、文法やライブラリの勉強に加えて、プログラムを作るときにはどんなことを考えればよいのかについて知る必要があります。さらに、自分の書いたプログラムを他の人に見てもらうこと、作ろうとするプログラムがどのような構成や動作になるのかを考える方法を知ることなども必要になります。

　つまり、次の2つの学習は異なるものであることを意味しています。

- プログラムを作る方法を知る学習。
- プログラミング言語そのものを知る学習。

図にまとめると、**図2**のようになるでしょう。

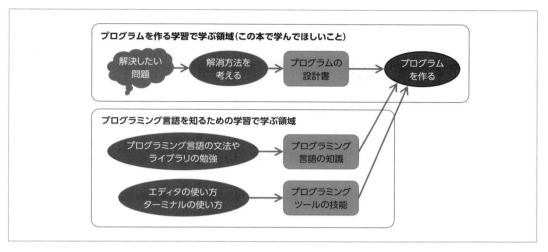

図2　プログラムを作れるようになるために必要な活動

　このような考えに基づいて、この本は「**プログラムを作るときにはどんなことを考えるのか？**」をRubyを使って学べる本にしてみようと決めました。

　もし、Rubyを使って情報科学やソフトウェアの基礎を学びたい場合は、代わりに『情報科学入門—Rubyを使って学ぶ』[b09] などを読むことをおすすめします。

2 | この本の学びのストーリー

　次のような流れで、実験と開発を繰り返して理解を深めていきます。

①解決したい問題を発見します。

⬇

②解決方法を考えます。

⬇

③具体的な用途を持ったアプリケーションを設計します。

⬇

④作成するアプリケーションの開発の流れを計画します。

⬇

⑤必要となる機能を実験します。

⬇

⑥実験した機能をまとめてアプリケーションにします。

⬇

⑦Webアプリに発展させ、Excel表も生成します。

3 | この本の構成・読み方

みなさんが他の人がやっていることを真似て身につけようとしたときは、たいてい次のどちらかの方法を使うのではないでしょうか。

- その人がやっている作業を真似してみて、うまくいかないところがあれば、やり方を詳しく教えてもらう。
- どんな作業をやればよいのかについて解説した文書を読んで、そのやり方で進める。

たとえば、料理を作るときのことを考えてみます。前者は、料理を手伝いながら作る手順を教えてもらう方法に似ているでしょう。後者は、料理を始める前に調理法の本に従って調理の基礎を演習し、それからレシピに従って料理を作る段階へ進む方法に似ているでしょう。

では、「プログラムを作るときにはどんなことを考えるのか？」を学ぶとしたら、どちらの方法がよいでしょうか。みなさんにこの本を読みながら体験してもらうことを考えると、わたしは前者の方法がよさそうかなと思いました。おそらく、後者の方法を取った本は**リスト1**のような構成になるでしょう。

リスト1　プログラミング言語の本によくある構成
1. Rubyの文法の解説。
2. Rubyの使い方の解説。
3. Rubyでアプリケーションを作る演習。

この構成を見てわかるように、「なにかを作ってみよう」という目的を持ったプログラムを作る演習は、終わりの3分の1ぐらいになってしまいます。文法やライブラリの解説の中でもサンプルプログラムは作るでしょうが、それらは文法やライブラリの使い方を確認するためのものです。つまり、このような構成は、プログラミング言語の文法を学ぶことを目的とした本の構成だといえるでしょう。

では、「プログラムを作るときにはどんなことを考えるのか？」を学ぶには、なにが必要でしょうか。それは、作りたいプログラムがあるときに、どんなことから考えて、どんな作業を進めていくのかといった**「プログラムを作るときの思考の過程」を体験する**ことではないでしょうか。そうなると、本全体の3分の2をかけてじっくりとRubyの文法やライブラリの使い方を学んでからというのは、いささか遠回りに感じられませんか。

そこで、早い段階からプログラムを作る方法について演習できるよう、この本は**リスト2**のように構成してあります。

リスト2　この本の演習の進め方
1. **作成するアプリケーションと開発の流れを整理する。**
2. **必要となる機能を実験する。**
3. **実験した機能をまとめてアプリケーションに仕立てる。**

　このような構成にしておけば、Rubyの文法や基本的なライブラリの使い方についてある程度知っている人は、すぐにこの本の演習に入れるでしょう。ですが、Rubyの文法やライブラリの使い方にまだ自信がない人は、そのまま演習に進むのは難しいですね。そのような人向けに、演習環境の準備やRubyの文法やライブラリについての基本の演習も用意しました。Rubyを使う環境については「付録C 開発環境を準備しよう」で、基本的なRubyの使い方については「付録D Rubyの復習」で演習を用意しています。Rubyのプログラミングが初めてではない人も、確認しておくと役に立つことがあるでしょう。

　演習を進めていく中で「必要となる機能を設計・実装する」ときに「なにか困ったことが見つかった」なら、そのときに必要なことを学ぶことにします。たとえば、Webアプリのページテンプレートを作るときは、まずHTML^{用語}で静的なWebページを作成し、そこからテンプレートを作成します。新たにライブラリを追加するときは、そのライブラリの導入や使い方を演習します。

　それでは、この本の構成を紹介しておきます。この本は「第1部 準備編」と「第2部 実践編」に分かれています。

　第1部 準備編の「第1章 作成するアプリケーションと開発の流れ」では、この本で作るアプリケーションが対象業務にする、Amazonの注文履歴サービスの働きを把握します。また、どんなアプリケーションに仕立てるのかを検討して開発の流れを整理します。「第2章 必要な機能を実験しよう」では、アプリケーションで使う技術的な側面を把握します。とくに、Selenium WebDriver^{用語}の使い方を演習し、これを使ってAmazonの注文履歴の取得を実験します。

　第2部 実践編は、次頁の**図3**のような構成になっています。「第3章 コマンドライン版注文履歴取得アプリケーションを作ろう」では、アプリケーションの中心となるAmazonの注文履歴の取得部分を、コマンドラインから単独利用できるアプリケーションとして開発します。「第4章 Webアプリの働きを実験しよう」では、Webアプリの技術的な側面を把握します。Webサーバーの動作確認や、テンプレートを使ったページ生成を使えるようにしておきます。「第5章 Webアプリ版注文履歴取得アプリケーションを作ろう」では、Webアプリとしての機能を整理し、段階的にWebアプリを開発します。最後に「第6章 注文履歴からExcelワークシートを作ろう」で、Excelのワークシートを作成する機能をWebアプリに追加します。

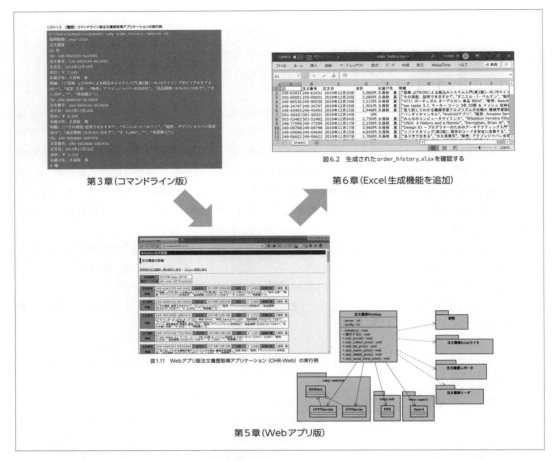

図3　本書の構成と作成するアプリケーションの関係

4 ｜ この本を読む前に確認してほしいこと

　　まず、Rubyとは直接関わりないことがらについて確認しておきましょう。プログラミングが初めての人は、実はプログラミングそのものではなく、別のことが原因でつまずいていることが多いです。たとえば**リスト3**に挙げたようなことが原因になっている可能性があります。

リスト3　プログラミング以外でつまずく原因

- 演習環境のインストールや設定作業ができない。
- タイピングが遅い、できない。
- コマンドプロンプトやターミナル上で、キーボードを使ったPCの操作に慣れていない。

- PCのファイルシステムの構造や配置の知識が不足している。
- プログラミング用のテキストエディタを使ったことがない、または慣れていない。

　みなさんがこれらのことに慣れていないなら、この時点で不得意なのはプログラミングではなくPCの知識と操作です。該当するみなさんは、プログラミングを学ぶのとは別にこれらのことについて練習や慣れが必要です。この本の演習をやりながらでもよいので、ぜひ練習してみてください。

　次に、プログラミングやこの本の演習に関わることがらです。プログラミング言語にはRubyを使います。もし、Rubyを使う環境がまだ準備できていないなら、最初に「付録C 開発環境を準備しよう」を参照して環境を整えてください。他のプログラミング言語を使ったプログラミングの経験はあるが、Rubyを使うのが初めてという人は「付録D Rubyの復習」の演習を少しやってみてください。難しくないと感じるならば、この本の演習はこなせるでしょう。また、Rubyの基本的な使い方に慣れていない人やRubyを使うのが久しぶりの人も「付録D Rubyの復習」で演習しておきましょう。

5 | 目的のあるプログラムを作ることを目標にしよう

　「1 問題解決の手段としてのプログラミングを学ぼう」で述べたように、この本は目的を持ったプログラムを作る方法について学ぶことを目標としています。そのため、「3 この本の構成・読み方」でも触れたように、Rubyの文法を学ぶことは目的にしていません。なぜなら、いまは多くのWebサイトや書籍が、文法やライブラリの使い方の解説や演習を提供してくれているからです。もし、みなさんが文法やライブラリそのものを詳しく調べたいならば、それらのWebサイトや書籍を頼ったほうがよいでしょう。

　では、わたしたちはなにを目的とするのがよいでしょうか。たとえば文章を書けるようになるという目的の場合、**図1**でも説明したように、文法や原稿用紙の使い方だけでなく実際に文章を書いてそれを見てもらうことが必要でした。しかも、そのような文章を書くためには、テーマや構成を考えて内容のある文章に仕立てる（＝文章の構造を考える）必要があります。

　このことを、プログラムを作る方法について学ぶという目的に当てはめるとどうなるでしょうか。内容のある文章を書くことに相当するのは、具体的な用途があるプログラム（アプリケーションプログラムといいます）を作ってみることでしょう。どのようなテーマを扱うのかについては、たとえば、自分の生活の中でちょっと便利にしたいこと（煩わしさを解消したいこと）をテーマにしてみればよいでしょう。

　ある程度の文章を書こうとしても、すぐに書き始めることができないように、このようなアプリケーションもいきなりプログラムを書き始めるわけにはいきません。文章を書くときに取材や調査をするように、作る対象の作業や仕組みを調べたり試してみなくてはならないでしょう。それに、使ったこともないサービスをいきなりプログラムで実現するのは難しいですよね。使用経験の足りない技術があれば、実験して試してみる必要もあります。そして、長い文章

であれば、どのような構成にするのかもよく考えておく必要があります。アプリケーションを作る場合も、図などを使ってどのような構成になるのか整理しておくのがよいでしょう。

この本では、「**Amazonの注文履歴をもっと手軽に管理する**」ことを**目的**にします。みなさんも、Amazonを使っていて感じたことがある悩みではありませんか。そして、この目的を達成するために、「**注文履歴取得アプリケーション**」を作ることを**目標**にします。AmazonのWebサイトから注文履歴を取得してWebアプリとして表示したり、変換してExcelのワークシートを作成するアプリケーションを作っていきます。

6 | アイコンの説明

本文中では、次のようなアイコンを用いています。

告知：注目に値する大切な内容についてのお知らせ。

ヒント：覚えておくと便利なちょっとしたヒントやコツ。

重要：間違えたり見落とすと期待通りの結果が得られない設定や操作など。

注意：無視すると危険な問題の発生につながる場合に注意深い行動を促す。

警告：守らないと危険、危害、害のある結果を招く可能性のあることを知らせる。

7 | 凡例

本文中の単語の右肩に「[w01]、[b01]、[x01]、用語」のようなマークがついています。これらは、巻末付録の参考文献や用語集の項目を表しています。必要に応じて付録を参照してください。

マークの例	参照先
[w01]	付録B.1 Web上の情報源
[b01]	付録B.2 書籍
[x01]	付録B.3 その他
用語	付録E 用語集

8 | サポートサイトについて

この本のサポートページ、Facebook ページの URL です。

サポートページ　　　https://kuboaki.gitlab.io/rubybook3/
Facebook ページ　　https://www.facebook.com/kuboaki.rubybook3/

9 | サンプルコードについて

この本に掲載しているプログラムや演習で作成するプログラムのサンプルと使い方については、「付録A サンプルコード」で説明しています。

10 | モデル図の作成ツールについて

この本に掲載しているモデル図（クラス図など）は、チェンジビジョンの「astah*用語 Professional」を使って作成しています（ただし、出版に際して、一部の図はツールで作成した図から置き換えられています）。興味がある方は、評価版を試してみてください。

チェンジビジョンの Web サイト　　　https://www.change-vision.com/
astah* Professional の製品ページ　　https://astah.change-vision.com/ja/product/
　　　　　　　　　　　　　　　　　astah-professional.html

11 | 謝辞

　この本の執筆を支援いただいた方々に深く感謝します。

　とりわけ、この本の原稿に有益なコメントを寄せてくださった相澤直樹さん、岡崎太介さん、池田拓真さんにはたいへん感謝しております。また、彼らには、修士論文や研究で多忙な中、実際に演習をやって動作を確認していただきました。これは素晴らしい支援でした。

　本書の中で作図に使っているモデリングツール^{用語}「astah*シリーズ」は、わたしの職場であるチェンジビジョンが開発、販売しています。この素晴らしい製品とその開発者のみなさんに感謝の言葉を贈ります。

　この本で採用したアイデアや考え方には、教育機関やコミュニティでの活動からヒントを得たものもあります。関係者のみなさまに感謝いたします。

　オーム社編集者の橋本享祐さん、ツークンフト・ワークスの出版プロデューサー三津田治夫さんにはアドバイスをいただき、またいつも遅筆なわたしを辛抱強く支援いただきました。深く感謝いたします。

　最後に、わたしの親愛なる家族に感謝します。

新型コロナ禍で在宅勤務の続く自宅にて

2021年10月

久保秋 真

目次

付録 277

▶ 付録 E　用語集　　　　　　　　　　　　　　　　　　　371

コラム目次

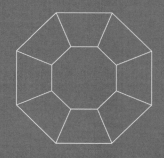

第 **1** 部

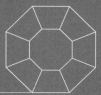

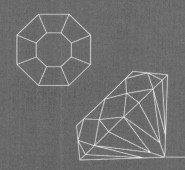

準備編

アプリケーションを作り始める前に、作ろうと考え
ているアプリケーションが提供する機能やできあが
りの予想図を考えておきましょう。また、作成する
際に必要となるライブラリなどの技術を実験し、利
用する予定の外部のサービスも調査しておきます。
もし、まだRubyでプログラムを書く準備ができて
いないようなら、付録Cを参照して開発環境を準備
してください。Rubyの基礎知識を確認する場合は、
付録Dを参照してください。

<table>
<tr><td>第1章</td><td></td></tr>
</table>

第1章　作成するアプリケーションと開発の流れ

アプリケーションを作るときには、作る前に、作ろうとするアプリケーションの機能や操作方法を整理しておくと開発が進めやすくなります。このことを、実際の開発現場では「要求仕様を決める、要件をまとめる」などといいます。みなさんも、これから作成するアプリケーションの利用者と、利用者に提供する機能を決めましょう。

1.1 Amazonから注文履歴を取得してみよう

アプリケーションの開発では、アプリケーション導入前の利用者が現在どのような手順で仕事を進めているのか把握し、そこからアプリケーションの機能や操作を考えます。たとえば、みなさんがAmazonから注文履歴を取得するアプリケーションを作ることに決めたとします。するとまず、自分でWebブラウザを操作して、Amazonでなにかを注文して注文履歴を取得してみようと試みるのではないでしょうか。

1.1.1 Amazon使っていますか？

みなさんはAmazonを使っていますか。わたしは本だけでなく、日用品や贈り物の購入にも使っています。Amazonでは「注文履歴」のページを見れば、いつどんなものを買ったのか、過去にさかのぼって調べられます（**図1.1**）。

図1.1　Amazonの注文履歴のページの例

わたしも自分の注文履歴を調べてみました。2019年の1年間で、120件、15万円ぐらい使っていました[1]。

注文履歴はレシートのようにうっかり失くしてしまうこともなく、確定申告や家計簿を作成するときに便利です。しかし、注文履歴を目で見ながらいちいち手で書き移していては、手間がかかりすぎます。もし、注文履歴のページのデータを取得し、それを加工できたらちょっと嬉しいですよね。

そこで、このAmazonの注文履歴のデータを取得する部分をアプリケーションにしてみようと思います。

1.1.2 Amazon のアカウントを作成する

まだAmazonで購入経験がない人は、アカウントを作成して、本や日用品を買ってみましょう。すでにAmazonを使っている人は、「1.1.4 注文履歴を閲覧する」へ進みましょう。

では、日本のAmazonのWebサイトをWebブラウザで開きます（**図1.2**）。

Amazon（日本のWebサイト） `https://www.amazon.co.jp/`

図1.2 Amazonのトップページ

検索用のテキストフィールドの右にある「アカウント＆リスト」という表示の上にマウスを移動する（ホバーするといいます）と、ログイン用のポップアップダイアログが開きます（**図1.3**）。このダイアログは、メニューがたくさん含まれた大きいダイアログのときもあれば、項目の少ない小さいダイアログのときもあります。また、すでにアカウントを持っていてログインしている人には、「ログイン」ボタンがないダイアログが表示されます。

1　思ったより買っていて驚きました。

図1.3　ログイン用のポップアップダイアログ

「新規登録はこちら」をクリックすると、「アカウントを作成」ページに進みます（**図1.4**）。

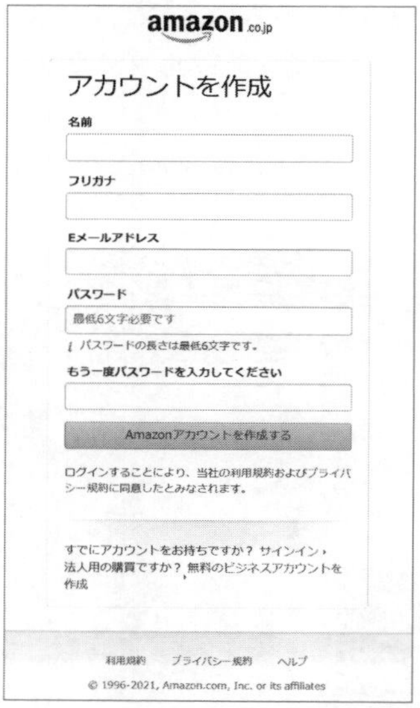

図1.4　アカウント作成ページの入力フォーム

　画面の指示に従って、名前、フリガナ、Eメールアドレス、パスワードを入力し、「Amazon
アカウントを作成する」ボタンをクリックします。このあとにも、支払方法や住所などの設定
があります。指示に従って入力し、アカウントを作成しましょう。

1.1.3　なにか注文してみる

　アカウントが作成できたら、本や日用品などから好きなものを購入してみましょう。たとえ
ば、この本などはいかがでしょうか。この本は、「数」が運命を司る不思議な国を舞台にした
ファンタジー小説です。数に関するおもしろい話題が扱われています。

『数の女王』[x02]

川添愛　東京書籍／2019年7月

https://www.amazon.co.jp/gp/product/4487812534/

1.1.4　注文履歴を閲覧する

　では、Amazonで自分が購入した物品の注文履歴を見てみましょう。もし、ログインしていない場合は、先にログインしておいてください。

　ページ上部に表示されている「アカウント＆リスト」をクリックして、ポップアップ画面を開きます（こんどは「ログイン」ボタンがありませんね）。右側の「アカウントサービス」の中から、「注文履歴」をクリックします（**図1.5**）。

図1.5　注文履歴を開く

　すると、直近の注文履歴が表示されます（**図1.6**）。

図1.6　注文履歴のページ

　　Amazon の注文履歴を閲覧できましたね。最初は、直近の履歴を表示しています。表示対象の期間を変更したり、条件を入力して検索したりできますので、いろいろ試してみてください[2]。

1.2 | アプリケーション開発の流れを整理する

　　ブラウザを手で操作して Amazon の注文履歴を閲覧できました。次は、これと同じことができる Ruby のアプリケーションを作ってみることにしましょう。といっても、いきなりプログラムを書くのではなく、まずどんなことを考えながら開発を進めていけばよいのかを整理してみましょう。

1.2.1　アプリケーションの利用者（アクター）は誰か

　　アプリケーションを作るときには、そのアプリケーションを使うのは誰なのかを決めます。なぜなら、使う人がはっきりしていないと、どのような機能やサービスを作ればよいのかを特定するのは難しいからです。たとえば、スキーの教則本を書くことを考えてみてください。初めてスキーを履くような人に向けた教則本と、スキーバッジテスト[3]の 1 級や準指導員検定を目指す上級者に向けた指導書では、書くべき内容はかなり違ったものになるはずです。

　　Amazon の注文履歴を閲覧するアプリケーションも、使う人が異なれば、欲しい機能は変わってきます。もし、確定申告や家計簿のために使うのであれば、品名や金額、個数などは欠かせない情報です。ですが、本の著者や発行年といった情報（書誌情報といいます）はなくてもかまわないでしょう。一方で、自分の蔵書の書誌情報を整理したいと思っている人にとっては、Amazon で購入した本に限らず、持っている本に関する著者、発行年、ISBN 番号といった情報を集めたいと考えるでしょう。

　　これから作るアプリケーションについては、利用者として「**Amazon の利用額を知りたい人**」**を想定**しましょう。自分が Amazon でなにを買って、いくら使ったのかを把握したい人ということですね。

　　アプリケーションの利用者をどのような名前で呼ぶとよいでしょうか。このようなときは、特定の個人を指す氏名ではなく、このアプリケーションを使うときの立場や役割を表現した名前をつけます。このような名前を、役割名（ロール名）といいます。ここでは「利用顧客（Customer）」としておきましょう。

　　また、システム開発では、アプリケーションの利用者を役割や立場で表したものを「アクター」と呼びます。したがって、たいていの場合、アクターの名前は役割名になります。たとえば「これから作るアプリケーションのアクターは利用顧客です」のように使います。

2　過去の注文を眺めているうちに「再度購入」ボタンを押しまくらないでくださいね。
3　公益財団法人全日本スキー連盟が主催するアルペンスキーの技能テスト。合格すると認定バッジがもらえます。

1.2.2 アプリケーションが提供する機能（ユースケース）はなにか

アプリケーションが提供する機能を整理しましょう。作ろうとしているアプリケーションにやってもらいたいことは、**Amazonの注文履歴ページにアクセスして、注文履歴として必要な情報を収集すること**です。

システム開発では、アクターから働きかけを受けてなんらかの処理を実施して、その結果をアクターに返すまでの一連の動作のことを「ユースケース」と呼びます。たとえば、銀行の現金自動預け払い機（Automatic Teller Machine：ATM）であれば、お金を引き出すときに**リスト1.1**のようなやり取りをするでしょう。

リスト1.1　ATMの「出金する」の動作

1. 利用者が出金の手続きを選ぶと、ATMは出金の処理へ進み、キャッシュカードの挿入を促す。
2. 利用者がキャッシュカードを挿入すると、ATMは暗証番号の入力を促す。
3. 利用者が暗証番号を入力すると、ATMは認証手続きを実施する。
4. ATMは認証手続きが成功すると、出金額の入力を促す。
5. 利用者が出金額を入力すると、ATMは出金手続きを実行し、明細票を印字する。
6. ATMは、カードと明細票の取り出しを促す。
7. 利用者がカードと明細票を受け取ると、ATMは現金を送り出す。
8. 利用者が現金を受け取ると、ATMは出金処理を終了する。

このようなやり取りの流れ全体で1つのユースケースになります。また、具体的なやり取りを書いたこのリストのことを「ユースケース記述」と呼びます。ATMでは、他に「入金する」「振込みする」というユースケースもあるでしょう。

同じように考えると、これから作ろうとしているアプリケーションには、「注文履歴を取得する」というユースケースがあるといえるでしょう。

それでは、アプリケーションの名前を「注文履歴取得アプリケーション（Order History Reporter：OHR）」として、ATMと同じように整理してみます。すると、**リスト1.2**のようになるでしょう。

リスト1.2　OHRの「注文履歴を取得する」の動作

1. 利用顧客は、Amazonの登録情報（Eメールアドレス、パスワード）を用意する。
2. OHRは、利用顧客に登録情報の入力を促す。
3. 利用顧客が登録情報を入力すると、OHRは登録情報を使ってAmazonのWebサイトにログインする。
4. OHRはAmazonのWebサイトにログインすると、注文履歴ページを開く。
5. OHRは注文履歴ページが開くと、注文履歴を取得する。
6. OHRは、取得した注文履歴を表示（または保存）する。

7. OHRは注文履歴が収集できると、Amazon の Web サイトからログアウトする。

　当面、注文履歴取得アプリケーションが利用顧客に提供するユースケースは「注文履歴を取得する」の1つだけにしておきます。他の機能を提供するユースケースも考えられるでしょうが、それらについては、このユースケースを実現するアプリケーションの作り方が確立できてから検討すればよいでしょう。

1.2.3　アプリケーションのユースケース図

　アプリケーションに関わるアクターとユースケースが整理できたので、アプリケーションのできあがり予想を図に表してみましょう。まず、アクターとユースケースが得られたので、これらを使って図を描いてみました（**図1.7**）。

図1.7　OHRのユースケース図

　この図を「ユースケース図^{用語}」と呼びます。人型のシンボルがアクター、楕円のシンボルがユースケースです。アクターに提供する機能がどれかわかるよう、ユースケースとの間に線が引かれています。この線を「関連」と呼びます。関連を引いておくと、複数のアクターに対してどのユースケースが機能を提供するのか示せるようになります。たとえば、特定の3つの機能を持つATMについてユースケース図を描いてみると、**図1.8**のようになります。

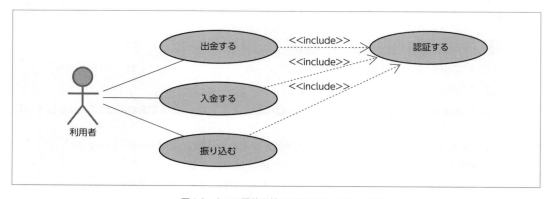

図1.8　3つの機能を持つATMのユースケース図

この例のATMでは、利用者は「出金する」「入金する」「振り込む」という3つの機能を使えることを示しています。さらに、includeと付記した破線矢印を使ってユースケースの共通部分を示しています。ここでは、「認証する」処理（一般には暗証番号を使った方法でしょう）は、利用者に提供する3つのユースケースで共通に使うことを示しています。また、利用者と「認証する」には直接の関連がありません。これは、利用者に対して「認証する」だけという使い方は提供しないことも示しています。

1.2.4 アプリケーションのできあがり予想図を描こう

なにかプログラムを作るとき、できあがりのイメージを持つことは重要です。これから作るアプリケーションのできあがり予想図を描いてみましょう。ユースケース記述**リスト1.2**に書いたことが実現できたアプリケーションは、コマンドライン版のアプリケーションになります。コマンドライン版のアプリケーションを実行すると、**リスト1.3**のような結果が得られることをできあがりのイメージとしておきましょう。

リスト1.3 　端末　コマンドライン版注文履歴取得アプリケーションの実行例

```
C:\Users\kuboaki\rubybook> ruby order_history_reporter.rb
取得期間: year-2019
注文履歴
63 件
ID: 249-6343103-6413402
注文番号: 249-6343103-6413402
注文日: 2019年12月20日
合計: ￥ 3,080
お届け先: 久保秋　真
明細: [["図解 μITRONによる組込みシステム入門(第2版)—RL78マイコンで学ぶリアルタイム
OS—", "武井 正彦", "販売: アマゾンジャパン合同会社", "返品期間:2020/01/20まで", "￥
3,080", "", "再度購入"]]
ID: 250-0000102-8619059
注文番号: 250-0000102-8619059
注文日: 2019年12月20日
合計: ￥ 3,080
お届け先: 久保秋　真
明細: [["その理屈、証明できますか?", "ダニエル・J・ベルマン", "販売: アマゾンジャパン合同
会社", "返品期間:2020/01/20まで", "￥ 3,080", "", "再度購入"]]
ID: 249-9053000-2881416
注文番号: 249-9053000-2881416
注文日: 2019年12月19日
合計: ￥ 3,356
お届け先: 久保秋　真
# 略
```

9

1.2.5　なにを作るのかと、どんな作り方をするのかを分ける

　さて、リスト1.3のコマンドライン版の動作結果を見て、このアプリケーションはどのようにして作ればよいかすぐにわかるでしょうか。実のところ、動作結果だけを見ても、どうやって作るのか把握するのは難しいですね。

　みなさんが料理を作るときのことを考えてみてください。ある料理について、その料理を作ったことがあって、あらかじめどのような準備や処理を施せばよいか知っているとします。このときみなさんはできあがった料理を見て、なにをすればよいか見通しが立つでしょう。しかし、見たことや食べたことがない料理であれば、どのような素材をどのように料理すればよいかがわからなくて困るでしょう。経験が豊富ならば、推測して料理を作り始めることもできるでしょう。ですが、途中でわからないことが見つかれば、きっとそこでつまずいてしまうでしょう。

　プログラムを作るときにも同じようなことがいえます。たとえば、使ったことがないライブラリに出会ったとします。このとき、作りながらライブラリを試していると、「なにを作ろうとしているのか」と「どんな作り方をするのか」を並行して進めることになります。そうなってしまうと、作りながら作り方を考えているようなものですから、開発の見通しも悪くなってしまいます。

　そこで、新しいプログラムを開発するときには、まずわからないことを減らします。そのために、関連技術を調査し、サンプルを使って実験します。これによって「どのような作り方」で、「どんなものを作るのか」などについて先に整理し、問題を解決しておくわけです。そうすれば、アプリケーションを作る段階では作り方や使うものが決まっていますので、「どんなものを作るのか」に集中できるわけです。

　このような考え方に従うと、アプリケーションの開発は段階的に進めたほうがよさそうであることに気づきます。見かたを変えると、アプリケーションを作るという大きな課題の前に調べたり試したりすることは、部分的な課題を切り出して試すことに相当するでしょう。

　では、どうやって「なにを作ろうとしているのか」と「どんな作り方をするのか」を区別したらよいでしょうか。実は、ユースケース図とユースケース記述を見れば、そのことがわかります。

　図1.7にあるユースケースを実現するには、ユースケース記述に書いたアクターとシステムの間のやり取りを使います。リスト1.2のユースケース記述を見ると、「登録情報を入力する（アプリケーション側だと「登録情報の入力を促す」）」「AmazonのWebサイトにログインする」「注文ページを開く」などを実行することになるのがわかります。しかしこれらの処理は、あらかじめどこかに用意されているわけではありません。このまま作り始めると、たとえば「AmazonのWebサイトにログインする」を実現するには、アプリケーションを作りながらログイン方法を試すことになります。

　このような事態を避けるために、先にそれぞれの処理について実験し、処理方法が確保できてからアプリケーションに適用するという順序で開発をすることにしましょう。

1.2.6 中心の機能を他の機能と分けよう

「1.2.5 なにを作るのかと、どんな作り方をするのかを分ける」で調べたとおり、このアプリケーションの中心となるのは「Amazonの注文履歴を取得する」機能です。コマンドライン版のアプリケーションは、この中心機能を提供するものになると考えてよいでしょう。ですが、Webブラウザを操作してAmazonのWebサイト内を移動する方法も使えるようになる必要があります。また、Webアプリに仕立てるには、Webページを用意したりそのページでの処理を作る必要もあります。

では、コマンドライン版のアプリケーションは、これらが渾然一体となったものになるでしょうか。そうではなさそうな気がしませんか。少なくとも、いきなりWebページを作って、そこにいろいろ作り足していけば済むというものではなさそうなことはわかります。

そこで、わたしたちがやりたい「Amazonの注文履歴を取得する機能」と、そのために必要となる「AmazonのWebサイトを操作する機能」、そして「Webブラウザを操作する機能」の3つに分けて、階層構造にしてみましょう（**図1.9**）。

図1.9 コマンドライン版注文履歴取得アプリケーションの階層構造

図の右にある説明は、それぞれの機能が担当する代表的な処理を表しています。階層が上の機能は、矢印でつながっているすぐ下の階層を使って作ります。

こうしておけば、Amazonの注文履歴を取得する機能は、注文履歴を扱う言葉を提供する階層と、AmazonのWebサイトを操作する階層の言葉（提供するメソッドなど）で作成できます。Amazonの注文履歴を取得する機能は直接Webブラウザの操作を担わないことになるため、中心となる機能に集中して開発できることがわかるでしょう。さらに追加する要素が見つかったときも、これらの階層のどこに配置すべきか検討すればよいでしょう。

これで、中心となる機能の開発に集中し、他の処理と混ざり合ってしまわないよう注意を払うことができそうです。

1.2.7　最後はWebアプリにしてみよう

　コマンドライン版のアプリケーションができたなら、次はWebサーバー上で動作するWebアプリに仕立ててみましょう。Webアプリ版の注文履歴取得アプリケーションは、**図1.10**のような構造になるでしょう。

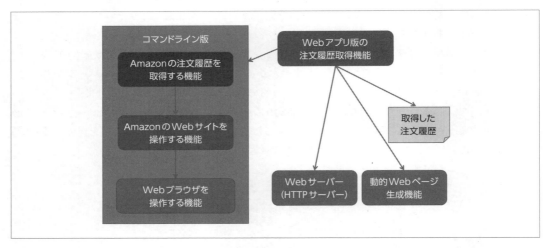

図1.10　Webアプリ版注文履歴取得アプリケーションの階層構造

　Webアプリ版では、注文履歴の取得にはコマンドライン版を使います。注文履歴の取得期間などは、Webページのフォームに入力した情報を使います。そして、取得した注文履歴をWebブラウザから操作して表示します。

　図1.10を見ると、中心となる機能は、Webアプリ版であっても変わらないということがわかります。つまり、あくまで中心となる機能はAmazonの注文履歴を取得する機能ということですね。Webアプリ版では、注文履歴をWebサーバー上に保存します。そして、取得した注文履歴を閲覧する機能や削除する機能とそれに必要なWebページを用意して、注文履歴を操作します。

　Webブラウザから利用できるアプリケーションとなったときには、**図1.11**のように、Webブラウザの画面に取得した情報が表示できているとよいですね。

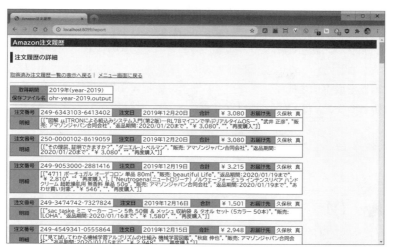

図1.11　Webアプリ版注文履歴取得アプリケーション（OHR-Web）の実行例

1.3 この章の振り返り

　この章では、これから作ろうとするアプリケーションの機能を整理しました。

学んだこと①

　Amazonの注文履歴を取得するという作業について、自分で実際にAmazonを利用（操作）してみることで理解しました。そして、アプリケーションとして開発する場合に考えるべきことを整理しました。アプリケーションの利用者（アクター）は誰か、アプリケーションがアクターに提供する機能（ユースケース）はなにかについて検討しました。

　ユースケースがアクターに提供する機能を考えるという視点は、内部で必要とする動作を考えて「どう作るか」を検討するという視点とは異なっていることに気づけたでしょうか。

　この検討によって、「どう作るか」という内部で必要となる処理に惑わされることなく「なにを作るか」について考えることができました。

学んだこと②

　アプリケーションを利用したときにどのような結果が得られるのかについて、できあがりの予想図を考えました。コマンドライン版では取得結果のレポートを、Webアプリ版ではWebページの表示について考えました。

学んだこと③

　コマンドライン版と Web アプリ版が、それぞれどのような構造を持つべきなのかを検討して図に表しました。そこから、このアプリケーションを開発する上で重要なのは、「Amazon の注文履歴を取得する機能」をコマンドライン版と Web アプリ版の両方から利用できる機能として仕立てることだとわかりました。

　次の章からは、この章で検討した方針に従ってアプリケーションを開発していきましょう。

Column 【1】 ソースコードを書くときのスタイル

　みなさんはプログラムのソースコードを書くとき、字下げ（インデント）の文字数、スペースや区切り文字の使い方などに気をつけていますか。また、目に見えないところでは、使用する文字コード（エンコーディング）や改行コードなどはどうでしょうか。ソースコードが同じようなスタイルで書かれていないと、プログラムの見やすさや直しやすさなどに影響します。そのため、たいていのプログラミング言語には、ソースコードを書くときの書き方をまとめた文書があります。このような文書を「スタイルガイド」あるいは「コーディングスタイル」と呼んでいます。

　スタイルガイドには、プログラミング言語のコミュニティで共有しているオープンな文書もあれば、職場やプロジェクトが決めた業務において守るべきルールとして用意された文書もあります。Ruby でよく知られているのは、次のスタイルガイドです。

The Ruby Style Guide　https://rubystyle.guide/

　何人かの仲間でプログラムを作る場合には、自分たちが使うスタイルを決めておくとよいでしょう。

　しかし、ソースコードを書くときにスタイルばかり気にしているとプログラミングに集中できませんよね。そのため、多くのプログラミング言語には、スタイルガイドに沿ったソースコードかどうかを調べるツールがあります。Ruby 用としてよく知られているツールに「RuboCop[用語]」があります。興味がある人は、インストールして使ってみるとよいでしょう。

RuboCop　https://docs.rubocop.org/

　また、Visual Studio Code、Atom、Vim、Emacs など、テキストエディタによっては RuboCop を組み込むプラグインが提供されています。編集や保存のときに内部で RuboCop を呼び出して、チェック結果を教えてくれます。

第2章　必要な機能を実験しよう

　第1章で、誰のために、どんなアプリケーションを作るのかが決まりました。次は、これから作ろうとするアプリケーションにとって必要な技術や作成方法について調べたり、実際に使えるよう実験してみたりしましょう。あらかじめ材料や技法を調査しておくと、アプリケーションをどのように作ればよいかを考えるときに、調査済みのことがらを使うとしたらどのように組み立てればよいか考えやすくなります。

2.1 ┃ Webページから情報を取得する

　AmazonのようなWebサイトを利用するには、指定したWebページを開き、そのページに掲載されている情報から欲しい情報を選んで取り出せなくてはなりません。Webサイトを訪問して見たいWebページを開く方法、ページの中の欲しい情報を取り出す方法について学びましょう。

2.1.1　Webブラウザの操作を整理する

　みなさんがWebサイトを閲覧するとき、どのようにWebブラウザを操作をしているでしょうか。その操作方法を振り返ってみましょう。

　例として「日本雨女雨男協会」のWebページを訪問してみます。ちょっと変わった協会みたいなので、どんな協会か調べてみましょう。

　まず、Webブラウザで日本雨女雨男協会のURL^{用語}を開きます。アドレスバーに協会のWebサイトのURL「https://rainypower.jp/」を入力すると、トップページが開きます（**図2.1**）。

図2.1　日本雨女雨男協会のWebサイト

　マウスポインタを、開いたページの左のメニューから「団体について」へ移動します。すると、遷移先ページのURLである「https://rainypower.jp/aboutus/」がポップアップしているのがわかります（**図2.2**）。確認できたら、クリックしましょう。

図2.2　「団体について」のリンクをクリックする

リンクをクリックすると、「団体について」のページが開きます（**図2.3**）。

図2.3　「団体について」のページ

　ここまでの操作で、Webページを移動する操作は **リスト2.1**のような操作の繰り返しであることがわかります。

リスト2.1　Webページを移動するときの基本的な操作手順

1. URLを使ってWebサイトを開く。
2. リンクをクリックすることで、リンクに書いてあるURLへ移動する。
3. 上記を繰り返す。

　Googleなどで検索する場合も、検索結果のリンクをクリックするところは似ていますね。

2.1.2 プログラムでWebサイトを開く

 この本の演習では、演習用にrubybookというディレクトリを用意して、そこをワークスペースと呼んでいます。
Rubyのインストールやワークスペースの作成については付録Cを参照してください。

こんどは、プログラムから同じことができないか試してみましょう。

Rubyは、標準でopen-uriというライブラリが含まれています。これを使ってみましょう。URI^{用語}について詳しく知らない人は、URLを含む、より一般的な呼び名だと思っておけばよいです。

open-uriライブラリのopenメソッドを使うと、ファイルから文字列を読み出すように、Webサイトのページデータを読み出せます。**リスト2.2**を作成して、実行してみましょう。

リスト2.2 **Ruby** rainypower01.rb

```
1. # frozen_string_literal: true
2.
3. require 'open-uri' ❶
4.
5. URI.open('https://rainypower.jp/') do |f| ❷
6.   f.each_line do |line| ❸
7.     puts line ❹
8.   end
9. end
```

❶ open-uriライブラリを使うための宣言。

❷ URLを指定してWebサイトを開く。Webサイトから得た情報を、ローカル変数fで参照する。

❸ each_lineメソッドを使ってWebサイトから1行分のデータを読む。ローカル変数lineでデータを参照する。

❹ putsメソッドを使って、読み込んだデータを出力する。

みなさんの使っているネットワークがプロキシーサーバー^{用語}を経由している場合は、**リスト2.3**を参考にしてください。

リスト2.3 **Ruby** rainypower01_proxy.rb

```
1. # frozen_string_literal: true
2.
3. require 'open-uri'
4.
5. URI.open('https://rainypower.jp/',
6.   { proxy: 'http://140.227.229.208:3128' }) do |f| ❶
```

```
 7.  f.each_line do |line|
 8.    puts line
 9.  end
10. end
```

❶ プロキシーサーバーの設定を追加した。ここではIPアドレスを指定しているが、ホスト名を指定してもよい。ポート番号として3128を指定している。

　作成したら実行してみましょう（**リスト2.4**）。最初の出力が得られるまでは、少し時間がかかります。

リスト2.4　　端末　rainypower01.rbを実行する

```
C:\Users\kuboaki\rubybook>ruby rainypower01.rb

<!DOCTYPE html>
<html lang="ja" class="no-js">
<head>
  <meta charset="UTF-8">
  <meta name="viewport" content="width=device-width">
(……略……)
```

　ちょっと出力が長いですね。一度ファイルに保存しましょう。コマンドプロンプトやターミナルのコマンドラインでは「リダイレクト」という機能が使えます。リダイレクトを使うと、キーボードから入力する代わりにファイルから読み込んだり、画面へ出力する代わりにファイルへ書き込んだりできます。ここでは、出力のリダイレクトを使って画面へ出力する代わりに、ファイルrainypower01.out.htmlへ保存してみます（**リスト2.5**）。あとで内容を確認する都合から、ファイルの拡張子はhtmlにしています。

リスト2.5　　端末　rainypower01.rbの実行結果をファイルに保存する

```
C:\Users\kuboaki\rubybook>ruby rainypower01.rb > rainypower01.out.html  ❶
```

❶ 実行結果をrainypower01.out.htmlというファイルに保存した。

　保存したファイルをWebブラウザで開いて確認してみましょう（**図2.4**、**図2.5**）。ここでは、ブラウザにMicrosoft Edgeを使ってみました。

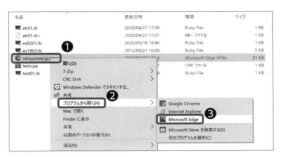

図2.4　Webブラウザを指定して保存したファイルを開く

図2.5　保存したファイルをWebブラウザで表示した

次に「団体について」のページを開いてみましょう。rainypower01.rbのURLを指定する部分を、「団体について」のURLで書き換えればできます（**リスト2.6**）。

リスト2.6　　**Ruby**　rainypower02.rb

```ruby
1. # frozen_string_literal: true
2.
3. require 'open-uri'
4.
5. URI.open('https://rainypower.jp/aboutus') do |f|  ❶
6.   f.each_line do |line|
7.     puts line
8.   end
9. end
```

❶「団体について」のURLでWebページを開いた。

作成したら実行してみましょう（**リスト2.7**）。

リスト2.7　　**端末**　rainypower02.rbを実行する

```
C:\Users\kuboaki\rubybook>ruby rainypower02.rb > rainypower02.out.html  ❶
```

❶ 実行結果をrainypower02.out.htmlというファイルに保存した。

「団体について」のページが保存できていることを確認しておきましょう（**図2.6**）。

図 2.6　保存した「団体について」のページを Web ブラウザで表示した

　これで open-uri ライブラリを使うと Web ページをたどれることがわかりました。しかし、この方法では、あらかじめわかっている URL を指定しないとアクセスできません。一方、みなさんが Web ページをたどっているときは、いちいちアドレスバーに URL を入力せずに使っていますよね。どのようにすれば、URL をあまり意識しないで人間が操作するように Web ブラウザを操作できるでしょうか。

2.1.3　Web ブラウザを操作して Web サイトを開く

　open-uri ライブラリを使った場合、**図2.7**のようにプログラムで直接 Web サイトにアクセスしていました。この図を見てわかるように、Web ブラウザを経由していないので、プログラムが Web ブラウザと同じように振舞うのが難しかったのです。

図 2.7　open-uri は直接 Web サイトをアクセスする

　プログラムの構造で見てみると、**図2.8**のようになります。この図のように、構成する要素とその関係を表した図を「クラス図**用語**」と呼びます。

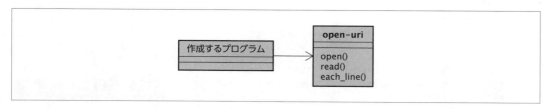

図 2.8　open-uri を使ったプログラムの構造

　図2.8でわかることは、open-uriには、「1.2.2 アプリケーションが提供する機能（ユース ケース）はなにか」に書いたような「ログインする」「注文履歴ページを開く」といったこと をやってくれるメソッドがないことです。**リスト2.2**、**リスト2.3**を確認してみると、「ページを 読む」ではなく「1行ずつ読み込む」というメソッドを繰り返すことで実現しています。つま り、1行ずつすべての行を読むことが1ページの情報を取得することに相当するという暗黙の 知識を使ってプログラムを作っているのです。「クリックしてリンク先のページへ移る」よう な操作も用意されていませんでした。そのため、別のページを開くには別のURLを指定する 必要があったわけです。

　そこで、ちょっと考え方を変えてみます。プログラムがWebページに直接アクセスするの ではなく、人と同じようにWebブラウザを操作してみるのはどうでしょう。そうすれば、み なさんが操作している手順や操作のまま、Webページにアクセスできるのではないでしょうか。 具体的には、マウスで「リンクをクリックする」や「ページを取得する」といった操作が用 意されていれば、プログラムを作成するときにこれらの操作が使えます。そうなれば、「1.2.2 アプリケーションが提供する機能（ユースケース）はなにか」に登場する言葉でプログラム を作ることに近づけそうですよね。

　この方法に使えそうなのが、「Selenium WebDriver」^{用語}です[4]。「Selenium」は、もともと はWebブラウザの操作を記録して、その記録を使ってテストするツールでした。のちに、異 なるWebブラウザを同じように操作できるようにするライブラリである「WebDriver」が開 発されます。現在は、これらを統合した Selenium WebDriverが使われています。**図2.9**に、 プログラムがSeleniumを使って WebブラウザのChromeを操作する構造を示します。人の 代わりにSelenium WebDriverがブラウザを操作するという意味がわかるでしょうか。

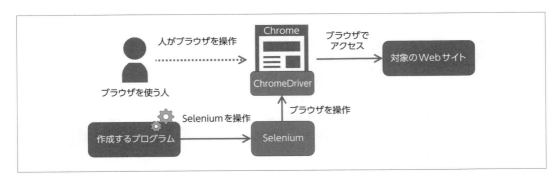

図2.9　Selenium WebDriver はブラウザを操作して Web サイトにアクセスする

　クラス図にすると、**図2.10**のようになります。実際のSelenium WebDriverの構造はもっ と複雑ですが、この図では、みなさんにとって関心となる部分だけを取り出して単純化してい ます。

4　https://selenium.dev/

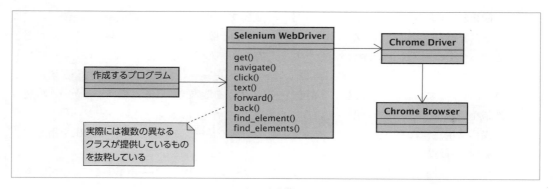

図2.10　Selenium WebDriverを使ったプログラムの構造

　図2.10を見ると、Selenium WebDriverにはブラウザを操作するメソッドが用意されている
のがわかります。たとえば、「ページを取得する（get）」、リンクやボタンを「クリックする
（click）」、ページの中から条件に合う「要素を探す（find_element）」といったメソッドが
あります。これらを使うことができれば、「1.2.2 アプリケーションが提供する機能（ユース
ケース）はなにか」に登場する言葉でプログラムを作ることに近づけそうです。

2.1.4　Selenium WebDriverをインストールする

　では、Selenium WebDriverを導入しましょう。selenium-webdriverという名前のgem
パッケージになっていますので、gemコマンドを使ってリスト2.8のようにインストールします。

リスト2.8　　端末　Selenium WebDriverをインストールする

```
C:\Users\kuboaki\rubybook>gem install selenium-webdriver
Fetching childprocess-3.0.0.gem
Fetching selenium-webdriver-3.142.7.gem
Fetching rubyzip-2.3.0.gem
Successfully installed childprocess-3.0.0
Successfully installed rubyzip-2.3.0
Successfully installed selenium-webdriver-3.142.7
Parsing documentation for childprocess-3.0.0
Installing ri documentation for childprocess-3.0.0
Parsing documentation for rubyzip-2.3.0
Installing ri documentation for rubyzip-2.3.0
Parsing documentation for selenium-webdriver-3.142.7
Installing ri documentation for selenium-webdriver-3.142.7
Done installing documentation for childprocess, rubyzip, selenium-webdriver after
2 seconds
3 gems installed
```

みなさんの環境によって、同時にインストールされるパッケージやバージョンは異なっている場合があります。最後の段階でselenium-webdriverがインストールできていることを確認してください。

 MacやLinuxの場合は、次のように必要に応じてワークスペースへ移動してから、sudoコマンドを使ってgemパッケージのインストールを実行します（後述のffiライブラリも同様です）。

```
cd rubybook
sudo gem install selenium-webdriver
```

また、Selenium WebDriverを使うときには、ffiというパッケージを使います。ffiは、C言語などRuby以外の言語で作成されたライブラリをRubyから呼び出して使うためのライブラリです。

これもインストールしておきましょう（**リスト2.9**）。

リスト2.9 〔端末〕 ffiパッケージをインストールする

```
C:\Users\kuboaki\rubybook>gem install ffi
Fetching ffi-1.12.2-x64-mingw32.gem
Successfully installed ffi-1.12.2-x64-mingw32
Parsing documentation for ffi-1.12.2-x64-mingw32
Installing ri documentation for ffi-1.12.2-x64-mingw32
Done installing documentation for ffi after 3 seconds
1 gem installed
```

2.1.5 ChromeDriverをインストールする

Selenium WebDriverは、各種ブラウザごとの操作の違いを吸収するために、ブラウザごとに用意されたドライバーを使います。この本の演習では、Webブラウザとして「Google Chrome」[5]を使うことにします。他のWebブラウザを使っている人は、この本の演習用にChromeをインストールしておきましょう。

 Firefoxなど他にも使えるブラウザがあります。そのときは、ドライバーもブラウザに合わせて用意します。他のブラウザを使う場合には、この本の説明で使っているChromeの動作とは異なる場合がありますので注意してください。

5　https://www.google.com/intl/ja_jp/chrome/

（1）Chrome と ChromeDriver を入手する

インストールした Chrome のバージョンを調べましょう。右上のメニューボタンからポップアップメニューを表示し、「ヘルプ ＞ Google Chrome について」を選びます（**図2.11**）。

図 2.11 　「Chrome について」を開く

すると、「Chrome について」のページが表示され、そこにバージョンが記載されています（**図2.12**）。

図 2.12 　Chrome のバージョンを調べる

この Chrome のバージョンは 81.0.4044.122 です。みなさんも自分の使っている Chrome のバージョンを調べておきましょう。そして、自分の使っているバージョンの Chrome 用に用意されている ChromeDriver を入手します。

ChromeDriver は、Chromium Projects [6] が開発しています。ChromeDriver の Web サイト [7] を開きます（**図2.13**）。

6 　https://www.chromium.org/

7 　https://chromedriver.chromium.org/

図2.13　ChromeDriverのWebサイト

　わたしの場合、Chromeのバージョンは81.から始まっています。そこで、ChromeDriver
81.0.4044.69のリンクをクリックして、ダウンロードページを開きます（**図2.14**）。

図2.14　ChromeDriverのダウンロードページ

　このページには、バージョン81.0.4044.69のOSごとのドライバーのzipファイルが置いて
あります。Windows用はchromedriver_win32.zipになります。ファイル名はwin32になっ
ていますが、自分のWindowsが64bit版か32bit版かは気にしなくてかまいません。
　ダウンロードしたzipファイルを展開すると、chromedriver.exeが得られます。このファ
イルを環境変数^{用語}PATHに含まれるディレクトリ^{用語}へ追加します。わたしは、自分のホーム
ディレクトリ（C:\Users\kuboaki）にbinディレクトリを作り、そこに置きました（**リスト
2.10**）。

リスト2.10　　端末　作成したbinディレクトリにchromedriver.exeを置く

```
C:\Users\kuboaki\bin>dir
 ドライブ C のボリューム ラベルがありません。
 ボリューム シリアル番号は 1808-7211 です

 C:\Users\kuboaki\bin のディレクトリ
```

```
2020/04/28  02:57    <DIR>          .
2020/04/28  02:57    <DIR>          ..
2020/03/15  05:43         8,124,416 chromedriver.exe
              1 個のファイル          8,124,416 バイト
              2 個のディレクトリ  205,313,286,144 バイトの空き領域
```

（2）ChromeDriver のバージョンが合っていないとき

使用しているChromeブラウザのバージョンに対応していないChromeDriverを使うと、**リスト2.11**のようなエラーが発生します。

リスト2.11　　端末　ChromeDriverとChromeブラウザの不整合によるエラーの発生

```
Traceback (most recent call last):
 37: from order_history_reporter.rb:73:in `<main>'
 36: from order_history_reporter.rb:73:in `new'

(……略……)

 1: from 1    chromedriver                    0x000000010bae70e3 chromedriver
 + 4473059
 0    chromedriver                    0x000000010bb4dc49 chromedriver +
 4893769: session not created: This version of ChromeDriver only supports Chrome
 version 84 (Selenium::WebDriver::Error::SessionNotCreatedError)
```

このような場合には、自分の使っているChromeブラウザにマッチするバージョンの ChromeDriverを「Downloadsページ」[8]から探しましょう。Chromeブラウザの方が古い場合には、ブラウザの方をバージョンアップしましょう。

2.1.6　ChromeDriver の起動を確認する

chromedriver.exeを置いたディレクトリを、環境変数PATHに追加しましょう。ここでは、Windows10の場合を紹介しておきます。環境変数の編集方法は、Windowsのバージョンによって異なりますので、自分の使っているWindowsのバージョンに応じた方法で編集してください。

告知

MacやLinuxの場合も、それぞれのOS向けのchromedriverを入手します。入手したchromedriverは、環境変数PATHに含まれているディレクトリ（たとえば/usr/local/binなど）に配置します。

8　https://chromedriver.chromium.org/downloads

スタートメニューを開き、メニューから「設定」をクリックします（**図2.15**）。

図2.15 「設定」ダイアログを開く

すると「設定」ダイアログが開きます（**図2.16**）。

図2.16 「設定」ダイアログ

　検索入力欄に「環境変数を編集」と入力してエンターキーを押すと、「環境変数」ダイアログが開きます（**図2.17**）。

図2.17 「環境変数」ダイアログ

　上側にある「ユーザー環境変数」の一覧の中からPATH（小文字混じりのPathの場合もあります）を選択します（**図2.18**）。「編集」ボタンを押すと「環境変数の編集」ダイアログが開きます。

図2.18　「環境変数の編集」ダイアログ

「新規」ボタンをクリックして、新しいエントリの編集状態にします（**図2.19**）。

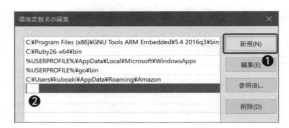

図2.19　新しいエントリを追加する

　chromedriver.exeを置いたディレクトリ（わたしの場合ならC:\Users\kuboaki\bin）を追記します（**図2.20**）。

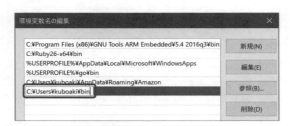

図2.20　chromedriver.exeを置いたディレクトリへのPATHを追加する

「環境変数名の編集」のダイアログを「OK」で閉じ、環境変数のダイアログも「OK」で閉じます。

ここでいったんコマンドプロンプトを開き直します。

▶ 環境変数を更新したらコマンドプロンプトを開き直す

Windows の環境変数（たとえば PATH 変数など）を変更した場合、変更前に開いていたコマンドプロンプトには環境変数の変更が反映されていません。いったんコマンドプロンプトを終了して開き直すと、変更した設定が反映されます。

Mac や Linux の場合も環境変数を変更したらターミナルを開き直しましょう[9]。

binディレクトリがPATHに追加できたことを確かめましょう（**リスト2.12**）。

リスト2.12　　端末　作成した `bin` ディレクトリが PATH に追加できたことを確かめる

```
C:\Users\kuboaki>path
PATH=（……略……）;C:\Ruby26-x64\bin;C:\Users\kuboaki\bin;    ❶
```

❶ 自分が `chromedriver.exe` を置いたディレクトリ（`C:\Users\kuboaki\bin`）が含まれていた。

　　　　Mac や Linux の人は「`echo $PATH`」を実行すると調べられます。

それでは、`chromedriver.exe` の動作を確認しましょう。環境変数を編集したので、一度コマンドプロンプトを閉じて開き直します。新しく開いたコマンドプロンプトで、`chromedriver.exe` を置いたのとは別のディレクトリへ移動します。そのディレクトリで `chromedriver.exe` を起動してみます（**リスト2.13**）。

リスト2.13　　端末　ChromeDriver の動作を確認する（バージョン情報を表示してみる）

```
C:\Users\kuboaki>cd \          ❶
C:\>chromedriver --version     ❷
ChromeDriver 81.0.4044.69 (6813546031a4bc83f717a2ef7cd4ac6ec1199132-refs/branch-
heads/4044@{#776})
```

❶ `cd` を使ってルートディレクトリ（`\`）へ移動した。
❷ ChromeDriver を起動して、バージョンを表示した。

これで chromedriver が動作すること確認できました。もし、起動できない場合（**リスト 2.14**）には、環境変数 PATH の設定を見直しましょう。

9　他の反映方法もありますが、慣れないうちは開き直すのが確実です。

第1部 準備編　第2部 実践編　付録

リスト2.14　　端末 chromedriver が起動しなかった例

```
C:\Users\kuboaki\rubybook>chromedriver
'chromedriver' は、内部コマンドまたは外部コマンド、
操作可能なプログラムまたはバッチ ファイルとして認識されていません。
```

2.1.7　Selenium WebDriver の動作を確認する

インストールできたら、動作をテストするプログラムを書きましょう（**リスト2.15**）。

リスト2.15　　Ruby rainypower03.rb

```
1. # frozen_string_literal: true
2.
3. require 'selenium-webdriver' ❶
4.
5. driver = Selenium::WebDriver.for :chrome ❷
6. driver.get 'https://rainypower.jp/' ❸
```

❶ selenium-webdriver を使うための宣言。

❷ WebDriver の初期化。以後 driver で参照する。for の引数^{用語}で、ブラウザとして Chrome を使うことを指示している。

❸ get メソッドを使ってページを取得した。

作成したら実行してみましょう（**リスト2.16**）。

リスト2.16　　端末 rainypower03.rb を実行する

```
C:\Users\kuboaki\rubybook>ruby rainypower03.rb
```

少しすると Chrome の新しいウィンドウが開きます（**図2.21**）。

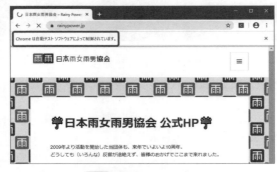

図2.21　　端末 rainypower03.rb を実行する

　Seleniumが起動したChromeのウィンドウには、「Chromeは自動テストソフトウェアによって制御されています。」というメッセージが表示されています。このメッセージは、人間が操作して開いた画面ではないことを気づかせるためのものです。

　プログラムはWebページを表示したあと、ブラウザのウィンドウを閉じて終了します。

Column 【2】 プロキシーサーバーを使っているときの設定

　みなさんの使っているネットワーク（とくに職場や大学のネットワーク）は、プロキシーサーバー（Proxy Server）^{用語}経由で外部のネットワークにつながっている場合があります。そのようなネットワーク環境では、Selenium WebDriverを使ったプログラムを実行しても、外部のWebサイトにアクセスできないことがあります（Chromeの場合は、システムのプロキシー設定を参照してアクセスできるようです）。

　もし、接続できない場合には、リスト2.17のように、Selenium WebDriverにプロキシーサーバーの設定を追加します。

リスト2.17　 Ruby rainypower03_proxy.rb

```
1. # frozen_string_literal: true
2.
3. require 'selenium-webdriver'
4.
5. proxy = Selenium::WebDriver::Proxy.new(http: '140.227.229.208:3128') ❶
6. caps  = Selenium::WebDriver::Remote::Capabilities.chrome(proxy: proxy)❷
7.
8. driver = Selenium::WebDriver.for(:chrome, desired_capabilities: caps) ❸
9. driver.get 'https://rainypower.jp/'
```

❶ プロキシーサーバーのホスト名（またはIPアドレス）、ポート番号を指定する。この例では140.227.229.208の3128番ポートを指定している。

❷ Chrome用に、プロキシーの設定を含むCapabilitiesのインスタンスを作った。

❸ Chrome用のドライバーとCapabilitiesのインスタンスを指定してドライバーのインスタンスを作った。

　この本の演習では、個々のプログラムにおいてプロキシーサーバーを使う設定には触れていません。みなさんがプロキシーサーバーに接続しているネットワークを使っている場合は、リスト2.17を参考にして、プロキシーサーバーのホスト名（またはIPアドレス）とポート番号を調整してください。

2.1.8　実行したらエラーになった場合

　もし、**リスト2.18**のようなエラーが出たら、プログラムがchromedriver.exeを見つけられ
ないのが原因です。もう一度、環境変数PATHの設定を見直してみてください。

リスト2.18　**端末** rainypower03.rbを実行時のエラー (1)

```
(……略……)
Unable to find chromedriver. Please download the server from (Selenium::WebDriver
::Error::WebDriverError)
```

　あるいは、**リスト2.19**のようなエラーが出たら、ffiというgemパッケージがインストール
できていないのが原因です。

リスト2.19　**端末** rainypower03.rbを実行時のエラー (2)

```
(……略……)
Ensure the `ffi` gem is installed.
```

　この場合は、「2.1.4 Selenium WebDriverをインストールする」へ戻ってffiパッケージ
をインストールしましょう。**リスト2.20**のようなエラーが出たときは、selenium-webdriver
パッケージが読み込めていません。この場合も「2.1.4 Selenium WebDriverをインストール
する」へ戻って手順を確認してみましょう。

リスト2.20　**端末** rainypower03.rbを実行時のエラー (3)

```
(……略……)
`require': cannot load such file -- selenium-webdriver (LoadError)
```

Windows版のChromeDriverバージョン81を使うと、プログラムの実行後に**リスト2.21**
のようなエラーメッセージが出ます。これは、同じバージョンの他のOS版では起きません。
すでに報告は上がっています[10]ので、しばらくはこのまま様子を見ながら使いましょう。

リスト2.21　**端末** バージョン81において実行時後に出力されるエラー (Windows)

```
ERROR:browser_switcher_service.cc(238)]
```

　これで、Selenium WebDriverを使ってWebページを開けるようになりました。

10　https://github.com/nwjs/nw.js/issues/7436

Column 【3】 スクレイピングプログラムを作るときの注意

　Webサイトから情報を取得し、その情報を加工して利用することを「Webスクレイピング^{用語}」または単に「スクレイピング」と呼びます。また、スクレイピングを行うプログラムを「スクレイパー^{用語}」と呼ぶこともあります。わたしたちが作ろうとしているプログラムも、外部のWebサイトにアクセスしてデータを取得しますので、このスクレイパーの仲間です。

　スクレイピングプログラムを作る上で注意すべきことを挙げておきます。外部のWebサイトに迷惑がかからないよう、いつも意識しておきましょう。

- わたしたちがプログラムを作って外部のWebサイトから情報を取得することは、法的に見て「情報解析のための複製」として認められた範囲に基づいています。この範囲を超えた行為については、問題視されることがあります。
  - ※ この本の演習では、取得データを個人的な利用を目的とし、過剰な負荷のない使い方をしようと考えています。みなさんがこの範囲を超えて利用しなければ問題にされることはないでしょう。
- 取得目的が認められる場合でも、相手先のWebサイトに負担や損失を与える行為は認められません。
  - ※ 人間が操作する程度の頻度であれば問題ありません。プログラムで気をつけたいのは、内部的に何度もアクセスしてしまうような場合です。何度も続けてログインするといった行為は、悪質な利用者とみなされる場合がありますので、対策が必要になります。
  - ※ 取得したデータは、みなさん自身の注文履歴であっても相手側サイトの情報です。取得したデータは個人的な利用の範囲にとどめ、データを外部へ公開したり、目的外のことに利用してはいけません。
- 相手先Webサイトが、サイトにアクセスするためのAPI（Web API）を提供している場合には、アプリケーションはスクレイピングではなくAPIを使って作成すべきです。
  - ※ この本の演習も、本来ならAPIを使う方法が望ましいでしょう。ですが、初学者には難しいところがあります。Webサイト側への負荷も小さいと判断して、この本の演習にはスクレイピングを使うことにしました。より本格的なアプリケーションを作成する場合には、Web APIの利用を検討しましょう。

Column 【4】 Selenium WebDriver の公式文書

　SeleniumのWebサイトには、WebDriverの文書や対応しているプログラミング言語向けのライブラリのリファレンスがあります。詳細を知りたいときは、参照するとよいでしょう。

Selenium WebDriverのドキュメント　https://www.selenium.dev/documentation/ja/
Selenium WebDriverのRuby向けリファレンス　https://www.selenium.dev/selenium/
　　　　　　　　　　　　　　　　　　　　　docs/api/rb/index.html

2.2 | WebDriver を使って Amazon にログインする

Selenium WebDriver が導入できましたので、WebDriver を使ったプログラムを作って動作を確認しましょう。

 重要　これ以降に作成するプログラムは、自動で商業サイトへアクセスするプログラムになります。このようなプログラムを際限なく使用すると、取得するデータや取得する頻度によっては、取得先 Web サイトの迷惑やサービスを妨害する攻撃とみなされます。
Column 3（P.33）をまだ読んでいない人は、一度読んで内容を理解しておきましょう。

2.2.1　Amazon のトップページを開く

リスト2.15 を元にして、「Amazonのトップページ」[11]を開くプログラムを書きましょう（**リスト2.22**）。

リスト2.22　`Ruby` amazon01.rb

```ruby
1. # frozen_string_literal: true
2.
3. require 'selenium-webdriver'
4.
5. driver = Selenium::WebDriver.for :chrome
6. driver.get 'https://www.amazon.co.jp/' ❶
```

❶ アクセスするページを Amazon のトップページに変更した。

作成できたら実行してみましょう（**リスト2.23**）。

リスト2.23　`端末` amazon01.rbを実行する

```
C:\Users\kuboaki\rubybook>ruby amazon01.rb
```

Amazonのトップページを開けたでしょうか（**図2.22**）。

11　https://www.amazon.co.jp/

図2.22　WebDriverを使ってAmazonのトップページを開いた

2.2.2　ページの操作からログインの手順を整理する

　Selenium WebDriverを使った場合には、人がログインする操作と同じような操作を考えます。「1.1 Amazonから注文履歴を取得してみよう」では、ブラウザを手で操作して注文履歴を取得しました。そのときのことを思い出して、Webサイトにログインするための操作手順を整理すると、**リスト2.24** のようになるでしょう。

リスト2.24　Amazonにログインするための操作

1. AmazonのWebサイトのトップページを開く。
2. 「アカウント＆リスト」をクリックして、「ログイン」ページを開く。
3. 「Eメールまたは携帯電話番号」にログイン用メールアドレスを入力して、「次へ進む」をクリックする。
4. 「パスワード」にパスワードを入力して、「ログイン」をクリックする。

　WebDriverを使う場合は、この手順を実行すればよさそうです。実際に操作するプログラムを作って試してみましょう。

2.2.3　デベロッパーツールを開く

　AmazonのWebサイトのトップページを開くところは、**リスト2.22**で作りました。その続きで「アカウント＆リスト」をクリックするところを作りましょう。
　まず、わたしたちがマウスでWebページを操作するときのことを考えてみます。このとき、わたしたちは表示されたページを自分の目で見て、マウスを移動してクリックしていますね。この処理をプログラムにやってもらう方法を考えるために、「アカウント＆リスト」のリンク部分が、プログラムからどう見えるか調べてみましょう。

　Chromeには「デベロッパーツール（Chrome DevTools）」[12] という、Webサイト作成やデバッグに使える開発者向けの機能が組み込まれています。この機能を使うと、**リスト2.25**のようなことができます。

リスト2.25　デベロッパーツールを使うとできること

- ページの構成要素を調べる。
- ページ要素やスタイルシート[用語] を書き換えて試す。
- ページ中の JavaScript を操作する。
- JavaScript のデバッグ。
- パフォーマンスやセキュリティの分析や改善。

　ページの構成要素を調べられるなら、「アカウント＆リスト」のリンク部分がどうなっているか調べられますね。より詳しい使い方は「Chrome DevToolsの使い方」[13] が参考になります。

　では、デベロッパーツールを使ってみましょう。動かす方法は2通りあります。

　1つは、ブラウザ右上のChromeメニューから「デベロッパーツール」を開く方法（**図2.23**）です。

図2.23　メニューからデベロッパーツールを開く

　もう1つは、ページ中の要素の上でマウスを右クリックして、ポップアップメニューから「検証（Inspect）」を選ぶ方法（**図2.24**）です。

12　https://developers.google.com/web/tools/chrome-devtools?hl=ja
13　https://murashun.jp/article/performance/chrome-devtools.html

図2.24　ページ中の表示要素上で右クリックして「検証」を選ぶ

　ここでは「検証」の方を試してみましょう。マウスを「アカウント＆リスト」に移動して右クリックし、ポップアップメニューから「検証」を選びます。すると、**図2.25**のようにウィンドウが分割されて、デベロッパーツールのペイン[14]が表示されます。また、マウスで指していた表示要素が選択された状態になっています。

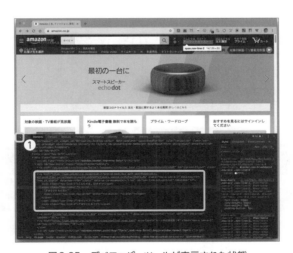

図2.25　デベロッパーツールが表示された状態

　もし、「アカウント＆リスト」とは違う表示要素が選択された状態になっていたならば、**図2.25**にあるように、マウスでデベロッパーツールの左上のアイコンをクリックしてから「アカ

14　ウィンドウの内部を分割したときにできる複数の領域を「ペイン」と呼びます。

ウント＆リスト」をクリックします。すると、クリックした箇所の表示要素に選択位置が移動します。

　このままでもよいのですが、元のWebページが見にくくなってしまう人もいるでしょう。デベロッパーツールの表示位置はメニューから変更できます（**図2.26**）。自分のPCのディスプレイや表示しているページの状況に合わせて使いやすい設定に切り替えて使うとよいでしょう。

図2.26　デベロッパーツールの表示位置を変更する

2.2.4　「アカウント＆リスト」の表示要素を確認する

　では、「アカウント＆リスト」の周辺を拡大して、どのようなHTMLコードになっているか見てみましょう（**図2.27**）。

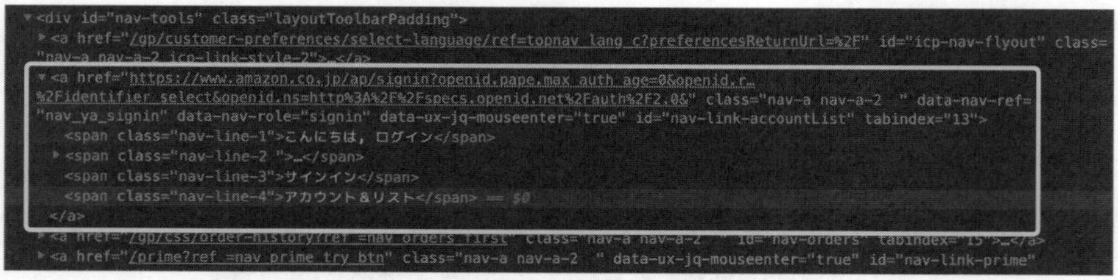

図2.27　「アカウント＆リスト」の周囲の表示要素のHTMLコード

　図2.27の枠の部分を抜粋してみました（**リスト2.26**）。hrefのパラメータ^{用語}が長いので、途中を省略してあります。

リスト2.26 `HTML` 「アカウント＆リスト」リンク周辺のHTMLコード

```html
<a href="https://www.amazon.co.jp/ap/signin?openid.pape.max_auth_age=0 ..."
(……略……)class="nav-a nav-a-2 " data-nav-ref="nav_ya_signin" data-nav-role=
"signin" data-ux-jq-mouseenter="true" id="nav-link-accountList" tabindex="13"> ❶
  <span class="nav-line-1">こんにちは，ログイン</span>
  <span class="nav-line-2 ">アカウント＆リスト<span class="nav-icon nav-arrow"></
span>
  </span>
  <span class="nav-line-3">サインイン</span>
  <span class="nav-line-4">アカウント＆リスト</span>
</a>
```

❶「アカウント＆リスト」のクリックに関係するaタグの行。

　いろいろ書いてあって、ちょっと複雑ですね。ですが、心配いりません。わたしたちにとって興味がある部分を残し、そうでない部分を削って整理してみれば、このコードの構造がわかってきます。

　いま興味があるのは、aタグをリンクとしてクリックすることです。クリックする操作とは関係ない部分を無視してみましょう。たとえば、spanタグのパラメータを無視してみます。そうすると、このコードは**リスト2.27**のように整理できるでしょう。

リスト2.27 `HTML` リンクのコードの構造を整理する

```html
<a href=... >... アカウント＆リスト ... </a>
```

　どうでしょう。これなら、aタグ使った基本的なリンクと変わりないですね。このaタグで囲まれた範囲にある表示要素に対して、マウスでクリックするのと同じ処理ができればよいわけです。あとは、どうやってプログラムにこのaタグを特定させるかです。

　デベロッパーツールには、興味がある表示要素に関する「CSSセレクタ」や「XPath」を取得する機能があります。わたしたちが知りたいのは、aタグを特定する方法です。それには「セレクタをコピーする」機能を使います。

　ツールの画面で、**リスト2.26**の❶の行を選択します。そして、マウスを右クリックしてポップアップメニューを開き、「Copy ＞ Copy selector」を選択します（**図2.28**）。

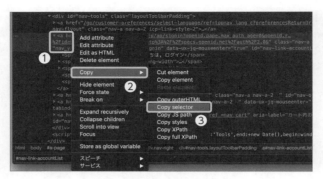

図2.28　aタグのセレクタをコピーする

コピーしたセレクタを、テキストエディタなどに貼り付けて確認してみてください。#nav-link-accountListという文字列を取得できているでしょう。この名前を**リスト2.26**の中で確認してみると、これはaタグのidであることがわかります。

idは、1つのWebページの中に重複して現れないのが原則です。念のため、本当に1つだけか検索して調べておきましょう。ツールの画面の下の方に、検索用のテキストフィールドがありますので、#nav-link-accountListを入力して検索してみてください。

図2.29　同じidが複数ないか確認した

該当する件数が「1 of 1」となっていますので、このidはここでしか使われていないことが確認できました。ということは、idを使って表示要素を特定するという方法を使えば、この要素を特定できるということですね。

ここまでの演習で「アカウント＆リスト」をクリックするには、idがnav-link-accountListのリンク（CSSセレクタで探すときは#nav-link-accountList）を探してクリックすればよいことがわかりました。

2.2.5　「アカウント＆リスト」リンクを探す

プログラムからリンクをクリックするには、プログラムがこのリンクを探せなくてはなりません。WebDriverを使って表示要素を探すときには、find_elementメソッドを使います。

find_elementメソッドで要素を探せるか、試してみましょう。**リスト2.22**を元に、**リスト2.28**を作ります。

リスト2.28　 Ruby 　amazon02.rb

```
 1. # frozen_string_literal: true
 2.
 3. require 'selenium-webdriver'
 4.
 5. driver = Selenium::WebDriver.for :chrome
 6. driver.get 'https://www.amazon.co.jp/'
 7. element = driver.find_element(:id, 'nav-link-accountList') ❶
 8. puts element.text ❷
 9. driver.quit ❸
```

❶ 属性idの属性値がnav-link-accountListの要素を探してelementで参照できるよう
　にした。

❷ 見つけたelementの文字列表現を表示した。

❸ quitを使ってWebDriverを終了した。

　find_elementメソッドの最初の引数:idは、検索する属性を指定しています。続く引数の
nav-link-accountListは、検索したい属性値の指定です。最初の引数を:idにしてidセレ
クタで検索するときは、続く引数では#をつけないことに注意しましょう。

　作成できたら実行してみましょう（**リスト2.29**）。

リスト2.29　 端末 　amazon02.rbを実行する

```
C:\Users\kuboaki\rubybook>ruby amazon02.rb
こんにちは，ログイン
アカウント＆リスト
C:\Users\kuboaki\rubybook>
```

　リンクを探して文字列表現を取得したら、リンクに使われている文字列が得られました。ど
うやら、うまく探せているようです。

2.2.6　「アカウント＆リスト」リンクをクリックする

　リンクを探せたので、次はクリックです。find_elementメソッドが見つけた要素に対して
clickメソッドを使うと、マウスでクリックしたのと同じ操作になります。**リスト2.28**を元に、
リスト2.30を作って試してみましょう。

リスト2.30　 Ruby 　amazon03.rb

```
 1. # frozen_string_literal: true
 2.
 3. require 'selenium-webdriver'
 4.
```

```
 5. driver = Selenium::WebDriver.for :chrome
 6. driver.get 'https://www.amazon.co.jp/'
 7. element = driver.find_element(:id, 'nav-link-accountList')
 8. puts element.text
 9. element.click ❶
10. sleep 3 ❷
11. driver.quit
```

❶ 見つけたelementに対してclickメソッドを使ってマウスのクリックを代替実行した。

❷ クリックして遷移した画面をしばらく表示しておくためにsleepメソッドを使った。

作成できたら実行してみましょう（**リスト2.31**）。

リスト2.31　端末　amazon03.rbを実行する

```
C:\Users\kuboaki\rubybook>ruby amazon03.rb
こんにちは，ログイン
アカウント＆リスト
C:\Users\kuboaki\rubybook>
```

　実行してみると、トップ画面で「アカウント＆リスト」リンクをクリックし、ログイン画面に遷移している様子が確認できるでしょう。これで、マウスで操作した時と同じように、「ログイン」ページを開けました（**図2.30**）。

図2.30　ログイン画面が表示された

2.2.7　アカウント情報を外部ファイルに保持する

　AmazonのWebサイトにログインするには、アカウント情報として「メールアドレス」と「パスワード」が必要です。そして、この先のプログラムでは、ログインが必要となるたびにアカウント情報を使います。このとき、ログインする処理に直接書いておいてもプログラムは

書けます。しかし、そのようなプログラムを他の人に見られてしまうと、ログインに必要な情報が丸見えになってしまいます。

　そこで、いまのうちにアカウント情報を別ファイルに分離しておくことにします。そして、ログインするときには、そのファイルからアカウント情報を読み込むことにしましょう。ですが、ファイルに格納するメールアドレスとパスワードは、いまだ平文[15]のままです。プログラムから分離したとはいえ、アカウント情報ファイルは、他の人に見られないよう注意しましょう。

> 注意　セキュリティに配慮するならアカウント情報は暗号化すべきです。しかし、そのためには、暗号と認証の概念と仕組みの理解が必要です。また、OpenSSL[16] のような暗号化と復号のライブラリの導入も必要になります。さらに、OpenSSL を扱う Ruby のライブラリについても知る必要があります。アカウント情報を暗号化してみたい人は、Ruby の「OpenSSL ライブラリ」[17] について調べてみるとよいでしょう。

　アカウント情報を格納するファイルは、JSON（ジェイソン）[用語]、[x03]、[x04] というデータ形式を使ってみましょう。JSON は、Web アプリのデータの受け渡しなどで使われているデータ形式の1つです。基本はキーと値のペアを列挙したものです。

　リスト2.32のように作成してみましょう。文字列は「"」で囲みます。Ruby と異なり「'」は使えません。キーと値の間は「:」で区切ります。各々のペアの間は「,」で区切ります。

リスト2.32　**JSON** account.json

```
1. {
2.   "email": "yourname@yourdomain.org", ❶
3.   "password": "cjFNhCdh26yW6MjG" ❷
4. }
```

❶ キーが "email" で、値が Amazon にログインするときに使うメールアドレス。行末に次のペアとの区切りとして「,」が入っている。

❷ キーが "password" で、値が Amazon にログインするときに使うパスワード。

> 重要　メールアドレスやパスワードは、みなさんが Amazon のログインに使っているものに置き換えてください。

　次にリスト2.32のデータが JSON として読めることを、プログラムを書いて確かめてみましょう（リスト2.33）。このアカウント情報を読み込む処理はあとでも使いたいので、read_account メソッドとして定義しておきました。

15　ひらぶん。暗号化していないテキストやメディアデータのこと。

16　https://www.openssl.org/

17　https://docs.ruby-lang.org/ja/latest/library/openssl.html

リスト2.33　　Ruby　account_reader.rb

```
 1. # frozen_string_literal: true
 2.
 3. require 'json' ❶
 4.
 5. def read_account(filename)
 6.   File.open(filename) do |file| ❷
 7.     JSON.parse(File.read(file), symbolize_names: true) ❸
 8.   end
 9. end
10.
11. if __FILE__ == $PROGRAM_NAME ❹
12.   account = read_account(ARGV[0]) ❺
13.   p account ❻
14.   puts account[:email] ❼
15.   puts account[:password]
16. end
```

❶ JSON用のライブラリをrequireした。

❷ 引数で渡されたファイルをopenで開いた。

❸ 開いたファイルのデータをreadですべて読み込み、JSON.parseでRubyのハッシュに変換した。symbolize_names: trueオプションを指定すると、ハッシュキーはRubyのシンボルに変換される。

❹ このファイル自身を実行したときは、この行以降のプログラムも実行される。

❺ プログラム実行時に、コマンドラインでアカウント情報のファイル名を指定する。プログラム中では最初の引数はARGV[0]で参照できる。read_accountで読み込んだ結果を変数accountで参照する。

❻ デバッグに使うpメソッドで、accountの内部要素を表示した。

❼ accountをシンボル:emailをキーに指定してアクセスした。

　リスト2.33の❹について、もう少し説明しておきましょう。プログラムを実行すると、$PROGRAM_NAMEはコマンドラインから入力した、現在実行しているプログラムのファイル名に置き換わります。一方で、__FILE__はこのファイル自身のファイル名です。このファイル自身をコマンドラインから直接実行すると、これらは同じ名前になります。つまり、このif文の中身が実行されます。他のファイルから呼び出された場合には、$PROGRAM_NAMEは別のファイル名になっているので、このif文の部分は実行されません。この書き方を使うと、作成したメソッドとそれをテストするコードを一緒に書いておけます。

　ARGVは、実行時のコマンドラインの引数を文字列として保持する配列です。詳しくは「付録D Rubyの復習」を参照してください。

　作成できたら実行してみましょう（リスト2.34）。

リスト2.34　端末　account_reader.rbを実行する

```
C:\Users\kuboaki\rubybook>ruby account_reader.rb account.json ❶
{:email=>"yourname@yourdomain.org", :password=>"cjFNhCdh26yW6MjG"} ❷
yourname@yourdomain.org ❸
cjFNhCdh26yW6MjG

C:\Users\kuboaki\rubybook>
```

❶ プログラムの実行時の引数にアカウント情報のJSONファイル名を指定した。

❷ Rubyのハッシュに変換された。また、JSONファイルでは文字列だったキーは、シンボルに変換されているのがわかる。

❸ アカウント情報を読み込んだハッシュにアクセスできた。

これで、メールアドレスやパスワードは、アカウント情報ファイルに書いたものを読み込めば済むようになりましたね。

2.2.8　ログイン用メールアドレスを入力する

図2.30を見るとわかりますが、Amazonではアカウント名とパスワードを同時には入力しません。まず、アカウントに使う「メールアドレス（または携帯電話番号）」を入力し、次の画面でパスワードを入力します。

前半の「メールアドレス（または携帯電話番号）」を入力して「次へ進む」ところを、デベロッパーツールで調べてみましょう。「メールアドレス」を入力するテキストフィールドで右クリックして「検証」を選びます。すると、デベロッパーツールの画面でメールアドレスの入力に使う<input>タグが見つかります。見つけたら、このタグにどんなidがついているか調べます。HTMLコードを眺めてもよいですし、図2.28の方法でセレクタを調べてみてもよいでしょう。

同じようにして「次へ進む」ボタンのセレクタも調べてみましょう。これらに<input>のタグが含まれる<form>タグの概観も含めると、リスト2.35のように整理できるでしょう。

リスト2.35　HTML　メールアドレスの入力に関連するフォームとタグ

```
<form name="signIn" method="post" novalidate="" action="https://www.amazon.co.jp/
ap/signin" class="auth-validate-form auth-real-time-validation a-spacing-none"
data-fwcim-id="ueWG8ALF"> ❶
    (……略……)
    <input type="email" maxlength="128" id="ap_email" name="email" tabindex="1"
class="a-input-text a-span12 auth-autofocus auth-required-field"> ❷
    (……略……)
    <input id="continue" tabindex="5" class="a-button-input" type="submit" aria-
labelledby="continue-announce"> ❸
    (……略……)
</form>
```

❶ フォームの開始。このフォームがsubmitされると、actionの属性値に指定したURLへ遷移する。

❷ メールアドレスを入力するテキストフィールド。idはap_email。

❸ 「次へ進む」ボタン。idはcontinue。typeがsubmitなので、このフィールドをクリックすると、フォームのアクションが実行される。

この結果から、idがap_emailのフィールドにメールアドレスを入力し、その後idがcontinueのボタンをクリックすればよさそうなことがわかります。WebDriverを使ってテキストフィールドに入力するには、find_elementメソッドで見つけた要素に対してsend_keysメソッドを使います。**リスト2.30**を元に、**リスト2.36**を作って試してみましょう。

リスト2.36　 Ruby 　amazon04.rb

```ruby
 1. # frozen_string_literal: true
 2.
 3. require 'selenium-webdriver'
 4. require_relative './account_reader' ❶
 5.
 6. abort 'account file not specified.' unless ARGV.size == 1 ❷
 7. account = read_account(ARGV[0]) ❸
 8.
 9. driver = Selenium::WebDriver.for :chrome
10. driver.get 'https://www.amazon.co.jp/'
11. element = driver.find_element(:id, 'nav-link-accountList')
12. puts element.text
13. element.click
14. element = driver.find_element(:id, 'ap_email') ❹
15. element.send_keys(account[:email]) ❺
16. element = driver.find_element(:id, 'continue') ❻
17. element.click ❼
18. sleep 3 ❽
19. driver.quit
```

❶ require_relativeは、相対ディレクトリによるRubyライブラリの指定。ここでは、リスト2.33で作成したaccount_readerを読み込んでいる。

❷ コマンドライン引数の数をチェックして、引数がないならエラーメッセージを表示して終了する。

❸ read_accountでアカウント情報を読み込み、結果をaccountで参照する。

❹ idがap_emailの表示要素を探した。

❺ send_keysを使って、表示要素のテキストフィールドにaccountから読み出したメールアドレスを入力した。

❻ idがcontinueの表示要素を探した。

❼ 見つけた表示要素をclickした。

❽ sleepを使って少し待ち、画面遷移を確認してから終了する。

作成できたら実行してみましょう（**リスト2.37**）。

リスト2.37 　端末　amazon04.rbを実行する

```
C:\Users\kuboaki\rubybook>ruby amazon04.rb account.json
こんにちは，ログイン
アカウント＆リスト
C:\Users\kuboaki\rubybook>
```

　実行してみると、メールアドレスが入力されて「次へ進む」ボタンがクリックされ、パスワード入力画面が表示されるのを確認できるでしょう（**図2.31**）。

図2.31　パスワード入力画面が表示された

2.2.9　表示が終わるのをWaitで待つ

　リスト2.36を実行した結果が**リスト2.37**のようにならず、**リスト2.38**のようなエラーが起きてしまう場合があるでしょう。また、いまのところエラーが起きていなくても、この先作成するプログラムでは起きる可能性が常にあります。

リスト2.38 　端末　amazon04.rbを実行したらno such elementエラーが起きた

```
C:\Users\kuboaki\rubybook>ruby amazon04.rb account.json
こんにちは，ログイン
アカウント
Traceback (most recent call last):
        34: from amazon04.rb:14:in `<main>' ❶
        33: from C:/Ruby26-x64/lib/ruby/gems/2.6.0/gems/selenium-
```

```
webdriver-3.142.7/lib/selenium/webdriver/common/search_context.rb:62:in `find_
element'
        (……略……)
    1: from         Ordinal0 [0x00885F73+2449267]
Backtrace:: no such element: Unable to locate element: {"method":"css
selector","selector":"#ap_email"} (Selenium::WebDriver::Error::NoSuchElementErr
or) ❷
  (Session info: chrome=81.0.4044.138)

C:\Users\kuboaki\rubybook>
```

❶ amazon04.rbの14行目で発生している。

❷ （Backtraceから折り返して続く行で）"#ap_email"（idがap_emailの表示要素）を
　探そうとしたが見つからず、no such elementエラーになった。

　一体なにが起きたのでしょう。**リスト2.36**のエラーが起きている箇所を見てみましょう（**リ
スト2.39**）。

リスト2.39　　Ruby　amazon04.rbのエラーが起きている箇所

```
12. puts element.text
13. element.click
14. element = driver.find_element(:id, 'ap_email') ❶
```

❶ エラーが発生している行（**リスト2.38**のエラーメッセージが指している行）。

　リスト2.39の❶では、リンクをクリックしてすぐに、次のページのap_emailを探していま
す。ところが、このエラーメッセージからすると、エラーが起きる状況においてはap_email
を見つけられていないようです。

　みなさんは、Webページの表示データがWebサイトから送られてくるのには時間がかかる
ことを知っていますね。遷移先のページの表示が終わっていれば、おそらく表示要素は見つ
かるでしょう。ですが、このエラーが起きたときは、遷移したページの表示が途中だったと考
えられます。

　それなら、他で使ったようにsleepを追加すればどうでしょう。しかし、sleepを使う方法
は、すぐに表示要素が見つかったとしても必ず一定時間待つことになります。

　このような状況のために、WebDriverには「明示的なWait」が用意されています[18]。明示的
なWaitでは、Waitクラスのuntilメソッドの引数に渡した条件（たとえば表示要素が表示さ
れているなど）が成り立つまで、プログラムを待機させます。そして、設定したタイムアウト
時間になるまでの間、条件が成り立つまで繰り返し調べてくれます。

　もともと、ブラウザがページを表示する処理やJavaScriptを実行する処理と、WebDriver

18　別途、応答があるまで常に一定時間待つ「暗黙のWait」もあります。

がみなさんのプログラムを実行する処理は同期していません。明示的な Wait を使うことで、自分のプログラムの中でブラウザ側の動作を待てるようになります。

リスト2.36を元に、**リスト2.40**を作って試してみましょう。

リスト2.40　`Ruby` amazon04_2.rb

```ruby
 1. # frozen_string_literal: true
 2.
 3. require 'selenium-webdriver'
 4. require_relative './account_reader'
 5.
 6. abort 'account file not specified.' unless ARGV.size == 1
 7. account = read_account(ARGV[0])
 8.
 9. driver = Selenium::WebDriver.for :chrome
10. wait = Selenium::WebDriver::Wait.new(timeout: 20) ❶
11.
12. driver.get 'https://www.amazon.co.jp/'
13. element = driver.find_element(:id, 'nav-link-accountList')
14. puts element.text
15. element.click
16. wait.until { driver.find_element(:id, 'ap_email').displayed? } ❷
17. puts driver.title
18. element = driver.find_element(:id, 'ap_email')
19. element.send_keys(account[:email])
20. element = driver.find_element(:id, 'continue')
21. element.click
22. wait.until { driver.find_element(:id, 'ap_password').displayed? } ❸
23. sleep 3
24. driver.quit
```

❶ Wait クラスのインスタンス wait を作成した。タイムアウト時間は20秒に設定した。

❷ id が ap_email の表示要素が表示されるのを until を使って待っている。

❸ id が ap_password の表示要素が表示されるのを until を使って待っている。

Wait クラスの until メソッドは、引数に受け取ったブロックの処理が true を返すまで、次の処理へ進むのを待ちます。トップページでクリックしたあと、**リスト2.40**の❷では、ログインページへ遷移するのを待っています。このとき、遷移先のページの id が ap_email の表示要素が表示されていないと、メールアドレスが入力できません。そこで、ap_email の表示要素が表示されるまで待っているわけです。

ログインページで「次へ進む」をクリックしたあと、**リスト2.40**の❸では、パスワード入力ページへ遷移するのを待っています。このとき、id が ap_password の表示要素が表示されていないと、パスワードが入力できません。そこで、ap_password の表示要素が表示されるまで

待っているわけです。

作成できたら実行してみましょう（**リスト2.41**）。

リスト2.41 　端末 　amazon04_2.rbを実行する

```
C:\Users\kuboaki\rubybook>ruby amazon04_2.rb account.json
こんにちは，ログイン
アカウント＆リスト
Amazonログイン
C:\Users\kuboaki\rubybook>
```

実行してみると、**図2.31**と同じように画面が遷移しているのを確認できます。

2.2.10　パスワードを入力してログインする

パスワード入力画面が表示できたので、再びデベロッパーツールを使い、パスワードの入力フォームを調べてみましょう（**リスト2.42**）。

リスト2.42 　HTML 　パスワードの入力に関連するフォームとタグ

```
<form name="signIn" method="post" novalidate="" action="https://www.amazon.co.jp
/ap/signin" class="auth-validate-form auth-real-time-validation a-spacing-none"
data-fwcim-id="gUzSnUqW"> ❶
    （……略……）
  <input type="password" maxlength="1024" id="ap_password" name="password"
tabindex="2" class="a-input-text a-span12 auth-autofocus auth-required-field"> ❷
    （……略……）
  <input id="signInSubmit" tabindex="5" class="a-button-input" type="submit"
aria-labelledby="auth-signin-button-announce"> ❸
    （……略……）
    ログイン
  </span>
  （……略……）
</form>
```

❶ フォームの開始。このフォームがsubmitされると、actionの属性値に指定したURLへ遷移する。

❷ パスワードを入力するテキストフィールド。idはap_password。

❸ 「ログイン」ボタン。idはsignInSubmit。typeがsubmitなので、このフィールドをクリックすると、フォームのアクションが実行される。

この結果から、idがap_passwordのフィールドにパスワードを入力し、その後idがsignInSubmitのボタンをクリックすればよさそうなことがわかります。パスワードの入力には、「2.2.8 ログイン用メールアドレスを入力する」と同じように、find_elementメソッドで

表示要素を探して、send_keys メソッドを使います。**リスト2.40**を元に、**リスト2.43**を作って試してみましょう。

リスト2.43　`Ruby`　amazon05.rb

```
 1. # frozen_string_literal: true
 2.
 3. require 'selenium-webdriver'
 4. require_relative './account_reader'
 5.
 6. abort 'account file not specified.' unless ARGV.size == 1
 7. account = read_account(ARGV[0])
 8.
 9. driver = Selenium::WebDriver.for :chrome
10. wait = Selenium::WebDriver::Wait.new(timeout: 20)
11.
12. driver.get 'https://www.amazon.co.jp/'
13. element = driver.find_element(:id, 'nav-link-accountList')
14. puts element.text
15. element.click
16. wait.until { driver.find_element(:id, 'ap_email').displayed? }
17. element = driver.find_element(:id, 'ap_email')
18. element.send_keys(account[:email])
19. element = driver.find_element(:id, 'continue')
20. element.click
21. wait.until { driver.find_element(:id, 'ap_password').displayed? }
22. element = driver.find_element(:id, 'ap_password') ❶
23. element.send_keys(account[:password]) ❷
24. element = driver.find_element(:id, 'signInSubmit') ❸
25. element.click ❹
26. wait.until { driver.find_element(:id, 'nav-link-accountList').displayed? } ❺
27. sleep 3
28. driver.quit
```

❶ idがap_passwordの表示要素を探した。

❷ send_keysを使って、表示要素のテキストフィールドにaccountから読み出したパスワードを入力した。

❸ idがsignInSubmitの表示要素を探した。

❹ 見つけた表示要素をclickした。

❺ ログイン後にトップページへ戻るのを確認するために、再びidがnav-link-accountListの表示要素が表示されるのを待っている。

作成できたら実行してみましょう（**リスト2.44**）。

第1部 準備編

第2部 実践編

付録

51

リスト2.44 （端末）amazon05.rbを実行する

```
C:\Users\kuboaki\rubybook>ruby amazon05.rb account.json
こんにちは，ログイン
アカウント＆リスト
C:\Users\kuboaki\rubybook>
```

　実行してみると、パスワードが入力されて「ログイン」ボタンがクリックされ、ログイン後のトップページが表示されるのを確認できるでしょう（**図2.32**）。

図2.32　ログインできたあとのトップページ

ヒント

▶ **Amazonのアカウントに「2段階認証」を設定している場合**

Amazonのアカウントに「2段階認証」を設定している人は、このあと登録している端末での認証に進みます（**図2.33**）。自分で操作して確認しましょう。また、手で認証する時間がかかる分、Waitクラスのインスタンスに設定するタイムアウト時間を長め（30秒程度）にしておきましょう。

図 2.33 2 段階認証を設定している場合は自分で認証する

WebDriver を使うことで、Ruby プログラムを使って Amazon の Web サイトへログインできるようになりました。

2.3 | WebDriver を使って注文履歴を取得する

Amazon の Web サイトへログインできるようになりました。これで注文履歴のページにもアクセスできます。プログラムを作って、注文履歴から注文品名を取得できるか実験してみましょう。

2.3.1 注文履歴のページを取得する

ログインできたので、注文履歴のページを開いてみましょう。Web ページ上の「注文履歴」へのリンクを右クリックして「検証」を選びます。すると、「注文履歴」の文字列とその周辺のコードが、デベロッパーツールに表示されます（**リスト2.45**）。

リスト2.45 **HTML** 注文履歴へのリンクに関連するフォームとタグ

```
<a href="/gp/css/order-history?ref_=nav_orders_first" class="nav-a nav-a-2  "
id="nav-orders" tabindex="15"> ❶
  <span class="nav-line-1">返品もこちら</span>
  <span class="nav-line-2">注文履歴</span> ❷
</a>
```

❶ リンクのaタグの開始。このリンクがクリックされると、hrefの属性値に指定したURLへ遷移する。

❷ リンクのラベルになっている「注文履歴」の表示。

　この結果から、idがnav-ordersのリンクをクリックすればよさそうなことがわかります。**リスト2.43**を元に、**リスト2.46**を作って試してみましょう。

リスト2.46　`Ruby`　amazon06.rb

```
 1. # frozen_string_literal: true
 2.
 3. require 'selenium-webdriver'
 4. require_relative './account_reader'
 5.
 6. abort 'account file not specified.' unless ARGV.size == 1
 7. account = read_account(ARGV[0])
 8.
 9. driver = Selenium::WebDriver.for :chrome
10. wait = Selenium::WebDriver::Wait.new(timeout: 20)
11.
12. driver.get 'https://www.amazon.co.jp/'
13. element = driver.find_element(:id, 'nav-link-accountList')
14. puts element.text
15. element.click
16. wait.until { driver.find_element(:id, 'ap_email').displayed? }
17. element = driver.find_element(:id, 'ap_email')
18. element.send_keys(account[:email])
19. element = driver.find_element(:id, 'continue')
20. element.click
21. wait.until { driver.find_element(:id, 'ap_password').displayed? }
22. element = driver.find_element(:id, 'ap_password')
23. element.send_keys(account[:password])
24. element = driver.find_element(:id, 'signInSubmit')
25. element.click
26. wait.until { driver.find_element(:id, 'nav-link-accountList').displayed? }
27. element = driver.find_element(:id, 'nav-orders') ❶
28. element.click ❷
29. wait.until { driver.find_element(:id, 'navFooter').displayed? } ❸
30. puts driver.title ❹
31. sleep 3
32. driver.quit
```

❶ idがnav-ordersの表示要素を探した。

❷ 見つけた表示要素をclickした。

❸ 注文履歴ページへ遷移したのを確認するために、idがnavFooterの表示要素が表示されるのを待っている。

❹ 遷移したページを確認するために、タイトルを取得して表示した。

作成できたら実行してみましょう（**リスト2.47**）。

リスト2.47　**端末** amazon06.rbを実行する

```
C:\Users\kuboaki\rubybook>ruby amazon06.rb account.json
こんにちは，ログイン
アカウント
注文履歴
C:\Users\kuboaki\rubybook>
```

実行してみると、ログイン後のトップページから遷移して、注文履歴ページが表示されるのを確認できるでしょう（**図2.34**）。

図2.34　注文履歴ページを開いた

ヒント

▶ getメソッドでページを移る

「注文履歴」ページへ移る方法にはgetメソッドを使う方法もあります。

```
driver.get('https://www.amazon.co.jp/gp/css/order-history')
```

2.3.2　取得したい期間を変更する

わたしたちは注文履歴を購買の記録に使いたいので、取得する期間を決めて取得したいですよね。ここでは、取得する期間を2019年の1年間と想定して、取得期間を変更してみます（みなさんは自分が取得できる期間を選んでください）。

　Amazonの注文履歴で取得期間を変更するには、左上の「セレクトボックス」を使います[19]。クリックして選択肢の一覧を引き出し、そこから期間を選びます（**図2.35**）。

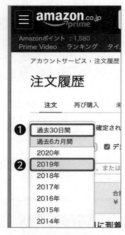

図2.35　注文履歴の期間を選ぶセレクトボックス

　では、取得期間を変更するセレクトボックスの周辺が、どのようなHTMLコードになっているか見てみましょう。セレクトボックスをマウスで右クリックしてポップアップメニューから「検証」を選ぶと、デベロッパーツールが開き、セレクトボックス周辺のHTMLコードが表示されます（**リスト2.48**）。

リスト2.48　**HTML** 取得期間を変更するセレクトボックスに関連するフォームとタグ

```
<form id="timePeriodForm" method="get" action="/gp/your-account/order-history"
 class="time-period-chooser a-spacing-none"> ❶
    (……略……)
    <select name="orderFilter" autocomplete="off" id="orderFilter" tabindex="0"
class="a-native-dropdown a-declarative" aria-pressed="false"> ❷
        <option value="last30" id="orderFilterEntry-last30">
            過去30日間
        </option>
        <option value="months-6" id="orderFilterEntry-months-6" selected="">
            過去6カ月間
        </option>
        <option value="year-2020" id="orderFilterEntry-year-2020">
            2020年
        </option>
        <option value="year-2019" id="orderFilterEntry-year-2019"> ❸
            2019年
```

19　他に「ドロップダウンリスト」「プルダウンメニュー」などさまざまな呼び方があります。

```
            </option>
      (……略……)
        <option value="year-2001" id="orderFilterEntry-year-2001">
            2001年
        </option>
        <option value="archived" id="orderFilterEntry-archived">
            非表示にした注文
        </option>
    </select>
    (……略……)
</form>
```

❶ セレクトボックスのフォームの開始。このフォームがsubmitされると、actionの属性
値に指定したURLへ遷移する（この場合は、選択した項目を使って同じページに表示す
る内容を更新する）。

❷ セレクトボックス。idはorderFilter。

❸ 今回選択したいリスト項目。idはorderFilterEntry-year-2019でvalueはyear-2019。

WebDriverからセレクトボックスを操作するには、Selectクラスのselect_byメソッドを
使います。**リスト2.48**の結果から、このセレクトボックスではidがorderFilterの表示要素
を探して、Selectクラスを使えばよさそうです。**リスト2.46**を元に、**リスト2.49**を作って試し
てみましょう。

リスト2.49　`Ruby`　amazon07.rb

```ruby
 1. # frozen_string_literal: true
 2.
 3. require 'selenium-webdriver'
 4. require_relative './account_reader'
 5.
 6. abort 'account file not specified.' unless ARGV.size == 1
 7. account = read_account(ARGV[0])
 8.
 9. driver = Selenium::WebDriver.for :chrome
10. wait = Selenium::WebDriver::Wait.new(timeout: 20)
11.
12. driver.get 'https://www.amazon.co.jp/'
13. element = driver.find_element(:id, 'nav-link-accountList')
14. puts element.text
15. element.click
16. wait.until { driver.find_element(:id, 'ap_email').displayed? }
17. element = driver.find_element(:id, 'ap_email')
18. element.send_keys(account[:email])
19. element = driver.find_element(:id, 'continue')
```

```
20. element.click
21. wait.until { driver.find_element(:id, 'ap_password').displayed? }
22. element = driver.find_element(:id, 'ap_password')
23. element.send_keys(account[:password])
24. element = driver.find_element(:id, 'signInSubmit')
25. element.click
26. wait.until { driver.find_element(:id, 'nav-link-accountList').displayed? }
27. element = driver.find_element(:id, 'nav-orders')
28. element.click
29. wait.until { driver.find_element(:id, 'navFooter').displayed? }
30. puts driver.title
31. years = driver.find_element(:id, 'orderFilter') ❶
32. select = Selenium::WebDriver::Support::Select.new(years) ❷
33. select.select_by(:value, 'year-2019') ❸
34. wait.until { driver.find_element(:id, 'navFooter').displayed? } ❹
35. sleep 3
36. driver.quit
```

❶ idがorderFilterの表示要素を探した。

❷ 探した表示要素に対する選択肢リストをSelectクラスを使って作った。

❸ select_byを使って、選択肢から2019年を指定するyear-2019を選択した。

❹ 選択したときにページ全体が更新されるので、ページのフッターの表示要素が表示されるまで待った。

作成できたら実行してみましょう（**リスト2.50**）。

リスト2.50　端末　amazon07.rbを実行する

```
C:\Users\kuboaki\rubybook>ruby amazon07.rb account.json
こんにちは，ログイン
アカウント
注文履歴
C:\Users\kuboaki\rubybook>
```

実行してみると、セレクトボックスがポップアップして取得期間が選ばれ、その後ページ全体が再表示されるのを確認できるでしょう（**図2.36**）。

図2.36　注文履歴の取得期間を変更できた

これで、注文の履歴の期間が指定できました。

2.3.3　欲しい表示要素を探すセレクタを検討する

　いよいよ、ここからが調査本番です。それぞれの注文履歴を1つずつ取り出すにはどうしたらよいか調べてみましょう。

　取り出せる情報はいろいろあるのですが、ひとまず注文品の名前だけを取り出すことを考えます。

　こんどもデベロッパーツールで調べてみましょう。注文履歴を1つ選んで、マウスで右クリックして「検証」を選びます。そこから、デベロッパーツールの中のコードを少しずつ外側の表示要素へと移動します。すると、注文履歴の全体はidがordersContainerのdivタグの中に含まれているのがわかります（**図2.37**）。

図2.37　idがordersContainerの占める範囲

　次は、ある注文品の名前とその周辺がどのようなHTMLコードになっているか見てみましょう。注文履歴を1つ選んで、その注文品の名前をマウスで右クリックしてポップアップメ

ニューから「検証」を選びます。デベロッパーツールにHTMLコードが表示されるので、選択した注文品の名前からさかのぼってタグを調べると、**リスト2.51**のような構造になっているのがわかります。

リスト2.51　HTML　1つの注文履歴と注文品名に関連するタグと構造

```
<div class="a-box-group a-spacing-base order"> ❶
  (……略……)
  <div class="a-box a-color-offset-background order-info"> ❷
  (……略……)
  </div>
  (……略……)
  <div class="a-box shipment shipment-is-delivered"> ❸
  (……略……)
    <div class="a-fixed-left-grid-col a-col-right" style="padding-left:1.5%;
float:left;"> ❹
    (……略……)
      <div class="a-row"> ❺
        <a class="a-link-normal" href="/gp/product/4815603995/ref=ppx_yo_dt_b_
asin_title_o03_s00?ie=UTF8&amp;psc=1"> ❻
              数学ガールの秘密ノート/学ぶための対話
        </a>
    (……略……)
      </div>
      <div class="a-row">
      <div class="a-row">
    (……略……)
</div>
<div class="a-box-group a-spacing-base order"> ❼
  (……略……)
```

❶ それぞれの注文履歴はclassがorderを含むdivタグに囲まれている（これが表示している件数分ある）。

❷ 1つの注文履歴について、注文日、注文番号がある部分はclassがorder-infoを含むdivタグに囲まれている。

❸ 1つの注文履歴について、商品の情報はclassがshipmentを含むdivタグに囲まれている。

❹ 注文品名や販売元などの情報は、shipmentの中のclassがa-fixed-left-grid-col a-col-rightを含むdivタグに囲まれている。

❺ 注文品名や販売元などの情報は、それぞれclassがa-rowのdivタグに囲まれている（a-rowは複数ある）。

❻ 注文品名は、最初のa-rowの中に含まれるリンクのテキストになっている。

❼ 次の注文履歴の始まり。

うーん……。これは、たどるのが難儀ですね。こんなときは、デベロッパーツールのセレクタやXPathを取得する機能を使います。

注文品名のリンクを指すCSSセレクタを取得してみましょう（**図2.38**）。Webページから注文品名のリンクを右クリックして「検証」を選びます。デベロッパーツールに移り、選択されている表示要素をマウスを右クリックしてポップアップメニューを表示したら、「Copy ＞ Copy selector」を選択します。

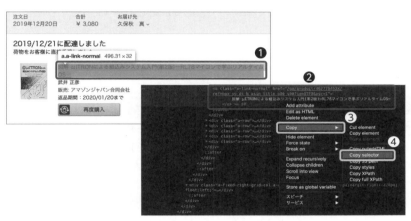

図2.38　注文品名を指すCSSセレクタを取得する

コピーしたセレクタを、テキストエディタなどに貼り付けて確認してみてください。**リスト2.52**のようなセレクタが取得できているでしょう。実際に取得できるセレクタは折返しのない1行なのですが、長いので紙面では複数行に折り返してあります。

リスト2.52　　CSS　注文品名にマッチするセレクタ（整理前）

```
#ordersContainer ❶
  > div:nth-child(2) ❷
  > div.a-box.shipment.shipment-is-delivered ❸
  > div > div.a-fixed-right-grid.a-spacing-top-medium > div
  > div.a-fixed-right-grid-col.a-col-left > div > div > div
  > div.a-fixed-left-grid-col.a-col-right ❹
  > div:nth-child(1)
  > a ❺
```

❶ idがordersContainerのタグにマッチするセレクタ。

❷ div:nth-child(2)は、構造擬似クラス。この階層に並ぶ表示要素の2番目にマッチするセレクタ。

❸ a-box、shipment、shipment-is-deliveredをクラス名に持つdivタグにマッチするセレクタ。

61

❹ a-fixed-left-grid-col、a-col-rightをクラス名に持つdivタグにマッチするセレクタ。

❺ aタグにマッチするセレクタ。

　セレクタが得られたのですから、このままプログラムで使ってしまうという方法もあります。ですが、ちょっとわかりにくいですし、意味がわからないまま使うのは気が引けますね。ここで、CSSセレクタの使い方を少しずつ見ていきましょう。CSSセレクタの基本的な使い方は「付録D Rubyの復習」で説明していますので、必要に応じて参照してください。

　まず、このCSSセレクタ全体は、各々のセレクタを「子セレクタ（>）」を使ってHTMLコードの階層をたどったものになっています。「子孫セレクタ（スペース）」は使っていないことから、すべての階層についてセレクタを列挙していることがわかります。

　途中に出てくるdiv:nth-childは、「構造擬似クラス」と呼ばれるセレクタです。1つ上の階層の表示要素を共通の親とする、複数の隣接する表示要素があることを示しています。引数の（2）は、隣接する表示要素のうち2番目の要素を指しています[20]。ordersContainerの直後のこのセレクタは、各々の注文履歴orderの並びです。先頭の注文を指して取得したのに1ではなく2から始まっているのは、先頭に実際の注文履歴ではないタグが1つ入っているためです（通常は非表示なのでWebページ上では見えていません）。

　shipmentを含むタグのように「.」でつながっているセレクタは、複数のクラス名を持つタグにマッチするセレクタです。このセレクタの場合、<div class="a-box.shipment shipment-is-delivered">というタグにマッチします。その後は、shipmentを含む表示要素を細分化しています。デベロッパーツールを使って表示要素の階層を少しずつ降りていくと、その様子がよくわかるでしょう。

　さらに進むと、div.a-fixed-left-grid-col.a-col-rightというセレクタが見つかります。このセレクタは、<div class="a-fixed-left-grid-col a-col-right">というタグにマッチします。その次のdiv:nth-childはa-rowが複数並んでいるところ（注文品名や販売元などの並び）を指しています。その並びの最初の要素が、注文品名へのリンク（aタグ）を含んでいる表示要素になっています。

　さて、セレクタには「子セレクタ（>）」の他に「子孫セレクタ（スペース）」があったことも思い出してください。わたしたちにとって重要でない部分の「子セレクタ」を「子孫セレクタ」で置き換えられないでしょうか。そうすれば、**リスト2.52**はもう少し見通しがよくなるでしょう。また、タグの中に複数のクラス名が現れる場合についても、いずれか1つで表示要素を特定できるなら単純化できそうです。このようにして全体を見直してみると、**リスト2.53**のようなセレクタがあれば注文品を見つけられそうです。

20　div:nth-childの引数の仕様は案外複雑で、oddやeven、0や負の数も使えます。

リスト2.53 `CSS` 注文品名にマッチするセレクタ（整理後）

```
#ordersContainer .order .shipment .a-fixed-left-grid-col.a-col-right > div:nth-
child(1) > a
```

整理したセレクタが期待した通りに表示要素を選択できるか、デベロッパーツールを使って確かめてみましょう。まず、デベロッパーツールの検索条件に**リスト2.53**を入力してエンターキーを押して検索します。

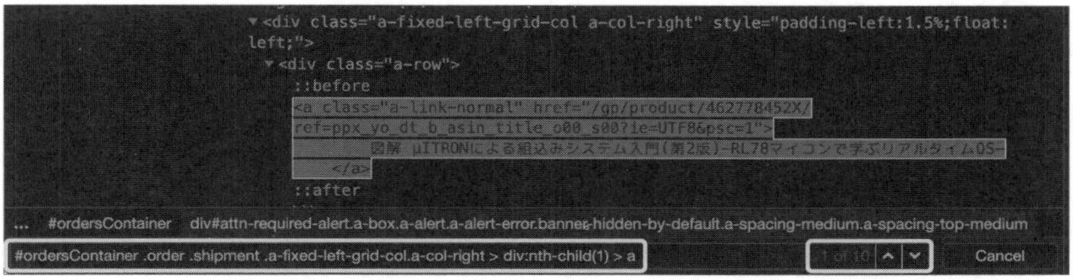

図2.39 整理後のセレクタが注文品名とマッチした件数を確認する

すると、該当する表示要素が10件見つかっているのがわかります。次は、件数表示の右にある ∧ ∨ を操作して、見つかった表示要素を順番に確認します。

たとえば、**図2.40**のように、1件の注文で複数の注文品がある場合もマッチしています。

図2.40 1件の注文で複数の注文品がある注文履歴

ところが、**図2.41**のように、マッチしていない場合が見つかりました。

図2.41 整理後のセレクタでマッチしない注文履歴

調べてみると、「0円」の注文の場合には、**リスト2.51**の❸のタグがshipmentを含んでいません（**リスト2.54**）。どうやら「0円」の場合はタグに含むプロパティが異なっているようです。

リスト2.54　`HTML` shipmentを含む場合と含まない場合のタグの比較

```
<div class="a-box shipment shipment-is-delivered"> ❶
<div class="a-box"> ❷
```

❶ shipmentを含んでいる場合のタグ
❷ shipmentを含んでいない場合のタグ

この違いに対応するには、**リスト2.55**のように「orderの子セレクタの2番目」という指定に変更すればよいでしょう。

リスト2.55　`CSS` shipmentを含まない場合に対応する（再整理後1）

```
#ordersContainer .order > div:nth-child(2) .a-fixed-left-grid-col.a-col-right >
div:nth-child(1) > a ❶
```

❶ shipmentを含まない場合に対応するため、orderの子孫セレクタの2番目という指定に変更した。

また、注文品目もリンクのないテキストに変わっています（**図2.42**）。

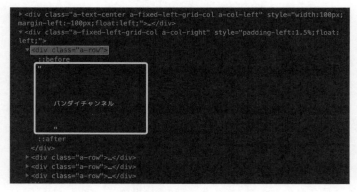

図2.42　shipmentを含まない場合はリンクもない

リスト2.55のセレクタはaタグを探しているため、この注文履歴にはマッチしなくなってしまいます。そこで、aタグを探すのをやめて、一階層上の表示要素までを探す対象とします（**リスト2.56**）。

リスト2.56　`CSS` aタグを探すのをやめる (再整理後2)

```
#ordersContainer .order > div:nth-child(2) .a-fixed-left-grid-col.a-col-right >
div:nth-child(1) ❶
```

❶ aを探すのをやめて、その親セレクタとマッチするところまでに変更した。

　わたしが試した範囲では、**リスト2.56**のセレクタを使えば「0円」の注文品名も取得できそうですので、以後はこのセレクタを使うことにします。

2.3.4　検討したセレクタを使って欲しい情報を抽出する

　注文品名を取得するためのセレクタは用意できました。find_elementメソッドでこのセレクタを使えばよさそうですが、これまでとはちょっと違うところがあります。これまでの演習では、見つけたい表示要素は1つだけでした。ところが、注文品名は複数あります。つまり、複数の対象を探し出す必要があります。

　そこで、ここではfind_elementの代わりにfind_elementsメソッド（elementではなくelements）を使います。これまで使っていたfind_elementは、検索して見つかった表示要素をElementクラスのインスタンスとして返していました。これに対してfind_elementsは、検索して見つかった表示要素をElementクラスのインスタンスの配列として返します。プログラムで使うときは、探した結果をイテレータなどを使って繰り返し処理します。**リスト2.49**を元に、**リスト2.57**を作って試してみましょう。

リスト2.57　`Ruby` amazon08.rb

```ruby
 1. # frozen_string_literal: true
 2.
 3. require 'selenium-webdriver'
 4. require_relative './account_reader'
 5.
 6. abort 'account file not specified.' unless ARGV.size == 1
 7. account = read_account(ARGV[0])
 8.
 9. driver = Selenium::WebDriver.for :chrome
10. wait = Selenium::WebDriver::Wait.new(timeout: 20)
11.
12. driver.get 'https://www.amazon.co.jp/'
13. element = driver.find_element(:id, 'nav-link-accountList')
14. puts element.text
15. element.click
16. wait.until { driver.find_element(:id, 'ap_email').displayed? }
17. element = driver.find_element(:id, 'ap_email')
18. element.send_keys(account[:email])
19. element = driver.find_element(:id, 'continue')
```

```
20. element.click
21. wait.until { driver.find_element(:id, 'ap_password').displayed? }
22. element = driver.find_element(:id, 'ap_password')
23. element.send_keys(account[:password])
24. element = driver.find_element(:id, 'signInSubmit')
25. element.click
26. wait.until { driver.find_element(:id, 'nav-link-accountList').displayed? }
27. element = driver.find_element(:id, 'nav-orders')
28. element.click
29. wait.until { driver.find_element(:id, 'navFooter').displayed? }
30. puts driver.title
31. years = driver.find_element(:id, 'orderFilter')
32. select = Selenium::WebDriver::Support::Select.new(years)
33. select.select_by(:value, 'year-2019')
34. wait.until { driver.find_element(:id, 'navFooter').displayed? }
35. selector = '#ordersContainer .order > div:nth-child(2) .a-fixed-left-grid-
    col.a-col-right > div:nth-child(1)' ❶
36. titles = driver.find_elements(:css, selector) ❷
37. puts titles.size ❸
38. titles.map { |t| puts t.text } ❹
39. sleep 3
40. driver.quit
```

❶ リスト2.56で調整したセレクタをselectorという名前で参照できるようにした。

❷ CSSセレクタを指定したfind_elementsを使って、複数の注文品名を探した。

❸ 見つかった注文品名の数を表示した。

❹ 見つかった表示要素の各々について、textを使ってテキストを取得し表示した。

　textメソッドは、表示要素が内包するテキストを取得するメソッドです。作成できたら実行してみましょう（**リスト2.58**）。

リスト2.58　**端末** amazon08.rbを実行する

```
C:\Users\kuboaki\rubybook>ruby amazon08.rb account.json
こんにちは，ログイン
アカウント＆リスト
注文履歴
11 ❶
図解 μITRONによる組込みシステム入門（第2版）―RL78マイコンで学ぶリアルタイムOS―
その理屈、証明できますか?
4711 ポーチュガル オーデコロン 単品 80ml
Neutrogena(ニュートロジーナ) ノルウェーフォーミュラ インテンスリペア ハンドクリーム 超
乾燥肌用 無香料 単品 50g
sac taske ミニ マーカー コーン 5色 50個 & メッシュ 収納袋 & タオル セット (5カラー
 50本)
```

```
見て試してわかる機械学習アルゴリズムの仕組み 機械学習図鑑
バンダイチャンネル ❷
みんなのコンピュータサイエンス
UNIX: A History and a Memoir
Design It! ―プログラマーのためのアーキテクティング入門
リファクタリング(第2版): 既存のコードを安全に改善する
C:\Users\kuboaki\rubybook>
```

❶ 見つかった注文品名の数。

❷ shipment がついてなかった注文履歴の注文品名が見つかっている。

ここまでの実験で、WebDriver を使ってかなり Web ページを操作できるようになりましたね。

Column【5】WebDriver で使うロケータについて

WebDriver には、表 2.1 のような 8 種類のロケータがあります。

表 2.1　WebDriver で使う標準のロケータ

ロケータ	詳細
class name	class 名に値を含む要素を探す（複合クラス名は使えない）
css selector	CSS セレクタが一致する要素を探す
id	id 属性が一致する要素を探す
name	name 属性が一致する要素を探す
link text	a 要素のテキストが一致する要素を探す
partial link text	a 要素のテキストが部分一致する要素を探す
tag name	タグ名が一致する要素を探す
xpath	XPath と一致する要素を探す

この表は、Selenium の Web サイトの「Documentation」ページ[21]より抜粋しました。

2.4 ┃ WebDriver の使い方のまとめ

　この章の演習では、Selenium WebDriver を使った Web ブラウザの操作方法について演習しました。ですが、いまのわたしたちの目的は、WebDriver の使い方に精通することではありませんので、必要となるクラスやメソッドだけを扱いました。そこで、これまでに使っていないメソッドを含め、Selenium WebDriver を使った Web ブラウザの操作方法についてまとめて

21　https://www.selenium.dev/ja/documentation/webdriver/locating_elements/#要素選択の方法

第1部　準備編

第2部　実践編

付録

おきます。

　とはいえ、すべてのクラスとメソッドを紹介すると膨大になってしまうので、よく使いそうなものを選んで簡潔に紹介しておきます。詳しいリファレンスを調べたいときは、Selenium WebDriverの「Selenium WebDriverリファレンス（Ruby版）」[W06]を調べるとよいでしょう。

　Webブラウザを指定して開くには、forメソッドを使います。演習で使ったのはChromeブラウザでしたので、:chromeを指定しました（**リスト2.59**）。Firefoxを使うなら:firefoxを指定します。Internet Explore（IE）を使うなら:ieを指定します。

リスト2.59　Ruby　指定したWebブラウザを開く

```ruby
driver = Selenium::WebDriver.for :chrome
```

　URLを指定してWebページを開くには、getメソッド、またはnavigateメソッドが返すNavigationクラスのtoメソッドを使います（**リスト2.60**）。

リスト2.60　Ruby　指定したURLのページを開く

```ruby
driver.get 'https://www.amazon.co.jp'
driver.navigate.to 'https://www.amazon.co.jp'
```

　これらのメソッドの呼び出しが完了しても、Webブラウザはまだページをロード中の場合があります。ページのロードや特定の表示要素の表示を待ちたい場合には、Waitクラスを使います。

　表示要素を取得したいときは、find_elementを使います（**リスト2.61**）。find_elementは、最初に見つかった1つを取得します。マッチしたすべての要素を取得したいときは、find_elementsを使います。

リスト2.61　Ruby　指定したセレクタにマッチする表示要素を取得する

```ruby
element = driver.find_element(:id, 'mail_address') ❶
element = driver.find_element(:class, 'price_unit') ❷
element = driver.find_element(:tag_name, 'h2') ❸
element = driver.find_element(:name, 'product') ❹

element = driver.find_element(:link, '日本雨女雨男協会') ❺
element = driver.find_element(:link_text, '日本雨女雨男協会') ❻
element = driver.find_element(:partial_link_text, '雨女') ❼

element = driver.find_element(:xpath, '//*[@id="ap_password"]') ❽
element = driver.find_element(:css, '#ap_password') ❾
```

❶ IDがマッチした表示要素を取得する。

❷ クラス名がマッチした表示要素を取得する。

❸ HTML タグ名がマッチした表示要素を取得する。

❹ name 属性の値がマッチした表示要素を取得する。

❺ リンクテキスト（アンカーのテキスト部分）がマッチした表示要素を取得する。
<a href="…">日本雨女雨男協会</a>なら「日本雨女雨男協会」がリンクテキスト。

❻ リンクテキストがマッチした表示要素を取得する。

❼ リンクテキストの一部がマッチした表示要素を取得する。

❽ XPath 形式で指定した表示要素を取得する。

❾ CSS セレクタで指定した表示要素を取得する。

取得したのがどのような表示要素なのかによって、できる操作が異なります。クリックする、文字を入力するといった操作はよく使われます（**リスト2.62**）。

リスト2.62 　Ruby 　取得した表示要素を操作する

```ruby
# 以下のelementはfind_element/find_elementsで取得した表示要素
element.text ❶
element.attribute('class') ❷
element.click ❸
element.send_keys 'youename@yourdomain' ❹
element.send_keys(:enter) ❺
element.clear ❻
```

❶ 表示要素のテキストを取得する。

❷ 指定した属性の属性値を取得する。

❸ 表示要素がボタンやリンクのとき、それをクリックする。

❹ 表示要素がテキストフィールドのとき、フィールドに値を入力する。

❺ 表示要素がテキストフィールドのとき、エンターキーを入力する（他に:backspace、:arrow_leftなど）。

❻ 表示要素がテキストフィールドのとき、フィールドをクリアする。

チェックボックス、ラジオボタン、セレクトボックスの場合は、選択肢を操作します（**リスト2.63**）。

リスト2.63 　Ruby 　チェックボックス、ラジオボタン、セレクトボックスを操作する

```ruby
# element は選択肢の1つを指しているとする
element.selected? ❶
element.clear ❷

select = Selenium::WebDriver::Support::Select.new(element) ❸
select.select_by(:value, 'year-2019') ❹
select.select_by(:text, '2019年') ❺
select.select_by(:index, 3) ❻
```

❶ その選択肢がチェック（選択）されているかどうか調べる。

❷ その選択肢のチェックを外す。

❸ セレクトボックスでは、まず選択肢リスト（Selectクラスのインスタンス）を作る。

❹ valueがyear-2019にマッチする項目を選択する。

❺ 表示テキストが2019年にマッチする項目を選択する。

❻ 選択肢リストの0から数えて3番目の項目を選択する。

JavaScriptを実行するには、実行したいJavaScriptの関数を指定します（**リスト2.64**）。

リスト2.64　　Ruby　JavaScriptを実行する方法

```
driver.execute_script('return funcname') ❶
```

❶ funcnameという名前の関数を実行する。実行結果を取得したいならreturnをつける。

特定の表示要素が表示されるまで待つには、Waitクラスを使います（**リスト2.65**）。Waitのインスタンスを作成するときに、タイムアウト時間を設定できます。

リスト2.65　　Ruby　表示要素を待つ

```
wait = Selenium::WebDriver::Wait.new(timeout: 10) ❶
wait.until { driver.find_element(:id, 'mail_address') } ❷
wait.until { driver.find_element(:id, 'mail_address').displayed? } ❸
wait.until { driver.find_element(:id, 'mail_address').text == 'スクリプトの実行結果
など' } ❹
wait.until { driver.find_element(:id, 'スクリプトによって変化する表示要素').text ==
'期待値' } ❺
```

❶ Waitクラスのインスタンスwaitを作成した。タイムアウトは10秒に設定した。

❷ untilメソッドを使って、IDがmail_addressの表示要素が見つかるまで待つ。

❸ untilメソッドを使って、IDがmail_addressの表示要素が表示されるまで待つ。

❹ スクリプトの実行結果が表示要素のテキストと等しくなるまで待つ。

❺ スクリプトの実行によって変化する表示要素から取得できるテキストが、期待するテキストと等しくなるまで待つ。

iframeを使っている場合や、クリックすると別のウィンドウやタブが開くようなページの場合には、ページを移動しないと表示要素を操作できません。そのようなときには、switch_toメソッドを使います（**リスト2.66**）。

リスト2.66　　Ruby　iframeなどで提供される別のページへ移動する

```
iframe = driver.find_element(:id, 'frame_id') ❶
driver.switch_to.frame(iframe) ❷
```

❶ IDで特定のiframeを指定した。

❷ 指定したiframe へ切り替えた。

> **ℹ️ 告知**　説明に使ったサンプルでは、`find_element`で探すとき、時間がかかる場合について`wait`を使って待っていない例もあります。また、マッチに使うタイプも例では`:id`だけしか示していない場合がありますが、他に`:css`なども使えます。

2.5 ｜ この章の振り返り

この章では、Webページをスクレイピングするために、Selenium WebDriverを導入しました。

学んだこと①

Selenium WebDriverを使って、RubyのプログラムからAmazonのWebページを操作する方法を調べました。

学んだこと②

Webページを操作するには、対象とするWebページの構造や、使っている表示要素を知る必要がありました。

学んだこと③

特定のページの表示要素や構造を調べるには、ブラウザの提供するデベロッパーツールが有用でした。

学んだこと④

複雑そうに見えるWebページでも、セレクタをうまく構成すれば表示要素を特定できることがわかりました。

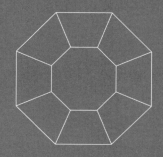

第 **2** 部

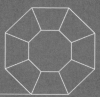

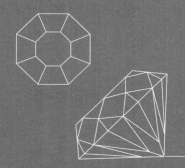

実 践 編

これから、実際にアプリケーションを作る作業に入ります。最初はコマンドラインで動作するアプリケーションを作ります。次にWebアプリ、最後にExcelのファイルを生成するアプリケーションを作ってみましょう。

コマンドライン版注文履歴取得アプリケーションを作ろう

「第2章 必要な機能を実験しよう」の演習から、WebDriverを使えば、プログラムでWebブラウザを操作できることがわかりました。この章では、演習の結果を活かして、コマンドライン版注文履歴取得アプリケーションを作りましょう。

3.1 実験結果の意味を確かめる

ここまでの演習では、AmazonのWebサイトにログインできるか実験し、ログイン後に注文履歴を取得できることを確かめました。ではこの演習の結果は、注文履歴取得アプリケーションを作ることにおいて、どんな意味を持っているのでしょうか。

3.1.1 ユースケースと実験したことを比べてみる

「1.2.2 アプリケーションが提供する機能（ユースケース）はなにか」の**リスト1.2**を思い出してみましょう。このときは、アプリケーションを作るときに使いたい動作を整理しました。そこで使っていた言葉には、**リスト3.1**に挙げたようなものがありました。

リスト3.1　注文履歴取得アプリケーションの開発で使いたい言葉（抜粋）
- AmazonのWebサイトにログインする。
- 注文履歴ページを開く。
- 注文履歴（の内容）を取得する。
- AmazonのWebサイトからログアウトする。

つまり、注文履歴取得アプリケーションのプログラムを作るときは、このリストにあるような言葉を使いたいのでした。こんどは、「第2章 必要な機能を実験しよう」の演習で実験した項目を挙げてみます（**リスト3.2**）。

リスト3.2　「第2章 必要な機能を実験しよう」で実験したこと
- 2.2 WebDriverを使ってAmazonにログインする
- 2.3 WebDriverを使って注文履歴を取得する

こうしてみると、**リスト3.1**と**リスト3.2**は、似ているのがわかります。ということは、「第2章 必要な機能を実験しよう」で作成したサンプルプログラムが、作りたかったプログラムと

いうことでしょうか。ほんとうにそれでよいのか、一緒に考えてみましょう。

3.1.2　実験したプログラムを図で表してみる

確かめる範囲を、ひとまず「AmazonのWebサイトにログインする」ところまでとしましょう。どのような操作が必要だったか思い出すために、「2.2.2 ページの操作からログインの手順を整理する」で挙げた項目を再掲しておきます（**リスト3.3**）。

リスト3.3 Amazonにログインするための操作 (再掲)

1. AmazonのWebサイトのトップページを開く。
2. 「アカウント＆リスト」をクリックして、「ログイン」ページを開く。
3. 「Eメールまたは携帯電話番号」にログイン用メールアドレスを入力して、「次へ進む」をクリックする。
4. 「パスワード」にパスワードを入力して、「ログイン」をクリックする。

そして、ここまでの操作を実現したプログラムは、amazon05.rbでした（**リスト3.4**）。

リスト3.4　Ruby　amazon05.rb (再掲)

```ruby
 1. # frozen_string_literal: true
 2.
 3. require 'selenium-webdriver'
 4. require_relative './account_reader'
 5.
 6. abort 'account file not specified.' unless ARGV.size == 1
 7. account = read_account(ARGV[0])
 8.
 9. driver = Selenium::WebDriver.for :chrome
10. wait = Selenium::WebDriver::Wait.new(timeout: 20)
11.
12. driver.get 'https://www.amazon.co.jp/'
13. element = driver.find_element(:id, 'nav-link-accountList')
14. puts element.text
15. element.click
16. wait.until { driver.find_element(:id, 'ap_email').displayed? }
17. element = driver.find_element(:id, 'ap_email')
18. element.send_keys(account[:email])
19. element = driver.find_element(:id, 'continue')
20. element.click
21. wait.until { driver.find_element(:id, 'ap_password').displayed? }
22. element = driver.find_element(:id, 'ap_password')
23. element.send_keys(account[:password])
24. element = driver.find_element(:id, 'signInSubmit')
```

```
25. element.click
26. wait.until { driver.find_element(:id, 'nav-link-accountList').displayed? }
27. sleep 3
28. driver.quit
```

　これまで実験したことを振り返れば、このプログラムは**リスト3.3**の動作を実現していると感じるでしょう。はたして、ほんとうにそうでしょうか。そのことを確かめるために、このプログラムを順に追いながら、図で表してみましょう。

 この本では、プログラムの構造や動きを表すのに、UML[用語]の基本的な記法を使います。ですが、UMLを学ぶのがこの本の目的ではないので、厳密な表現にはこだわっていません。また、みなさんがこの本を読むときにUMLについて学ばなくても済むよう、説明しながら使っていきます。

　まず、**リスト3.4**のプログラムを図にしてみました（**図3.1**）。

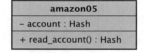

図3.1　amazon05をクラスと見立てた図

　外側の四角は、UMLにおけるクラスを表しています。ここでは、Rubyのクラスに似たようなものと考えてかまわないでしょう。上段にはクラス名を書きます。amazon05はRubyのプログラムとしてはクラスになっていませんが、ここではプログラム全体を表すクラスと見立てています。

　中段には、このクラスが使っている変数を書きます。この欄に書く変数を「属性（attribute）」と呼びます。**リスト3.4**の7行目を見るとアカウント情報を読み込んでいます。このアカウント情報はamazon05が使っている変数なので、属性とみなしました。また、読み込んだアカウント情報はハッシュに保持しています。これらを反映して属性欄は、account : Hashとなっています。

　下段には、このクラスが使っている処理を書きます。この欄に書く処理を「操作（operation、method）」と呼びます。read_accountは、amazon05の中で使っているメソッドなので、amazon05の操作とみなしました。

　次は9行目です。Selenium::WebDriverのforメソッドを使って:chrome（ドライバーとしてchromedriverを使うこと）を指定しています。そして、作成したドライバーのインスタンスをdriverで参照しています。この部分を図に書き足してみました（**図3.2**）。

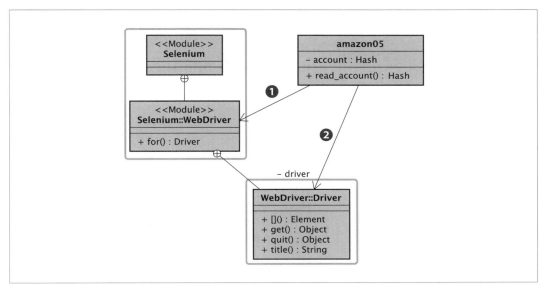

図3.2　SeleniumとWebDriverを追加した図

　プログラムにあるSelenium::WebDriverは、WebDriverクラスがSeleniumクラスの内側のクラスということを意味しています。このような、あるクラスの内側のクラスのことを「内部クラス」と呼びます。**図3.2**では、内部クラスの入れ子関係は、丸に十字のシンボルのついた線を引いて表しています。実装では、SeleniumとWebDriverはモジュールになっていました。このことを表すために、クラス名の上にModuleというステレオタイプをつけておきました。forはWebDriverクラスのメソッドなので、操作に追加しました。

　amazon05がWebDriverのforメソッドを使っているところを、amazon05からWebDriverへの矢印で表しました（❶）。Driverクラスのインスタンスをdriverという名前で参照するところは、Driverクラスへの矢印で表しました（❷）。また、その矢印の端（関連端と呼びます）にdriverと書いておくことで、この名前で参照することを表しました。

　10行目では、WebDriverクラスの内部クラスWaitのインスタンスを作成しています。これをクラス図に書き足してみました（**図3.3**）。

　amazon05がWaitクラスを使っている様子を矢印で表しました（❶）。また、関連端にwaitと書いておくことで、この名前で参照することを表しました。

　12行目のトップページへの移動は、driverで参照しているDriverクラスのgetメソッドを使っています。このメソッドは、すでにDriverクラスの操作に書いてあります。

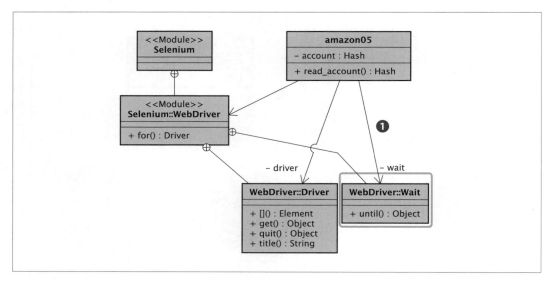

図3.3　Waitクラスを図に追加した

13行目の`find_element`メソッドを使ってページ上の表示要素を探しているところを、図に書き足してみました（**図3.4**）。

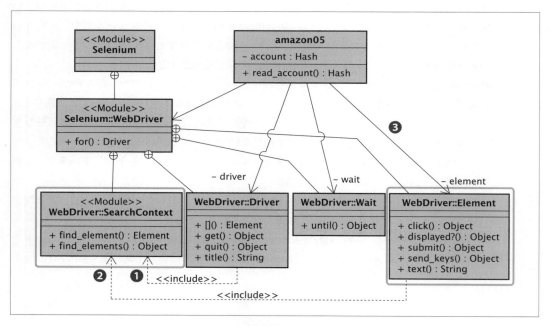

図3.4　`find_element`に関係するクラスを追加したクラス図

これ以降は、**図3.4**のようなクラスを要素とし、その関係を表した図を「クラス図」と呼ぶことにします。

実は、WebDriverのリファレンス[1]を調べてみると、find_elementメソッドはWebDriverの内部クラスSearchContextに定義してあります。そして、DriverクラスとElementクラスがSearchContextクラスをincludeしていました。これを、点線の矢印とincludeというステレオタイプを使って表しました（❶、❷）。これでamazon05がDriverクラスを通してSearchContextクラスのfind_elementを使えることが表せました。

find_elementメソッドは、ページ上の表示要素を探すとElementクラスのインスタンスを返します。このことを、amazon05からElementへの矢印で表しました（❸）。また関連端にelementと書いておくことで、この名前を使って参照できることが表せました。

14行目のtextメソッド、15行目のclickメソッドは、すでにElementクラスの操作に書いてあります。16行目のuntilメソッドは、すでにwaitクラスの操作に書いてあります。また18行目のsend_keysメソッドは、すでにElementクラスの操作に書いてあります。

これ以降は、すでに出てきたクラスや操作ですね。これで、amazon05.rbに登場するクラスやメソッドを一通り図として表せたことになります。

3.1.3　実験したプログラムはユースケース記述と紐づいていない

あらためて、**図3.4**を見てみましょう。この図には、**リスト3.1**に挙げた「AmazonのWebサイトにログインする」は見つかりますか。あるいは、**リスト3.3**に挙げた「アカウント＆リストをクリックする」などの言葉が見つかるでしょうか。

そうなんです、見当たらないですよね。amazon05.rbは、たしかに「AmazonのWebサイトにログインする」動作ができていました。ところがこのプログラムの中には、そのことを直接書き表した言葉が出てきていないのです。これでは、ユースケース記述の言葉がプログラムの中では使われていないということになります。

これはどういうことを意味しているのでしょうか。実は、amazon05.rbのプログラムは、「（〜するには）こう書いたら動く」と書いています。ここで問題なのが、「〜するには」の部分をプログラムに書いていないということなのです。

もう少し具体的に考えてみましょう。**リスト3.5**は、amazon05.rbの「アカウント＆リストをクリックする」部分です。

リスト3.5　`Ruby`　amazon05.rbの「アカウント＆リストをクリックする」部分

```ruby
13. element = driver.find_element(:id, 'nav-link-accountList')
14. puts element.text
15. element.click
```

このプログラムをそのまま読み下すと**リスト3.6**のようになるでしょう。

---

[1]　https://www.selenium.dev/selenium/docs/api/rb/

リスト3.6　「アカウント&リストをクリックする」部分のプログラムを読み下す

1. idがnav-link-accountListの表示要素を探す。
2. 見つかった要素のテキストを表示する。
3. 見つかった要素をクリックする。

どうでしょうか。ここから「アカウント&リストをクリックする」と読み取ることは難しいですよね。まず、nav-link-accountListが「アカウント&リスト」のidだとわかっていないと理解できないでしょう。プログラムの他の部分についても同じことがいえそうです。

つまり、amazon05.rbは、作ろうとしているアプリケーションの言葉が反映できていないプログラムということです。別の言い方をすると、プログラムを書いた人が、書くときに言葉を削ってしまっているともいえます。実際には、プログラムを書いた人は、頭の中でアプリケーションの言葉とプログラムの動作を紐づけています。ですが、自分の頭の中だけで紐づけているので、それが他の人の目からは見えないのです。

3.2 | 処理の意味がわかるようにしよう

では、アプリケーションの言葉とプログラムとが紐づくようにするには、どうしたらよいでしょうか。そのためには、プログラムの中に書かれている処理を「名前をつけて分ける」ようにします。

3.2.1　ユースケース記述とプログラムを紐づけてみよう

もともとわたしたちは、プログラムをアプリケーションの処理の言葉（ユースケース記述の言葉）を使って表せるようにしたいと考えていましたよね。では、処理を分けて名前をつけることで、ユースケース記述の言葉とプログラムの言葉を紐づけられないか、検討してみましょう。

まず、図3.1を見直してみましょう。amazon05というクラス名だけでは、「Amazonでなにかするプログラム」というぐらいしかわからないですね。そこで、このクラスがAmazonのページを操作するクラスだということがわかるよう、クラス名をAmazonManipulatorにしましょう。そして、アプリケーションの実行をつかさどるメソッドをrunとすると、プログラムの全体像はリスト3.7のようになるでしょう。

リスト3.7　 Ruby AmazonManipulatorクラスとアプリケーションの概観

```ruby
1. # ...
2. class AmazonManipulator ❶
3.   # ...
4.   def run ❷
5.     # ...
6.   end
```

```
 7.  end
 8.
 9.  if __FILE__ == $PROGRAM_NAME ❸
10.    app = AmazonManipulator.new ❹
11.    app.run ❺
12.  end
```

❶ AmazonManipulator クラスを用意した。

❷ アプリケーションを実行するメソッドとして run メソッドを用意した。

❸ このファイルを直接実行するときに main となる処理。

❹ AmazonManipulator のインスタンスを作成した。

❺ run を呼び出してアプリケーションを実行する。

　いまはログインまでの処理を検討していますが、のちの演習では注文履歴の取得など他のこともやる予定です。ですから、ここで使うメソッド名は「ログインする」から変更しておきましょう。ここでは「一連の処理を実行する」といった意味合いを込めた短い名前ということで、run というメソッド名にしておきます[2]。

　ついでにもう1つ。アカウント情報を読み込むところを見直しましょう。amazon05.rb では、クラスに属さないメソッド（グローバルなメソッド）である read-account を別ファイルaccount_reader.rb に定義していました。このメソッドを、AmazonManipulator クラスからinclude して使えるよう、モジュールに変更しておきましょう（**リスト3.8**）。

リスト3.8　`Ruby` account_info.rb

```
 1.  # frozen_string_literal: true
 2.
 3.  require 'json'
 4.
 5.  module AccountInfo ❶
 6.    def read(filename) ❷
 7.      File.open(filename) do |file|
 8.        JSON.parse(File.read(file), symbolize_names: true)
 9.      end
10.    end
11.  end
12.
13.  if __FILE__ == $PROGRAM_NAME
14.    class AccountInfoTest ❸
15.      include AccountInfo ❹
16.    end
17.
18.    info_test = AccountInfoTest.new
```

2　センスがないと感じたみなさんは別の名前にしてもよいですよ。

```
19.     account = info_test.read(ARGV[0]) ❺
20.     p account
21.     puts account[:email]
22.     puts account[:password]
23. end
```

❶ AccountInfo モジュールを用意した。

❷ アカウント情報を読み込むメソッドとして read メソッドを用意した。

❸ AccountInfo モジュールを include してテストする AccountInfoTest クラスを用意した。

❹ AccountInfo モジュールを include した。

❺ read を呼び出した。

作成したら実行してみましょう（**リスト3.9**）。

リスト3.9　**端末** account_info.rbを実行する

```
C:\Users\kuboaki\rubybook>ruby account_info.rb account.json
{:email=>"yourname@yourdomain.org", :password=>"cjFNhCdh26yW6MjG"}
yourname@yourdomain.org
cjFNhCdh26yW6MjG
C:\Users\kuboaki\rubybook>
```

　元になった**リスト2.33**と同じように動作しましたね。では、AccountInfo クラスを使って最初の AmazonManipulator クラスを作ってみましょう（**リスト3.10**）。run メソッドを作りましたが、中身はまだ amazon05.rb の処理のままです。

リスト3.10　**Ruby** amazon_manipulator00.rb

```
 1. # frozen_string_literal: true
 2.
 3. require 'selenium-webdriver'
 4. require_relative './account_info' ❶
 5.
 6. class AmazonManipulator ❷
 7.   include AccountInfo ❸
 8.
 9.   def run ❹
10.     abort 'account file not specified.' unless ARGV.size == 1
11.     account = read(ARGV[0])
12.
13.     driver = Selenium::WebDriver.for :chrome
14.     wait = Selenium::WebDriver::Wait.new(timeout: 20)
15.
16.     driver.get 'https://www.amazon.co.jp/'
```

```
17.     element = driver.find_element(:id, 'nav-link-accountList')
18.     puts element.text
19.     element.click
20.     wait.until { driver.find_element(:id, 'ap_email').displayed? }
21.     element = driver.find_element(:id, 'ap_email')
22.     element.send_keys(account[:email])
23.     element = driver.find_element(:id, 'continue')
24.     element.click
25.     wait.until { driver.find_element(:id, 'ap_password').displayed? }
26.     element = driver.find_element(:id, 'ap_password')
27.     element.send_keys(account[:password])
28.     element = driver.find_element(:id, 'signInSubmit')
29.     element.click
30.     wait.until { driver.find_element(:id, 'nav-link-accountList').displayed? }
31.     sleep 3
32.     driver.quit
33.   end
34. end
35.
36. if __FILE__ == $PROGRAM_NAME
37.   app = AmazonManipulator.new ❺
38.   app.run ❻
39. end
```

❶ AccountInfo モジュールを使うために、account_info.rb を require した。

❷ AmazonManipulator クラスを用意した。

❸ AccountInfo モジュールを include した。

❹ run メソッドを用意した。まだ中身は amazon05.rb のときのまま。

❺ AmazonManipulator のインスタンスを作成した。

❻ run を呼び出してアプリケーションを実行する。

作成したら実行してみましょう（**リスト3.11**）。

リスト3.11　**端末** amazon_manipulator00.rb を実行する

```
C:\Users\kuboaki\rubybook>ruby amazon_manipulator00.rb account.json
こんにちは，ログイン
アカウント＆リスト
C:\Users\kuboaki\rubybook>
```

　元になった**リスト3.4**と同じように動作しました。では、**リスト3.10**もクラス図で表してみましょう（**図3.5**）。図を簡素にするため、この図ではWebDriverクラスの属性と操作の記載を省略してあります。

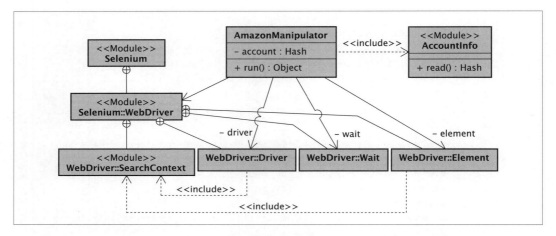

図3.5　`amazon_manipulator00.rb`のクラス図

AccountInfoをモジュールとし、これをAmazonManipulatorクラスがincludeしています。このように構成することで、AmazonManipulatorクラスが readメソッドを使えるようになっています。

この図を**図3.4**と比較してみましょう。AmazonManipulatorクラスのrunメソッドによって、このプログラムがAmazonのWebサイトを操作するのを確認できます。ですが、この図を見ても、まだ「ログインする」「パスワードを入力する」といった動作をするかどうかはわからないですね。それはrunメソッドの中に含まれているこれらの処理に、まだ名前をつけて分けられていないからです。

3.2.2　処理を分けて名前をつけよう

こんどは、runメソッドの処理を分けてみましょう。このメソッドは**リスト3.12**に挙げたことを処理しています。

リスト3.12　runメソッドの処理を分ける

1. WebDriverの初期化。
2. ログインの処理。
3. メールアドレスの入力。
4. パスワードの入力。
5. 終了処理。

このうち、初期化の処理はrunメソッドだけでなく、クラス全体で使うものです。そのような処理を担うのにふさわしいのは、コンストラクタですね。Rubyでは、initializeメソッドを定義します。initializeメソッドは直接呼び出せない非公開なメソッドで、newメソッドが

インスタンスを作るときに呼び出します。また、クラスの各メソッドで共有する変数をインスタンス変数として定義する機会でもあります。

　ここで、初期化処理を追加し、またメソッド間で共有するインスタンス変数を使う部分を書き換えてみましょう（**リスト3.13**）。

リスト3.13　`Ruby`　amazon_manipulator01.rb

```ruby
 1. # frozen_string_literal: true
 2.
 3. require 'selenium-webdriver'
 4. require_relative './account_info'
 5.
 6. class AmazonManipulator
 7.   include AccountInfo
 8.
 9.   BASE_URL = 'https://www.amazon.co.jp/' ❶
10.
11.   def initialize(account_file) ❷
12.     @driver = Selenium::WebDriver.for :chrome ❸
13.     @wait = Selenium::WebDriver::Wait.new(timeout: 20) ❹
14.     @account = read(account_file) ❺
15.   end
16.
17.   def run
18.     @driver.get 'https://www.amazon.co.jp/'
19.     element = @driver.find_element(:id, 'nav-link-accountList')
20.     puts element.text
21.     element.click
22.     @wait.until { @driver.find_element(:id, 'ap_email').displayed? }
23.     element = @driver.find_element(:id, 'ap_email')
24.     element.send_keys(@account[:email])
25.     element = @driver.find_element(:id, 'continue')
26.     element.click
27.     @wait.until { @driver.find_element(:id, 'ap_password').displayed? }
28.     element = @driver.find_element(:id, 'ap_password')
29.     element.send_keys(@account[:password])
30.     element = @driver.find_element(:id, 'signInSubmit')
31.     element.click
32.     @wait.until { @driver.find_element(:id, 'nav-link-accountList').
       displayed? }
33.     sleep 3
34.     @driver.quit
35.   end
36. end
37.
38. if __FILE__ == $PROGRAM_NAME
```

```
39.    abort 'account file not specified.' unless ARGV.size == 1 ❻
40.    app = AmazonManipulator.new(ARGV[0]) ❼
41.    app.run
42. end
```

❶ 名前をつけてサイトのURLをクラスの定数に変えた。

❷ initializeメソッドを追加した。アカウント情報のファイルを引数で受け取るように変えた。

❸ driverをAmazonManipulatorクラスのインスタンス変数@driverに変えた。

❹ waitをAmazonManipulatorクラスのインスタンス変数@waitに変えた。

❺ アカウント情報はインスタンスを作成するときに取得し、インスタンス変数@accountに割り当てた。

❻ コマンドラインのチェックは、AmazonManipulatorクラスの外部に出した。

❼ クラスの内部でコマンドライン引数を読むのをやめて、外部から渡すことにした。

次に、runメソッドの中身をログインの処理と終了処理に分けましょう（**リスト3.14**）。

リスト3.14 **Ruby** amazon_manipulator02.rb

```ruby
 1. # frozen_string_literal: true
 2.
 3. require 'selenium-webdriver'
 4. require_relative './account_info'
 5.
 6. class AmazonManipulator
 7.   include AccountInfo
 8.
 9.   BASE_URL = 'https://www.amazon.co.jp/'
10.
11.   def initialize(account_file)
12.     @driver = Selenium::WebDriver.for :chrome
13.     @wait = Selenium::WebDriver::Wait.new(timeout: 20)
14.     @account = read(account_file)
15.   end
16.
17.   def login ❶
18.     @driver.get BASE_URL
19.     element = @driver.find_element(:id, 'nav-link-accountList')
20.     puts element.text
21.     element.click
22.     @wait.until { @driver.find_element(:id, 'ap_email').displayed? }
23.     element = @driver.find_element(:id, 'ap_email')
24.     element.send_keys(@account[:email])
25.     element = @driver.find_element(:id, 'continue')
```

```
26.      element.click
27.      @wait.until { @driver.find_element(:id, 'ap_password').displayed? }
28.      element = @driver.find_element(:id, 'ap_password')
29.      element.send_keys(@account[:password])
30.      element = @driver.find_element(:id, 'signInSubmit')
31.      element.click
32.      @wait.until { @driver.find_element(:id, 'nav-link-accountList').
         displayed? }
33.    end
34.
35.    def logout ❷
36.      @wait.until { @driver.find_element(:id, 'nav-link-accountList').
         displayed? }
37.      element = @driver.find_element(:id, 'nav-link-accountList')
38.      @driver.action.move_to(element).perform ❸
39.      @wait.until { @driver.find_element(:id, 'nav-item-signout').displayed? }
40.      element = @driver.find_element(:id, 'nav-item-signout') ❹
41.      element.click ❺
42.      @wait.until { @driver.find_element(:id, 'ap_email').displayed? } ❻
43.    end
44.
45.    def run ❼
46.      login
47.      sleep 3 ❽
48.      logout
49.      sleep 3 ❾
50.      @driver.quit ❿
51.    end
52.  end
53.
54.  if __FILE__ == $PROGRAM_NAME
55.    abort 'account file not specified.' unless ARGV.size == 1
56.    app = AmazonManipulator.new(ARGV[0])
57.    app.run
58.  end
```

❶ ログインの処理をloginメソッドに分けた。

❷ 終了処理をlogoutメソッドに分けた。

❸ action.move_toメソッドで「アカウント＆リスト」へマウスカーソルを移動し、performメソッドでポップアップウィンドウを表示した。

❹ ポップアップウィンドウの「ログアウト」が表示されるのを待っている。

❺ ポップアップウィンドウの「ログアウト」をクリックした。

❻ ログイン画面に戻るのを待つため、メールアドレス入力欄が表示されるのを待っている。

❼ runメソッドをloginとlogoutを使って書き換えた。

❽ sleepメソッドをログイン後の処理の代わりにした。

❾ sleepメソッドで、ログアウト後に表示されるログイン画面をしばらく表示しておく。

❿ quitメソッドの呼び出しは、AmazonのWebサイトからのログアウト処理とは別なので、logoutからは分離した。

　リスト3.13までは、終了処理ではdriver.quitを実行しているだけでした。ですが、そこでやっていたのはWebDriverの終了処理で、AmazonのWebサイトからのログアウトの操作はやっていませんでした。logoutメソッドを作った機会に、そこを見直して実際のログアウトの操作を追加しました。これで「ログアウトする」処理も用意できました。

　残るは、loginメソッドの見直しです。リスト3.12のときと同じように、処理を分けて名前をつけましょう（リスト3.15）。

リスト3.15　**Ruby**　amazon_manipulator03.rb

```
 1. # frozen_string_literal: true
 2.
 3. require 'selenium-webdriver'
 4. require_relative './account_info'
 5.
 6. class AmazonManipulator
 7.   include AccountInfo
 8.
 9.   BASE_URL = 'https://www.amazon.co.jp/'
10.
11.   def initialize(account_file)
12.     @driver = Selenium::WebDriver.for :chrome
13.     @wait = Selenium::WebDriver::Wait.new(timeout: 20)
14.     @account = read(account_file)
15.   end
16.
17.   def login ❶
18.     open_top_page
19.     open_login_page
20.     enter_mail_address
21.     enter_password
22.     wait_for_logged_in
23.   end
24.
25.   def logout ❷
26.     open_nav_link_popup
27.     wait_for_logged_out
28.   end
29.
30.   def run ❸
```

```
31.     login
32.     sleep 3
33.     logout
34.     sleep 3
35.     @driver.quit
36.   end
37.
38.   private ❹
39.
40.   def wait_and_find_element(how, what) ❺
41.     @wait.until { @driver.find_element(how, what).displayed? }
42.     @driver.find_element(how, what)
43.   end
44.
45.   def open_top_page ❻
46.     @driver.get BASE_URL
47.     wait_and_find_element(:id, 'navFooter')
48.   end
49.
50.   def open_login_page ❼
51.     element = wait_and_find_element(:id, 'nav-link-accountList')
52.     element.click
53.   end
54.
55.   def enter_mail_address ❽
56.     element = wait_and_find_element(:id, 'ap_email')
57.     element.send_keys(@account[:email])
58.     @driver.find_element(:id, 'continue').click
59.   end
60.
61.   def enter_password ❾
62.     element = wait_and_find_element(:id, 'ap_password')
63.     element.send_keys(@account[:password])
64.     @driver.find_element(:id, 'signInSubmit').click
65.   end
66.
67.   def wait_for_logged_in ❿
68.     wait_and_find_element(:id, 'nav-link-accountList')
69.   end
70.
71.   def open_nav_link_popup ⓫
72.     element = wait_and_find_element(:id, 'nav-link-accountList')
73.     @driver.action.move_to(element).perform
74.   end
75.
76.   def wait_for_logged_out ⓬
```

```
77.     element = wait_and_find_element(:id, 'nav-item-signout')
78.     element.click
79.     wait_and_find_element(:id, 'ap_email')
80.   end
81. end
82.
83. if __FILE__ == $PROGRAM_NAME
84.   abort 'account file not specified.' unless ARGV.size == 1
85.   app = AmazonManipulator.new(ARGV[0])
86.   app.run
87. end
```

❶ ログインの処理を、名前をつけて分けたメソッドの呼び出しで書き換えた。

❷ ログアウトの処理を、名前をつけて分けたメソッドの呼び出しで書き換えた。

❸ runメソッドは、loginとlogoutを使って表せるようになった。アプリケーションの処理時間の代わりにsleepを入れておいた。

❹ クラスの外部で使うメソッドは、privateなメソッドにしておく。

❺ wait.untilで要素の表示を待って、表示要素を取得するところを共通のメソッドにした。

❻ AmazonのWebサイトのトップページを開く。これまでやっていたページタイトルの表示をやめた。

❼「アカウント＆リスト」を探してクリックし、ログインページを開く。

❽ ログインページで、メールアドレスの入力フィールドを探し、メールアドレスを入力し「次へ進む」をクリックする。

❾ パスワードの入力ページで、パスワード入力フィールドを探し、パスワードを入力し「ログイン」をクリックする。

❿ ログインが完了するのを待つ。

⓫ ログアウトのリンクがあるポップアップウィンドウを開く。

⓬「ログアウト」をクリックしてログアウトし、再びログインページが開くのを待つ。

　とくに、loginとlogoutそしてrunメソッドが、アプリケーションの言葉を使って処理を表すようになっていることを確認しておきましょう。作成したら実行してみましょう（**リスト 3.16**）。

リスト3.16　**端末** amazon_manipulator03.rbを実行する

```
C:\Users\kuboaki\rubybook>ruby amazon_manipulator03.rb account.json

C:\Users\kuboaki\rubybook>
```

「タイトル＆リスト」のテキストを表示するのをやめたので、出力結果はなにもなくなりました。それ以外は、元になった**リスト3.4**と同じ動作になったでしょう。

では、**リスト3.15**もクラス図で表してみましょう（**図3.6**）。

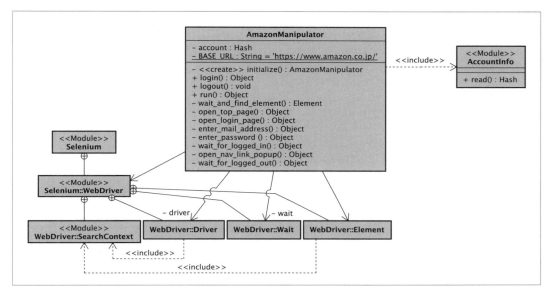

図3.6　amazon_manipulator03.rbのクラス図

この図では、privateな操作は操作名の前に「–」をつけてあります。BASE_URLは定数とわかるように、下線を引いて初期値を書いてあります。initilizeメソッドは、コンストラクタの役目をしているとわかるようcreateというステレオタイプをつけておきました。

この図を**図3.5**と比較してみましょう。処理を分けて名前をつけたので、AmazonManipulatorクラスに操作が増えています。また、AmazonManipulatorクラスに出てきている言葉は、アプリケーションを作るときに使おうとしていた言葉になっています。それ以外に、アプリケーションの処理として追加したメソッドもあります。

どうでしょう。この図を見れば、どのような処理があるのか誰が見てもわかるようになったと思いませんか。しかも、**図3.5**と**図3.6**はちゃんと対応づいています。つまり、アプリケーションとしてやりたかったことと、作ったプログラムで使っている言葉が対応づいているのです。このようなプログラムの書き方をすれば、アプリケーションの言葉を使ってプログラムを書けることがわかったでしょう。

そういえば、「2.3.4 検討したセレクタを使って欲しい情報を抽出する」の**リスト2.57**では、ログイン後に注文履歴のリストを取得するところまで実験済みでした。次のことを考える前に、この処理にも名前をつけて分けましょう（**リスト3.17**）。注文履歴は複数見つかるので、find_elements（elementではなくelements）メソッドを使っていたことを思い出しましょう。

リスト3.17　Ruby　amazon_manipulator04.rb

```ruby
 1. # frozen_string_literal: true
 2.
 3. require 'selenium-webdriver'
 4. require_relative './account_info'
 5.
 6. class AmazonManipulator
 7.   include AccountInfo
 8.
 9.   BASE_URL = 'https://www.amazon.co.jp/'
10.
11.   def initialize(account_file)
12.     @driver = Selenium::WebDriver.for :chrome
13.     @wait = Selenium::WebDriver::Wait.new(timeout: 20)
14.     @account = read(account_file)
15.   end
16.
17.   def login
18.     open_top_page
19.     open_login_page
20.     enter_mail_address
21.     enter_password
22.     wait_for_logged_in
23.   end
24.
25.   def logout
26.     open_nav_link_popup
27.     wait_for_logged_out
28.   end
29.
30.   def open_order_list ❶
31.     element = @driver.find_element(:id, 'nav-orders')
32.     element.click
33.     @wait.until { @driver.find_element(:id, 'navFooter').displayed? }
34.     puts @driver.title
35.   end
36.
37.   def change_order_term ❷
38.     years = @driver.find_element(:id, 'orderFilter')
39.     select = Selenium::WebDriver::Support::Select.new(years)
40.     select.select_by(:value, 'year-2019')
41.     @wait.until { @driver.find_element(:id, 'navFooter').displayed? }
42.   end
43.
44.   def list_ordered_items ❸
45.     selector = '#ordersContainer .order > div:nth-child(2) .a-fixed-left- ✎
```

```
      grid-col.a-col-right > div:nth-child(1)'
46.    titles = @driver.find_elements(:css, selector) ❹
47.    puts "#{titles.size} 件"
48.    titles.map { |t| puts t.text }
49.    sleep 3
50.  end
51.
52.  def run
53.    login
54.    open_order_list
55.    change_order_term ❺
56.    list_ordered_items ❻
57.    logout
58.    sleep 3
59.    @driver.quit
60.  end
61.
62.  private
63.
64.  def wait_and_find_element(how, what)
65.    @wait.until { @driver.find_element(how, what).displayed? }
66.    @driver.find_element(how, what)
67.  end
68.
69.  def open_top_page
70.    @driver.get BASE_URL
71.    wait_and_find_element(:id, 'navFooter')
72.  end
73.
74.  def open_login_page
75.    element = wait_and_find_element(:id, 'nav-link-accountList')
76.    element.click
77.  end
78.
79.  def enter_mail_address
80.    element = wait_and_find_element(:id, 'ap_email')
81.    element.send_keys(@account[:email])
82.    @driver.find_element(:id, 'continue').click
83.  end
84.
85.  def enter_password
86.    element = wait_and_find_element(:id, 'ap_password')
87.    element.send_keys(@account[:password])
88.    @driver.find_element(:id, 'signInSubmit').click
89.  end
90.
```

```
 91.   def wait_for_logged_in
 92.     wait_and_find_element(:id, 'nav-link-accountList')
 93.   end
 94.
 95.   def open_nav_link_popup
 96.     element = wait_and_find_element(:id, 'nav-link-accountList')
 97.     @driver.action.move_to(element).perform
 98.   end
 99.
100.   def wait_for_logged_out
101.     element = wait_and_find_element(:id, 'nav-item-signout')
102.     element.click
103.     wait_and_find_element(:id, 'ap_email')
104.   end
105. end
106.
107. if __FILE__ == $PROGRAM_NAME
108.   abort 'account file not specified.' unless ARGV.size == 1
109.   app = AmazonManipulator.new(ARGV[0])
110.   app.run
111. end
```

❶「注文履歴」ページへのリンクを探してクリックし、ページの移動が終わるのを待つ。

❷ 注文履歴の取得期間を「2019年」に変更した。

❸ 注文履歴の数と注文品名を取得して表示した。

❹ 注文履歴は複数見つかるかもしれないので、find_elements メソッドを使っている。

❺ run メソッドに注文履歴ページへ移動する処理を追加した。

❻ run メソッドに注文履歴を取得する処理を追加した。

　作成したら実行してみましょう（**リスト3.18**）。例によって、実行例はわたしの場合ですので、みなさんの結果とは数や内容が異なるでしょう。

リスト3.18　[端末]　amazon_manipulator04.rbを実行する

```
C:\Users\kuboaki\rubybook>ruby amazon_manipulator04.rb account.json
注文履歴
11 件
図解 μITRONによる組込みシステム入門(第2版)―RL78マイコンで学ぶリアルタイムOS―
その理屈、証明できますか?
4711 ポーチュガル オーデコロン 単品 80ml
Neutrogena(ニュートロジーナ) ノルウェーフォーミュラ インテンスリペア ハンドクリーム 超
乾燥肌用 無香料 単品 50g
sac taske ミニ マーカー コーン 5色 50個 & メッシュ 収納袋 & タオル セット (5カラー
 50本)
```

```
  ➡  見て試してわかる機械学習アルゴリズムの仕組み 機械学習図鑑
      バンダイチャンネル
      みんなのコンピュータサイエンス
      UNIX: A History and a Memoir
      Design It! ―プログラマーのためのアーキテクティング入門
      リファクタリング(第2版): 既存のコードを安全に改善する
      C:\Users\kuboaki\rubybook>
```

元になった**リスト2.57**と同じように動作しましたね。では、**リスト2.57**もクラス図で表して
みましょう（**図3.7**）。

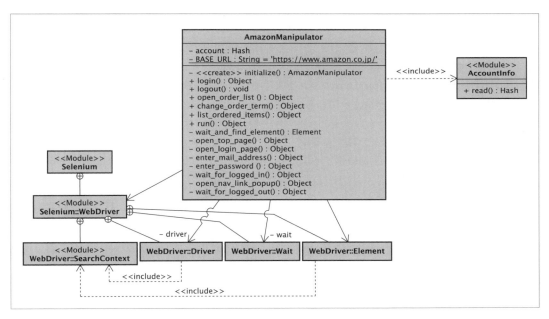

図3.7　amazon_manipulator04.rbのクラス図

　複数のメソッドに分けたので、このクラスがどのような働きを持っているか見えるように
なってきました。とはいうものの、それらのメソッドはAmazonManipulatorクラスに集中し
ているのがわかります。
　実は、注文が複数ページある場合の処理や、取得期間を変える処理などはまだできていま
せん。ですが、この構造のままで機能を追加していくと、このクラスはおそらくこのままどん
どん膨れ上がっていきます。そうならなくて済むよう、機能を追加する前に、ここでアプリ
ケーションの構造を見直しましょう。

3.3 | アプリケーションとしての構造を考えよう

　これまでの演習で、Amazon の Web サイトを操作して注文履歴が取得できるところまでたどりつきました。こんどは、アプリケーションを構成する要素について検討し、それに合わせてプログラムの構造を見直してみましょう。

3.3.1　アプリケーション全体を階層に分けよう

　図 3.7 を見ると、アプリケーションにどのような処理があるのかはわかるようになりました。しかし、すべての処理が AmazonManipulator クラスに集まっていてます。せっかく各処理をメソッドに分けたのですが、すべての処理を 1 つのクラスが担っています。見るからに不格好で、分けたとは言い難い構造になっているのがわかりますね。これでは、処理を分けた意味が薄れてしまいます。

　もう一度 AmazonManipulator クラスをよく見てみると、次の「AmazonManipulator クラスが持つ 2 種類の処理」が含まれているのがわかります。

AmazonManipulator クラスが持つ 2 種類の処理
- ページ上のある場所を操作するにはどの表示要素を探せばよいか知っていて、その要素を操作する処理。
    - find_element メソッドで Web ページの要素を探して操作する方法を担当している部分など。
- 表示要素を見つける処理を利用して、その Web ページでやりたかったことを実行する処理。
    - 注文履歴を取得するために Web ページを操作する手順を担当している部分など。

　つまり現状の AmazonManipulator クラスは、Amazon の Web ページの表示要素を操作する処理と、それらを使って Amazon の Web ページを操作する処理を区別できていないのです。前者はページの内部構造の処理、後者はアプリケーションとしての処理になっていることがわかるでしょうか。

　このように、1 つのクラスがいくつもの役割を担っている状況を「このクラスは単一責任の原則に従っていない」といいます。「単一責任の原則^{用語}」とは、「**そのオブジェクトが担う責任（責務）は 1 つであること**」というものです。「単一のクラスに責務が集中し過ぎている」ということもあります。責務が集中しているクラスが見つかったときは、そのクラスのコードの量の多い少ないに依らず、役割や処理の違いに基づいていくつかの「階層」に分割します。

　AmazonManipulator クラスの場合、「AmazonManipulator クラスが持つ 2 種類の処理」が役割や処理の違いを示唆していました。そこで、現在は AmazonManipulator クラスに集中している責務を「作ろうとしているアプリケーションの階層」と「Amazon の Web サイトを操作する階層」に分割してみます。分割の結果、アプリケーション全体は「注文履歴取得アプ

リケーションの階層構造」のような階層を持つことになります。

注文履歴取得アプリケーションの階層構造

- 作ろうとしているアプリケーションの階層。
- AmazonのWebサイトを操作する階層。
- Webブラウザを操作する階層。

　このように、システムを意味や役割が異なる領域（ドメイン^{用語}）に分けることを「ドメイン分割^{用語}」と呼びます。そして、分割されたドメインによって階層構造を構成する様式を「階層化アーキテクチャ^{用語}」と呼びます。

　では、プログラムの構造を見直して、「注文履歴取得アプリケーションの階層構造」に挙げた3つの階層に振り分けましょう。AmazonManipulator クラスの中から「作ろうとしているアプリケーションの処理」を抽出して、新たに追加した OrderHistoryReporter(OHR) クラスに担当してもらうことにします。すると、構造を見直したクラス図は**図3.8**のようになるでしょう。分けた階層がわかるように「パッケージ」というシンボルで囲んでみました。なお、図の見やすさのために、private なメソッドは（外部からは利用しないので）非表示にして隠してあります。

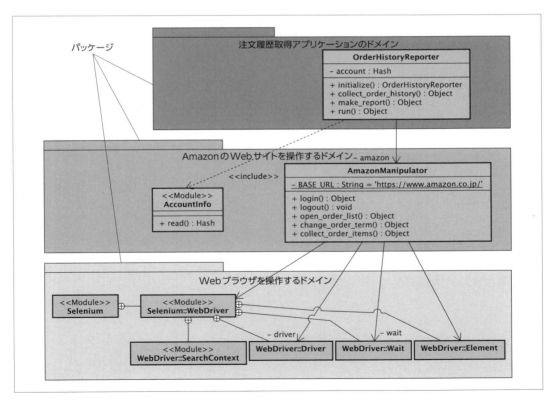

図3.8　amazon_manipulator05.rbのクラス図

この図を見ると、責務の異なる3つの階層に分けたことがよくわかるでしょう。また、この図の構造は、**図1.9**で示したコマンドライン版注文履歴取得アプリケーションの階層構造とも対応していることを確認しておきましょう。

3.3.2　プログラムの構造をクラス図に合わせよう

図3.8の構造に合わせて、**リスト3.17**を書き換えてみましょう（**リスト3.19**、**リスト3.20**）。まず、アプリケーションの処理を担当するOrderHistoryReporter(OHR)クラスを追加して、AmazonManipulatorクラスから分離します。

リスト3.19　`Ruby` amazon_manipulator05.rb (1)

```ruby
 1. # frozen_string_literal: true
 2.
 3. require 'selenium-webdriver'
 4. require_relative './account_info'
 5.
 6. # Application class (OHR)
 7. class OrderHistoryReporter ❶
 8.   include AccountInfo
 9.
10.   def initialize(account_file)
11.     @account = read(account_file)
12.     @amazon = AmazonManipulator.new
13.   end
14.
15.   def collect_order_history ❷
16.     title = @amazon.open_order_list
17.     puts title
18.     @amazon.change_order_term
19.     @amazon.collect_ordered_items
20.   end
21.
22.   def make_report(order_list) ❸
23.     puts "#{order_list.size} 件"
24.     order_list.each do |title|
25.       puts title
26.     end
27.   end
28.
29.   def run ❹
30.     @amazon.login(@account)
31.     order_list = collect_order_history
32.     @amazon.logout
33.     make_report(order_list)
34.   end
35.
```

```
36.   end
37.
38.   # Service class
39.   class AmazonManipulator ❺
40.
41.     BASE_URL = 'https://www.amazon.co.jp/'
42.
43.     def initialize
44.       @driver = Selenium::WebDriver.for :chrome
45.       @wait = Selenium::WebDriver::Wait.new(timeout: 20)
46.     end
47.
48.     def login(account) ❻
49.       open_top_page
50.       open_login_page
51.       enter_mail_address(account[:email]) ❼
52.       enter_password(account[:password]) ❽
53.       wait_for_logged_in
54.     end
55.
56.     def logout
57.       open_nav_link_popup
58.       wait_for_logged_out
59.     end
60.
61.     def open_order_list
62.       element = @driver.find_element(:id, 'nav-orders')
63.       element.click
64.       @wait.until { @driver.find_element(:id, 'navFooter').displayed? }
65.       @driver.title
66.     end
67.
68.     def change_order_term
69.       years = @driver.find_element(:id, 'orderFilter')
70.       select = Selenium::WebDriver::Support::Select.new(years)
71.       select.select_by(:value, 'year-2019')
72.       @wait.until { @driver.find_element(:id, 'navFooter').displayed? }
73.     end
74.
75.     def collect_ordered_items ❾
76.       title_list = []
77.
78.       selector = '#ordersContainer .order > div:nth-child(2) .a-fixed-left-
grid-col.a-col-right > div:nth-child(1)'
79.       titles = @driver.find_elements(:css, selector)
80.       titles.each { |t| title_list << t.text }
81.       title_list
82.     end
```

❶【注文履歴取得アプリケーションのドメイン】の「注文履歴を取得する」OrderHistory Reporter(OHR)クラスの定義。

❷ 注文履歴を開き、期間を切り替え、タイトルを取得して配列にして返す。

❸ 取得した注文履歴のタイトルの配列を受け取って、画面に出力するメソッド。

❹ AmazonのWebサイトにログインして、注文履歴を取得して、ログアウトして、取得結果を出力するメソッド。login、logoutメソッドが、AmazonManipulatorクラスのメソッドの呼び出しに変わっている。

❺【AmazonのWebサイトを操作するドメイン】の「AmazonのWebページを操作する」AmazonManipulatorクラスの定義。

❻ アカウント情報は呼び出し側から受け取る。

❼ 受け取ったアカウント情報のメールアドレスを参照する。

❽ 受け取ったアカウント情報のパスワードを参照する。

❾ 注文履歴のタイトルを収集し、配列に格納して返すメソッド。

　今回、AmazonManipulatorクラスとOrderHistoryReporterクラスを分けました。アカウント情報はメソッドが受け取り、enter_mail_addressとenter_passwordメソッドに渡されます。そこで、これらのメソッドを**リスト3.20**のように修正します。

リスト3.20　Ruby　amazon_manipulator05.rb (2)

```
101.  def enter_mail_address(email) ❶
102.    element = wait_and_find_element(:id, 'ap_email')
103.    element.send_keys(email)
104.    @driver.find_element(:id, 'continue').click
105.  end
106.
107.  def enter_password(password) ❷
108.    element = wait_and_find_element(:id, 'ap_password')
109.    element.send_keys(password)
110.    @driver.find_element(:id, 'signInSubmit').click
111.  end
```

❶ enter_mail_addressメソッドを、メールアドレスを受け取るように修正した。

❷ enter_passwordメソッドを、パスワードを受け取るように修正した。

　最後のプログラムを動かす部分は**リスト3.21**のようになります。

リスト3.21　Ruby　amazon_manipulator05.rb (3)

```
130. if __FILE__ == $PROGRAM_NAME
131.   abort 'account file not specified.' unless ARGV.size == 1
132.   app = OrderHistoryReporter.new(ARGV[0]) ❶
133.   app.run
134. end
```

❶ 引数で渡されたアカウント情報を使った OrderHistoryReporter クラスのインスタンス
を作成し、実行する。

作成したら実行してみましょう（**リスト3.22**）。

リスト3.22　　**端末** amazon_manipulator05.rb を実行する

```
C:\Users\kuboaki\rubybook>ruby amazon_manipulator05.rb account.json

注文履歴
11 件
図解 μITRONによる組込みシステム入門(第2版)—RL78マイコンで学ぶリアルタイムOS—
その理屈、証明できますか?
4711 ポーチュガル オーデコロン 単品 80ml
Neutrogena(ニュートロジーナ) ノルウェーフォーミュラ インテンスリペア ハンドクリーム 超
乾燥肌用 無香料 単品 50g
sac taske ミニ マーカー コーン 5色 50個 & メッシュ 収納袋 & タオル セット (5カラー
50本)
見て試してわかる機械学習アルゴリズムの仕組み 機械学習図鑑
バンダイチャンネル
みんなのコンピュータサイエンス
UNIX: A History and a Memoir
Design It! —プログラマーのためのアーキテクティング入門
リファクタリング(第2版): 既存のコードを安全に改善する
```

　ちょっと手間がかかりましたが、でき具合はどうでしょうか。まだ取得していない情報や手
直しすべきところが残っていますが、かなり「かたちになってきた」感じがしませんか。
　プログラムを作るとき、ドメイン分割によって役割が異なる階層に分けておくと、「どの階
層に、なにを作ればよいのか」という視点が追加されます。この視点があると、クラスの配置
やクラス名を考えやすくなり、足りないクラスを見つけやすくなります。

3.4 | 注文履歴の詳細を取得しよう

　さて、お気づきのみなさんもいるでしょうが、これまでは注文履歴として購入した品物の
名前だけを扱ってきました。これは、まずはアプリケーションの構造を考えることに注力した
かったからです。もし、注文ごとの細かい処理も同時に対応しようとすると、プログラムのど
の部分がどの考えによるものかわかりにくくなってしまうでしょう。
　こんどは、これまで取得していなかった注文番号、注文日、注文ごとの明細などを取得でき
るようにしましょう。注文履歴から注文番号や明細といった情報を取り出すには、注文履歴
のページ要素のどこがこれらの情報を保持しているのか調べる必要があります。そこで、「2.2
WebDriverを使ってAmazonにログインする」で使った「デベロッパーツール（Chrome
DevTools）」を使って調べてみることにしましょう。

3.4.1　注文履歴の概観

最初に絞り込みたいのが、複数の注文履歴が含まれるタグで囲まれる範囲です。実は「2.3.3 欲しい表示要素を探すセレクタを検討する」において、idがordersContainerのdivタグであることをすでに確認しています（**図3.9**）。ここから、検討を進めましょう。

図3.9　idがordersContainerの占める範囲

また、個々の注文履歴が、このタグの中のclassがorderを含むdivタグであることも確認済みです（**図3.10**）。

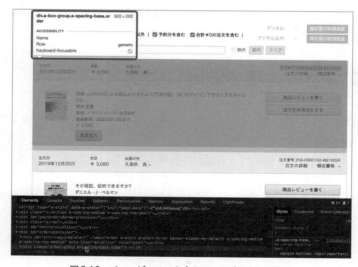

図3.10　classがorderを含むdivタグの占める範囲

整理すると**リスト3.23**のような構造になっています。

リスト3.23　`HTML` 注文履歴全体と個々の注文履歴の構造

```html
<div id="ordersContainer">  ❶
  (……略……)
  <div class="a-box-group a-spacing-base order">  ❷
  (……略……)
  </div>
  <div class="a-box-group a-spacing-base order">  ❸
  (……略……)
  </div>
  (……略……)
</div>q
```

❶ 注文履歴全体はidがordersContainerを含むdivタグに囲まれている。

❷ 1件の注文履歴はclassがorderを含むdivタグに囲まれている。

❸ 注文件数分orderタグが繰り返されている。

3.4.2　注文番号を特定する

注文には、注文ごとに固有の注文番号がついています。たとえば、同じものを2回注文すると、品名は同じでも注文番号は別の番号になります。

注文番号は、classがorderを含むdivタグの中の`<bdi>`タグに囲まれています（**図3.11**）。

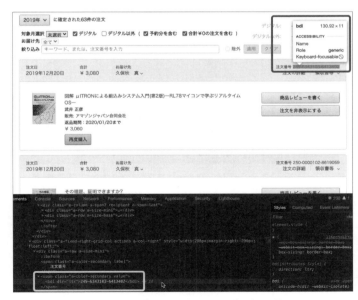

図3.11　classがorderを含むdivタグの占める範囲

整理すると**リスト3.24**のような構造になっています。

リスト3.24　`HTML` 注文番号の構造

```
<div class="a-box-group a-spacing-base order">
(……略……)
<bdi dir="ltr">249-6343103-6413402</bdi> ❶
(……略……)
</div>
(……略……)
</div>
```

❶ 注文番号は`<bdi>`タグに囲まれている。

3.4.3　注文日、合計を特定する

注文日や合計は、classが`order-info`を含むdivタグに囲まれています（**図3.12**）。そこから、内部構造を調べて、注文日と合計の項目を特定します。

図3.12　classが`order-info`を含むdivタグの占める範囲

`order-info`の中で、注文日と合計および同じ並びにある他の項目は、**リスト3.25**のような構造になっています。基本的に、`a-col-left`を含むタグの中に`a-lolumn`を含むタグで囲まれた項目が複数個繰り返されています。それぞれに`label`と`value`を含むタグで、項目名と項目値が囲まれています。

リスト3.25 　`HTML`　注文日、合計、およびその並びの項目の構造

```html
<div class="a-box a-color-offset-background order-info"> ❶
  (……略……)
  <div class="a-fixed-right-grid-col a-col-left" style="..."> ❷
  (……略……)
    <div class="a-column a-span3"> ❸
  (……略……)
      <span class="a-color-secondary label"> ❹
        注文日
      </span>
  (……略……)
      <span class="a-color-secondary value"> ❺
        2019年12月20日
      </span>
    </div>
    <div class="a-column a-span2">
  (……略……)
      <span class="a-color-secondary label">
        合計
      </span>
  (……略……)
      <span class="a-color-secondary value">
        ¥ 3,080
      </span>
    </div>
  (……略……)
    <div class="a-column a-span7 recipient a-span-last">
  (……略……)
      <span class="a-color-secondary label">
        お届け先
      </span>
  (……略……)
      <a aria-label="" href="javascript:void(0)" class="a-popover-trigger
      a-declarative value"><span class="trigger-text">久保秋　真</span><i class=
      "a-icon a-icon-popover"></i></a>
    </div>
  (……略……)
    <div class="a-column a-span2"> ❻
    </div>
  </div>
</div>
```

❶ 注文日や合計は、classがorder-infoを含むdivタグに含まれている。

❷ 注文日や合計は、classがa-col-leftを含むdivタグに囲まれている。

❸ 注文日や合計は、それぞれclassがa-columnを含むdivタグに囲まれている。

❹ 注文日や合計の項目ラベルは、それぞれclassがlabelを含むdivタグに囲まれている。

❺ 注文日や合計の項目値は、それぞれclassがvalueを含むdivタグに囲まれている。

❻ ここはa-columnがあるが、その中にlabelやvalueが含まれていない。

3.4.4　注文明細を特定する

注文の明細を特定するためのセレクタについても、すでに「2.3.3 欲しい表示要素を探すセレクタを検討する」で検討していましたね。そのとき使ったのは**リスト3.26**のようなセレクタでした。

リスト3.26　`CSS` 明細のタイトル部分を取り出すために使ったセレクタ（再掲）

```
#ordersContainer .order > div:nth-child(2) .a-fixed-left-grid-col.a-col-right >
 div:nth-child(1)
```

このセレクタを使ったときは商品のタイトルしか取得していませんでしたが、もう少し内部構造を調べれば注文日や明細欄の合計も特定できそうですね。

まず、このセレクタのうち、ordersContainerとorderは前節で特定済みです。次のdiv:nth-child(2)というセレクタを使うと、shipmentが含まれている場合も、含まれていない場合もマッチします。そして、具体的な明細は、.a-fixed-left-grid-col .a-col-rightというセレクタでマッチするタグに含まれています。このセレクタを使うと、具体的には<div class="a-fixed-left-grid-col a-col-right">といったタグにマッチすることを思い出しましょう。

このタグの中には、商品名、販売元、返品期間、明細欄の合計の行がa-rowを含むdivタグで並んでいます。ここまでを整理すると、明細の部分は**リスト3.27**のような構造になっているとみなせるでしょう。

リスト3.27　`HTML` 注文明細の構造

```
<div class="a-box shipment">
  (……略……)
  <div class="a-text-center a-fixed-left-grid-col a-col-left" style="...">
  (……略……)
  </div>
  <div class="a-fixed-left-grid-col a-col-right" style="..."> ❶
    <div class="a-row"> ❷
      4711 ポーチュガル オーデコロン 単品 80ml
    </div>
    <div class="a-row"> ❸
      販売:
      beautiful Life
```

```
      </div>
    <div class="a-row"> ❹
      返品期間：2020/01/19まで
    </div>
    <div class="a-row"> ❺
      ￥ 2,810
    </div>
    <div class="a-row"> ❻
    (……略……)
    </div>
    <div class="a-row"> ❼
    (……略……)
      <input aria-label="再度購入" class="a-button-input" type="submit" aria-
      labelledby="a-autoid-9-announce">
    </div>
    (……略……)
<div class="a-text-center a-fixed-left-grid-col a-col-left" style="...">
(……略……)
</div>
<div class="a-fixed-left-grid-col a-col-right" style="...">
  <div class="a-row">
    Neutrogena(ニュートロジーナ) ノルウェーフォーミュラ インテンスリペア ハンドクリー
    ム 超乾燥肌用 無香料 単品 50g
  </div>
  <div class="a-row">
    販売：
    アマゾンジャパン合同会社
  </div>
  <div class="a-row">
    返品期間：2020/01/19まで
  </div>
  <div class="a-row"> ❽
    <i class="a-icon a-icon-addon">あわせ買い対象</i>
  </div>
  <div class="a-row">
    ￥ 546
  </div>
  <div class="a-row">
(……略……)
  </div>
  <div class="a-row">
(……略……)
  </div>
</div>
</div>
```

❶ 明細のタグの始まり

❷ 商品名の行

❸ 販売元の行

❹ 返品期間の行

❺ 明細欄の合計の行

❻ 空欄の行

❼「再度購入」ボタンの行

❽「あわせ買い対象」の行

　気づいた人もいるでしょうが、明細に含まれる情報は購入した商品によって少しずつ異なっています。たとえば、書籍だと「著者名」が含まれていますし、「あわせ買い対象」は対象になる商品だけに含まれています。また、「販売：」「返品期間：」のように、項目名のようなラベルがついている場合もあります。注文明細を取得するときには、このような違いに気をつける必要がありそうです。

3.4.5　注文履歴の格納方法を検討する

　注文履歴の構造がわかってきたので、注文履歴を取得して格納する方法を決めましょう。これまでの検討結果を整理すると、「注文履歴の構成」のようにいえそうです。

注文履歴の構成

- 注文履歴は1回の注文ごとに1件作られる。
- 注文履歴を検索すると、1回の注文ごとの注文履歴が、検索で見つかった数だけ繰り返される。
  - 対象となる件数が多いときは、結果が複数ページに分割されている。
- 1件の注文履歴は注文番号で特定される。
- 1件の注文履歴には注文日、合計、お届け先、注文明細が含まれる。
- 注文明細には商品名、著者名、購入先、返品期間、明細ごとの合計などの項目が含まれる。
- 注文明細に含まれる項目は商品によって異なる。
- 注文明細の項目には「販売:」のように項目の名前が含まれる場合と、「著者名」のようにキーに含まれない場合がある。

　まず、1件分の注文のレコードを考えましょう。それぞれのレコードを区別するために、固有のキーが必要になります。これには注文番号を使うとよさそうですね。レコードの要素は、注文日、合計、お届け先、注文明細になるでしょう。これらについては、注文日などの項目名をキーとし、それぞれの値を持つハッシュを使うことにします。そして、注文番号をキーとし、このハッシュを値とするハッシュで複数の注文履歴の全体を表すことにします（**図3.13**）。

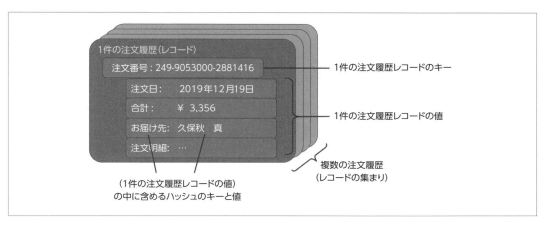

図3.13　注文履歴を格納するレコードのイメージ

　大部分の注文は自分に宛てたものなので、お届け先は取得しなくてもよいでしょうが、ひとまずそのまま登録しておきましょう。

　次に、注文明細のレコードについて考えましょう。注文明細は、1件の注文履歴に対して1個とは限らず、0個のときもあれば複数個のときもあります。しかも、「注文履歴の構成」で示したように、必ずしも項目名に使えそうな文字列を含むとは限りません。そこで、それぞれの明細の各項目はひとかたまりのテキストとして格納することにします。項目は複数あるので、配列に格納しましょう。そして、注文明細は複数（0個以上）あるので、この配列を要素に持つ配列としましょう（**図3.14**）。

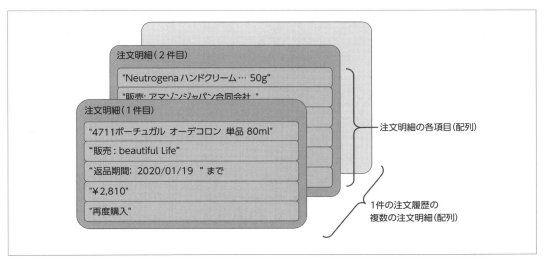

図3.14　注文明細を格納する「配列の配列」のイメージ

　　表示要素を特定するタグと取得した情報を格納するデータ構造が決まりました。これで、注文履歴の詳細を取得する処理を作ることができそうですね。

3.4.6　詳細を取得する処理を追加しよう

　　注文履歴と、その明細を特定する方法と、格納するデータ構造が決まりましたので、詳細を取得するために処理を追加、変更しましょう。

　　amazon_manipulator05.rbを元にamazon_manipulator06.rbを作成します。検索したすべての注文履歴を保存するハッシュはorder_infosとしましょう。このハッシュは、注文番号をキーとし、その注文番号の注文履歴の詳細を保持したハッシュを値として格納します。

　　まず、order_infosを使う側のクラスOrderHistoryReporterを修正します（**リスト3.28**）。make_reportメソッドは、order_infosを受け取って出力するメソッドに変更します。runメソッドもorder_infosを使うように修正します。

リスト3.28　`Ruby`　amazon_manipulator06.rb (1)

```
22.   def make_report(order_infos) ❶
23.     puts "#{order_infos.size} 件" ❷
24.     order_infos.each do |id, rec| ❸
25.       puts "ID: #{id}"
26.       rec.each do |key, val| ❹
27.         puts format '%s: %s', key, val
28.       end
29.     end
30.   end
31.
32.   def run
33.     @amazon.login(@account)
34.     order_infos = collect_order_history ❺
35.     @amazon.logout
36.     make_report(order_infos) ❻
37.   end
```

❶ すべての注文履歴のハッシュ order_infosを受け取るようにした。

❷ すべての注文履歴の件数を出力する。

❸ 注文番号をid、注文履歴のレコードをrecとしてそれぞれの注文履歴を処理する。

❹ 1件の注文履歴のレコードを格納したハッシュをすべて出力する。

❺ 収集結果をorder_infosとして受け取るようにした。

❻ make_reportメソッドにorder_infosを渡すようにした。

Column 【6】find_element で NoSuchElementError が発生したときの対処について

　Webページの表示は、動作するときの状況や条件によって変わります。たとえば、ログインしている人としていない人では、同じページの表示が異なっている（ページ要素が異なる）ことはよくありますよね。このような要素を find_element メソッドでマッチさせると、期待した要素が見つからないということが起こります。このとき、要素が見つからないので nil を返すのかと考えがちです。

　しかし、このとき find_element メソッドは NoSuchElementError というエラーを発生し、なにも対処しないとプログラムが終了してしまいます。もし、ある要素が見つからない場合も処理を中断したくなければ、例外処理を使って NoSuchElementError エラーを捕捉して対処します（リスト3.29）。

リスト3.29　**Ruby** NoSuchElementError の対処例

```ruby
 1. class Manipulator
 2.   include Selenium::WebDriver::Error ❶
 3.
 4.   def some_method(items)
 5.     items.each do |item|
 6.       begin ❷
 7.         label = col.find_element(:class, 'label')
 8.       rescue NoSuchElementError ❸
 9.         p 'no such element error occurred.' ❹
10.         next
11.       end
12.       puts label.text
13.     end
14.   end
```

❶ Selenium WebDriver のエラー用のモジュールを include した。
❷ エラーを捕捉する範囲を指定するために begin ブロックを使う。
❸ NoSuchElementError を捕捉する。
❹ 捕捉したエラーに対処する（ここではメッセージを表示し、next で次の要素へ進めている）。

　次に、order_infos に取得した注文履歴のデータを格納する側のクラス AmazonManipulator を修正します（リスト3.30、リスト3.31）。

リスト3.30　**Ruby** amazon_manipulator06.rb (2)

```ruby
41. class AmazonManipulator
42.   include Selenium::WebDriver::Error ❶
43.
44.   BASE_URL = 'https://www.amazon.co.jp/'
```

❶ Selenium WebDriver のエラー用のモジュールを include した。

リスト3.31　`Ruby` amazon_manipulator06.rb (3)

```ruby
79.    order_infos = {} ❶
80.
81.    orders_container = @driver.find_element(:id, 'ordersContainer') ❷
82.
83.    orders = orders_container.find_elements(:class, 'order') ❸
84.    orders.each do |order|
85.      key = order.find_element(:tag_name, 'bdi').text ❹
86.      order_infos[key] = {} ❺
87.
88.      info = order.find_element(:class, 'order-info') ❻
89.
90.      right = info.find_element(:class, 'a-col-right') ❼
91.      label = right.find_element(:class, 'label').text
92.      value = right.find_element(:class, 'value').text
93.      order_infos[key][label] = value
94.
95.      left = info.find_element(:class, 'a-col-left') ❽
96.      cols = left.find_elements(:class, 'a-column')
97.      cols.each do |col|
98.        begin
99.          label = col.find_element(:class, 'label')
100.        rescue NoSuchElementError ❾
101.          # p 'no such element error'
102.          next
103.        end
104.
105.        label = label.text
106.        value = col.find_element(:class, 'value').text
107.        order_infos[key][label] = value
108.      end
109.
110.      order_infos[key]['明細'] = [] ❿
111.
112.      selector = 'div:nth-child(2) .a-fixed-left-grid-col.a-col-right' ⓫
113.      details = order.find_elements(:css, selector) ⓬
114.
115.      details.each do |detail_rows| ⓭
116.        rows = detail_rows.find_elements(:class, 'a-row')
117.        row_array = []
118.        rows.each do |row|
119.          row_array.push(row.text)
120.        end
121.        order_infos[key]['明細'].push(row_array) ⓮
```

```
122.        end
123.      end
124.      order_infos ⑮
125.    end
```

❶ すべての注文履歴を格納するためのハッシュ order_infos を用意した。

❷ id が ordersContainer にマッチする（表示されている注文履歴の全体を特定する）要素を取得した。

❸ class が order にマッチする（表示されている注文履歴の各々を特定する）要素を取得した。

❹ tag_name が bdi にマッチする（注文番号を特定する）要素を取得し、order_infos における現在処理中の order のキーとした。

❺ 現在処理中の order の注文履歴を格納するハッシュを用意した。

❻ class が order-info にマッチする要素を取得した。

❼ class が a-col-right にマッチする（注文番号などを特定する）要素を取得し、そこから labal と value を取得して、ハッシュに追加した。

❽ class が a-col-left にマッチする（注文日、合計などを特定する）要素を取得し、そこから labal と value を取得して、ハッシュに追加した。

❾ 例外処理を追加し、NoSuchElementError（要素が見つからない場合）には next を使って次の要素へ進むようにした。

❿ order_infos の現在処理中の order の注文履歴の明細を格納するために配列を用意した。

⓫ 注文明細の項目にマッチするセレクタ。

⓬ 注文明細にマッチする要素を取得した。

⓭ class が a-row にマッチする（注文明細の各々の項目を特定する）要素から記載されているテキストを取得して、配列に格納した。

⓮ 注文明細の項目の格納された配列を、注文明細の配列の要素として格納した。

⓯ すべての注文履歴の情報が格納された order_infos を戻り値とした。

修正できたら実行してみましょう。出力が長くなるので、リダイレクトを使ってファイルに保存してから内容を確認しましょう（**リスト3.32**）。

リスト3.32 　端末　 amazon_manipulator06.rbを実行する

```
C:\Users\kuboaki\rubybook>ruby amazon_manipulator06.rb account.json > amazon_
manipulator06.output ❶
```

❶ 実行結果を amazon_manipulator06.output というファイルに保存した。

保存したファイルを、テキストエディタで開いて確認してみましょう（**リスト3.33**）。

リスト3.33　**エディタ**　amazon_manipulator06.rbの実行結果を確認する

```
注文履歴
10 件
ID: 249-6343103-6413402
注文番号: 249-6343103-6413402
注文日: 2019年12月20日
合計: ¥ 3,080
お届け先: 久保秋　真
明細: [["図解 μITRONによる組込みシステム入門(第2版)—RL78マイコンで学ぶリアルタイムOS
—", "武井 正彦", "販売: アマゾンジャパン合同会社", "返品期間:2020/01/20まで", "返品期
間:2020/01/20まで", "¥ 3,080", "", "再度購入", "再度購入"]]
ID: 250-0000102-8619059
注文番号: 250-0000102-8619059
注文日: 2019年12月20日
合計: ¥ 3,080
お届け先: 久保秋　真
明細: [["その理屈、証明できますか?", "ダニエル・J・ベルマン", "販売: アマゾンジャパン合同
会社", "返品期間:2020/01/20まで", "返品期間:2020/01/20まで", "¥ 3,080", "", "再度購
入", "再度購入"]]
ID: 249-9053000-2881416
注文番号: 249-9053000-2881416
注文日: 2019年12月19日
合計: ¥ 3,356
お届け先: 久保秋　真
明細: [["4711 ポーチュガル オーデコロン 単品 80ml", "販売: beautiful Life", "返品期
間:2020/01/19まで", "返品期間:2020/01/19まで", "¥ 2,810", "", "再度購入", "再度購入
"], ["Neutrogena(ニュートロジーナ) ノルウェーフォーミュラ インテンスリペア ハンドクリー
ム 超乾燥肌用 無香料 単品 50g", "販売: アマゾンジャパン合同会社", "返品期間:2020/01/19
まで", "返品期間:2020/01/19まで", "あわせ買い対象", "あわせ買い対象", "¥ 546", "", "
再度購入", "再度購入"]]
ID: 249-3474742-7327824
注文番号: 249-3474742-7327824
注文日: 2019年12月16日
合計: ¥ 1,580
お届け先: 久保秋　真
明細: [["sac taske ミニ マーカー コーン 5色 50個 & メッシュ 収納袋 & タオル セット
(5カラー 50本)", "販売: ILOHA", "返品期間:2020/01/16まで", "返品期間:2020/01/16まで
", "¥ 1,580", "", "再度購入", "再度購入"]]
ID: 249-4549341-0555864
注文番号: 249-4549341-0555864
注文日: 2019年12月15日
合計: ¥ 2,948
お届け先: 久保秋　真
明細: [["見て試してわかる機械学習アルゴリズムの仕組み 機械学習図鑑", "秋庭 伸也", "販
売: アマゾンジャパン合同会社", "返品期間:2020/01/15まで", "返品期間:2020/01/15まで", "
¥ 2,948", "", "再度購入", "再度購入"]]
```

```
ID: D01-6020736-7513014
注文番号: D01-6020736-7513014
注文日: 2019年12月14日
合計: ￥ 0
明細: [["バンダイチャンネル", "Androidアプリケーション", "販売: Amazon Services
 International,
Inc.", ""]]
(……略……)
```

　実は、よく見ると、「返品期間」など複数回取得されている項目があります。これは、a-rowにマッチする項目を探すときに、a-rowが入れ子になっている箇所で重複して取得されているためです。重複をなくすには、マッチに使うセレクタをもう少し工夫する必要があるでしょう。あるいは、取得後の配列からuniqメソッドを使って重複する要素を取り除いてもよいでしょう（リスト3.34）。

リスト3.34　Ruby　amazon_manipulator06.rb (4)

```
121.        order_infos[key]['明細'].push(row_array.uniq) ❶
```

❶ 配列を登録する前に、取得した項目の配列からuniqメソッドを使って重複する要素を取り除いた。

　注文の明細を特定するといったところはかなり手間がかかりましたが、これで欲しい情報はほぼ手に入れられるようになりましたね。

3.5 | Rubyのコマンドラインアプリケーションの作り方を調べる

　これまでに作ったプログラムは、取得する期間や、注文履歴から取得する項目を固定して作っていました。しかし、アプリケーションとして利用するには、期間や項目は使うときに各々を設定したいものです。

　どのようにして期間や項目を受け取ればよいか、どのようにしてそれをこれまで作ったプログラムに渡し、どのようにして結果を受け取ればよいか考えてみましょう。

3.5.1　コマンドライン引数を使ってみる

　コマンドラインアプリケーションでは、プログラムの作成時ではなく、実行時にいろいろな設定を指定するために「コマンドライン引数」を使います。コマンドライン引数とは、コマンドプロンプトやターミナルからプログラムを実行するときに、プログラム名のあとに記載するパラメータのことです。

　コマンドライン引数には、プログラムの動作を変更するための指示を渡す「コマンドライン

オプション」と、実行時にプログラムが使うデータなどがあります（**リスト3.35**）。コマンドラインオプションは、コマンドラインスイッチとも呼ばれます。

リスト3.35　**端末**　コマンドラインの一般的な構造

```
プログラム名 オプション 実行時に渡すデータなどの指定 ❶
```

❶ プログラム名に続いて、プログラムの動作を変更するオプション、プログラムに使うデータなどを指定している。

オプションやデータなどの指定は省略できる場合が多いです。また、順序が異なっていてもよい場合もあります。たとえば、Windowsのコマンドプロンプトで使える`dir`コマンドについて調べてみましょう。コマンドのヘルプを見ると、どのようなコマンドライン引数が使えるか調べられます（**リスト3.36**）。

リスト3.36　**端末**　Windows（コマンドプロンプト）の`dir`コマンドのヘルプ出力

```
C:\Users\kuboaki>dir /? ❶
ディレクトリ中のファイルとサブディレクトリを一覧表示します。

DIR [ドライブ:][パス][ファイル名] [/A[[:]属性]] [/B] [/C] [/D] [/L] [/N]
  [/O[[:]ソート順]] [/P] [/Q] [/R] [/S] [/T[[:]タイムフィールド]] [/W] [/X] [/4] ❷

(……略……)
```

❶ Windowsでは、コマンドのヘルプを見るには`/?`オプションを指定する。
❷ 構文の説明。[と]で囲まれた部分は省略可能なことを意味する。

それぞれのオプションの意味や使い方は、各自でヘルプの出力を確認してください。このヘルプの説明からわかるように、`dir`コマンドは、ファイル名（やディレクトリ名）を指定し、複数のオプションが使えます。また、どの引数も省略可能であることがわかります。`/`から始まる記号がコマンドラインオプションです（コマンドプロンプトではスイッチともいいます）。たとえば、`dir /W C:\Users`を実行すると、Cドライブの`\Users`ディレクトリのリストをワイド一覧形式で表示します（**リスト3.37**）。

リスト3.37　**端末**　Windows（コマンドプロンプト）の`dir`の実行例

```
C:\Users\kuboaki>dir /W c:\users
 ドライブ C のボリューム ラベルがありません。
 ボリューム シリアル番号は 1808-7211 です

 c:\users のディレクトリ

[.]        [..]      [kuboaki] [Public]
```

```
   0 個のファイル          0 バイト
   4 個のディレクトリ  211,175,211,008 バイトの空き領域
```

Macのターミナルを使っている人は、lsコマンドについて調べてみましょう（**リスト3.38**）。

リスト3.38　**端末** Mac（ターミナル）のlsコマンドのヘルプ出力

```
~$ man ls ❶
NAME
     ls -- list directory contents

SYNOPSIS
     ls [-ABCFGHLOPRSTUW@abcdefghiklmnopqrstuwx1%] [file ...] ❷
(……略……)
```

❶ Macのターミナルでは、コマンドのヘルプを見るにはmanコマンドを使う。
❷ 構文の説明。[と]で囲まれた部分は省略可能なことを意味する。

　それぞれのオプションの意味や使い方は、各自でヘルプの出力を確認してください。この
ヘルプの説明からわかるように、lsコマンドは、ファイル名（やディレクトリ名）を複数指定
し、複数のオプションが使えます。また、どの引数も省略可能であることがわかります。「-」
から始まる記号が、コマンドラインオプションです。たとえば、ls -l /Users/kuboakiを実
行すると、/Users/kuboakiディレクトリのリストをロング形式で表示します（**リスト3.39**）。

リスト3.39　**端末** Mac（ターミナル）のlsの実行例

```
total 1072
drwx------@    6 kuboaki  staff     192  7 23 09:47 Applications
drwx------@   81 kuboaki  staff    2592  8 27 08:38 Desktop
drwx------@ 1069 kuboaki  staff   34208  8 28 20:11 Documents
drwx------@   66 kuboaki  staff    2112  8 28 09:15 Downloads
drwx------@   76 kuboaki  staff    2432  8  4 23:23 Library
drwxr-xr-x+   11 kuboaki  staff     352  1 13  2020 Mail
drwx------@   26 kuboaki  staff     832  8 19 09:43 Movies
drwx------@   69 kuboaki  staff    2208  8 19 09:43 Music
drwx------@   78 kuboaki  staff    2496  8 19 09:43 Pictures
drwxr-x---  134 kuboaki  staff    4288  8 25 18:21 Projects
drwxr-xr-x+   12 kuboaki  staff     384  7 20 04:28 Public
(……略……)
```

3.5.2　コマンドライン用ライブラリを使ってみる

　Rubyのプログラムでは、ARGVというグローバル変数の配列にコマンドライン引数が格納さ

れています。このことは、「付録D Rubyの復習」でも紹介しています。このコマンドライン引数を使えば、プログラムを実行するときに使いたい情報が渡せます。

　次に考えるのは、コマンドライン引数に実行時の処理を変更するオプションが含まれていたとき、これを処理する方法です。基本的には、ARGVから文字列を取り出してどのような文字列かを調べればよいのですが、取り出した文字列を調べて対応する処理を書くのは案外骨の折れる仕事です。そのため、Rubyには、コマンドラインのオプションを取り扱うのに便利な「optparse」というライブラリが用意されています。詳しい使い方やチュートリアルは、ライブラリリファレンスを参照してください。

optparseライブラリのリファレンス　https://docs.ruby-lang.org/ja/latest/library/optparse.html

　せっかく使えるライブラリがあるのですから、このライブラリを使うことにしましょう。まず、プログラム名、バージョン、リリース日付を登録しておけば、ヘルプオプションとバージョン表示が使えることを確認しましょう（**リスト3.40**）。

リスト3.40　`Ruby` optparse01.rb

```ruby
 1. # frozen_string_literal: true
 2.
 3. require 'optparse' ❶
 4.
 5. opts = OptionParser.new ❷
 6. opts.banner = 'Usage: ruby optparse01.rb [options]' ❸
 7. opts.program_name = 'SampleProgram-01' ❹
 8. opts.version = [0, 2] ❺
 9. opts.release = '2020-09-12' ❻
10.
11. opts.on_tail('-v', '--version', 'バージョンを表示する') do ❼
12.   puts opts.ver ❽
13.   exit ❾
14. end
15.
16. opts.parse!(ARGV) ❿
```

❶ optparseライブラリをrequireした。

❷ OptionParserクラスのインスタンスoptsを作成した。

❸ バナー（プログラムのタイトルメッセージや使い方などを書いた文字列）を登録した。

❹ プログラム名の登録。

❺ バージョン番号（メージャーバージョン、マイナーバージョン）を登録した。

❻ リリース日付を登録した。

❼ on_tailメソッドはオプションのリストの最後に追加するメソッド。この例では、-vと --versionを登録。また、ヘルプに使う「バージョンを表示する」という説明も登録している。

❽ -vオプションが指定されたときの処理。このサンプルではverメソッドの実行結果を表示する。verメソッドは、登録されている情報を使って「プログラム名 バージョン番号（リリース日付）」という文字列を生成する。

❾ このサンプルでは、バージョン番号を表示したら処理を終了している。

❿ ここで実際に ARGV を解析している。

では実行してみます。

リスト3.41　　**端末**　optparse01.rbを実行する

```
C:\Users\kuboaki\rubybook>ruby optparse01.rb ❶

C:\Users\kuboaki\rubybook>ruby optparse01.rb -h ❷
Usage: ruby sample01.rb [options]
    -v, --version                    バージョンを表示する

C:\Users\kuboaki\rubybook>ruby optparse01.rb --help ❸
Usage: ruby sample01.rb [options]
    -v, --version                    バージョンを表示する

C:\Users\kuboaki\rubybook>ruby optparse01.rb -v ❹
SampleProgram-01 0.2 (2020-09-12)

C:\Users\kuboaki\rubybook>ruby optparse01.rb --version ❺
SampleProgram-01 0.2 (2020-09-12)
C:\Users\kuboaki\rubybook>ruby optparse01.rb -a ❻
Traceback (most recent call last):
        2: from optparse01.rb:5:in `<main>'
        1: from optparse01.rb:5:in `new'
optparse01.rb:16:in `block in <main>': invalid option: a
(OptionParser::InvalidOption)
        2: from optparse01.rb:5:in `<main>'
        1: from optparse01.rb:5:in `new'
optparse01.rb:16:in `block in <main>': invalid option: -a
(OptionParser::InvalidOption)
```

❶ 引数なしで実行すると、なにも出力されない。

❷ -hオプションでヘルプを表示した。

❸ --helpオプションでヘルプを表示した。

❹ -vオプションでバージョンを表示した。

❺ --versionオプションでバージョンを表示した。

❻ 登録していないオプション-aを記述したら、OptionParser::InvalidOptionエラーが
発生した。aというオプション文字が登録されていないことと、-aというオプションが処
理できなかったことを通知している。

このように、optparseライブラリを使うと、いくつかのメソッドでプログラム名やバージョ
ン番号などを設定しておけば、ヘルプメッセージやバージョン番号に関するオプションにつ
いてはプログラムを作らなくても済みます。また、処理できないオプションがあったときには、
OptionParser::InvalidOptionという例外が発生します。このエラーを捕捉すれば、不正な
オプションが見つかったときの処理が作りやすくなります。

こんどは、プログラム中で利用したいオプションを登録してみましょう。オプションの登録
には、OptionParserクラスのonメソッドを使います。他には、オプションリストの先頭に追
加するon_headメソッド、末尾に追加するon_tailメソッドもあります。オプションを指定
する文字列には、1つの「-」で始まるショートオプションと、「--」で始まるロングオプショ
ンがあります。

ここでは、注文の年を指定する「year」オプションを追加してみましょう。ショートオプ
ションは-y、ロングオプションは--yearとします。ヘルプメッセージで使う説明は「注文履
歴を取得する年を指定する」としましょう。また、このオプションにはパラメータとして西暦
年が必ず必要になります。**リスト3.40**を元にこれらを追加すると、**リスト3.42**のようになりま
す。

リスト3.42　Ruby　optparse02.rb

```ruby
 1. # frozen_string_literal: true
 2.
 3. require 'optparse'
 4.
 5. opts = OptionParser.new
 6. opts.banner = 'Usage: ruby optparse02.rb [options]'
 7. opts.program_name = 'SampleProgram-02'
 8. opts.version = [0, 2]
 9. opts.release = '2020-09-12'
10.
11. opts.on('-y YEAR', '--year YEAR', '注文履歴を取得する年を指定する') do |y| ❶
12.   @order_year = y ❷
13. end
14.
15. opts.on_tail('-v', '--version', 'バージョンを表示する') do
16.   puts opts.ver
17.   exit
18. end
19.
```

```
20. opts.parse!(ARGV)
21. puts "取得年は #{@order_year}" ❸
```

❶ -y と --year オプションを登録した。

❷ 取得した年を変数 @order_year に格納する。

❸ オプションで取得した値を表示した。

バージョンのオプションでは -v のようにパラメータの指定がありませんでしたが、年の指定では -y YEAR のようにパラメータを指定していることに注意しましょう。

実行してみます。

リスト3.43　**端末** optparse02.rb を実行する

```
C:\Users\kuboaki\rubybook>ruby optparse02.rb -y 2019 ❶
取得年は 2019

C:\Users\kuboaki\rubybook>ruby optparse02.rb --year 2019 ❷
取得年は 2019

C:\Users\kuboaki\rubybook>ruby optparse02.rb --year ❸
Traceback (most recent call last):
optparse02.rb:20:in `<main>': missing argument: --year
 (OptionParser::MissingArgument)
```

❶ -y オプションを使った。

❷ --year オプションを使った。

❸ --year オプションのパラメータを指定し忘れたら、MissingArgument エラーになった。

optparse ライブラリの使い方をまとめると、「optparse ライブラリを使ってコマンドラインオプションを処理する手順」のようになるでしょう。

optparse ライブラリを使ってコマンドラインオプションを処理する手順

1. OptionParser クラスのインスタンス、たとえば opt を作る。
2. オプションを取り扱う（コマンドラインから取り出す）ブロックを opt に追加する。
3. parse メソッドを使って、opt.parse(ARGV) でコマンドライン引数を処理する。
4. ヘルプやバージョン番号を表示するための変数やメソッドを設定する。

3.6 | アプリケーションの動作をブラッシュアップする

これまでに作ってきたプログラムに不足している機能を追加して、コマンドライン版注文履歴取得アプリケーション（OHR）をブラッシュアップしましょう。

3.6.1　プログラムを複数のファイルに分割する

ここまでの演習で、プログラムのソースコードがずいぶん長くなってきました。長いままにしておくと、「長いソースコードファイルの不都合」のようなことが起きます。

長いソースコードファイルの不都合
- ファイルの編集箇所をすぐに表示できない。
- 編集箇所が少ない場合でもファイル全体が更新の対象になる。
- 同じファイルを同時に複数で編集する状況が起きやすくなる。
- ファイルの一部を利用したくても、長いファイル全体が参照の対象になる。

これらの不都合を避けるために、長いファイルは短いファイルに分割します。わたしたちも、長くなってしまったamazon_manipulator06.rbを複数のファイルに分割しましょう。とはいっても、なんとなく分けるのではなく、分割の根拠がほしいですね。そこで、**図3.8**で「注文履歴取得アプリケーション」のドメインと「AmazonのWebサイトを操作する」ドメインに分けたことを思い出しましょう。アプリケーションをドメイン分割したことを考えると、それぞれのドメインに含まれるクラスも別のファイルにしたほうがよさそうですね。

ということで、amazon_manipulator06.rbを元にamazon_manipulator07.rbとorder_history_reporter01.rbに分けてみましょう。

まず、order_history_reporter01.rbを作成して、OrderHistoryReporterクラスをこのファイルへ移動しましょう（**リスト3.44**）。このクラスは、内部でAmazonManipulatorクラスを使いますから、amazon_manipulator07をrequire_relativeしておきます。ここで、OrderHistoryReporterクラスはselenium-webdriverを直接利用しないのでrequireしていないことに注意しましょう。また、末尾にあるif __FILE__ == $PROGRAM_NAMEから始まる部分もこのファイルへ移動します。

リスト3.44　`Ruby` order_history_reporter01.rb

```
1. # frozen_string_literal: true
2.
3. require_relative './account_info'
4. require_relative './amazon_manipulator07' ❶
5.
6. # Application class (OHR)
```

```
 7. class OrderHistoryReporter ❷
 8.   include AccountInfo
 9.
10.   def initialize(account_file)
11.     @account = read(account_file)
12.     @amazon = AmazonManipulator.new
13.   end
14.
15.   def collect_order_history
16.     title = @amazon.open_order_list
17.     puts title
18.     @amazon.change_order_term
19.     @amazon.collect_ordered_items
20.   end
21.
22.   def make_report(order_infos)
23.     puts "#{order_infos.size} 件"
24.     order_infos.each do |id, rec|
25.       puts "ID: #{id}"
26.       rec.each do |key, val|
27.         puts format '%s: %s', key, val
28.       end
29.     end
30.   end
31.
32.   def run
33.     @amazon.login(@account)
34.     order_infos = collect_order_history
35.     @amazon.logout
36.     make_report(order_infos)
37.   end
38.
39. end
40.
41. if __FILE__ == $PROGRAM_NAME ❸
42.   abort 'account file not specified.' unless ARGV.size == 1
43.   app = OrderHistoryReporter.new(ARGV[0])
44.   app.run
45. end
```

❶ amazon_manipulator07 を require_relative した。

❷ OrderHistoryReporter クラスをこのファイルに移動した。

❸ このプログラムを実行するとき、アプリケーション全体を起動する部分となる処理の開始。

amazon_manipulator07.rbに残った部分は**リスト3.45**のようになるでしょう（冒頭を除きそのままなので後半は省略しています）。

リスト3.45　　Ruby　amazon_manipulator07.rb

```ruby
 1. # frozen_string_literal: true
 2.
 3. require 'selenium-webdriver' ❶
 4.
 5. # Service class
 6. class AmazonManipulator
 7.   include Selenium::WebDriver::Error
 8.
 9.   BASE_URL = 'https://www.amazon.co.jp/'
10.
11.   def initialize
12.     @driver = Selenium::WebDriver.for :chrome
13.     @wait = Selenium::WebDriver::Wait.new(timeout: 20)
14.   end
15. (……略……)
```

❶ selenium-webdriverはAmazonManupilatorクラスが使うので、このファイルでrequireする。

分割できたら、実行してみましょう（**リスト3.46**）。

リスト3.46　　端末　order_history_reporter01.rbを実行する

```
C:\Users\kuboaki\rubybook>ruby order_history_reporter01.rb account.json ❶
```

❶ アプリケーションはorder_history_reporter01.rbから開始する。

実行結果は、**リスト3.33**と同じものになるはずです。

3.6.2　注文履歴の取得期間を実行時に変更する

コマンドラインオプションの使い方がわかったので、注文履歴の取得期間をオプションで指定できるようにしてみましょう。注文履歴の取得期間を指定するオプションは**リスト3.42**と同じように西暦年の指定でもよいでしょう。ですが、注文履歴の期間を指定するセレクトボックスを見ると、他に「過去3ヶ月」「過去30日間」「非表示にした注文」もあります（**リスト3.47**）。

リスト3.47　**HTML** 期間を選ぶセレクトボックスのHTMLコード（抜粋）

```
 1. <select name="orderFilter" autocomplete="off" id="orderFilter" ...>
 2.   <option value="last30" id="orderFilterEntry-last30" selected=""> ❶
 3.     過去30日間
 4.   </option>
 5.   <option value="months-3" id="orderFilterEntry-months-3"> ❷
 6.     過去3か月
 7.   </option>
 8.   <option value="year-2020" id="orderFilterEntry-year-2020"> ❸
 9.     2020年
10.   </option>
11.   <option value="year-2019" id="orderFilterEntry-year-2019">
12.     2019年
13.   </option>
14.
15.   (……略……)
16.
17.   <option value="archived" id="orderFilterEntry-archived"> ❹
18.     非表示にした注文
19.   </option>
20. </select>
```

❶「過去30日間」のvalueはlast30。

❷「過去3か月」のvalueはmonths-3。

❸「2020年」のvalueはyear-2020。

❹「非表示にした注文」のvalueはarchived。

　そこで、このオプションを--yearではなく、--termとしましょう。ショートオプションは-tにします。数字が入っていたら、それは西暦年の指定とします。そしてlastなら「過去30日」、monthsなら「過去3ヶ月」、arc（archivedの略）なら「非表示にした注文」とします。

　また、これまでコマンドラインにそのまま記載していた「アカウント情報（account.json）」の指定にもオプションを割り当てましょう。ログインに使うアカウント情報ということで、--acountでどうでしょうか。ショートオプションは-aとします。

　それでは、order_history_reporter01.rbとamazon_manipulator07.rbを元にorder_history_reporter02.rbとamazon_manipulator08.rbを作成しましょう。まず、order_history_reporter02.rbを作成します（**リスト3.48**、**リスト3.49**、**リスト3.50**、**リスト3.51**）。

リスト3.48　**Ruby** order_history_reporter02.rb (1)

```
1. # frozen_string_literal: true
2.
3. require 'optparse' ❶
4. require_relative './account_info'
```

```
 5.  require_relative './amazon_manipulator08' ❷
 6.
 7. # Application class (OHR)
 8. class OrderHistoryReporter
 9.   include AccountInfo
10.
11.   def initialize(argv) ❸
12.     @order_term = 'last30' ❹
13.     parse_options(argv) ❺
14.     @account = read(@account_file)
15.     @amazon = AmazonManipulator.new
16.   end
```

❶ optparseライブラリをrequireした。

❷ ファイルを分割したamazon_manipulator08をrequire_relativeした。

❸ コマンドラインオプションをアプリケーション内部で処理するため、initializeメソッドの引数をコマンドライン引数全体を受け取るように変更した。

❹ 取得期間はインスタンス変数@order_termに格納する。初期値は「過去30日」にしておく。

❺ コマンドラインオプションはparse_optionsメソッドで処理する。

リスト3.49 `Ruby` order_history_reporter02.rb (2)

```
18.   def parse_options(argv) ❶
19.     opts = OptionParser.new
20.     opts.banner = 'Usage: ruby order_history_reporter.rb [options]'
21.     opts.program_name = 'Order History Reporter'
22.     opts.version = [0, 2]
23.     opts.release = '2020-09-12'
24.
25.     opts.on('-t TERM', '--term TERM',
26.             '注文履歴を取得する期間を指定する') do |t| ❷
27.       term = 'last30' if t =~ /last/ ❸
28.       term = 'months-3' if t =~ /month/ ❹
29.       term = 'archived' if t =~ /arc/ ❺
30.       term = "year-#{$1}" if t =~ /(\d\d\d\d)/ ❻
31.       @order_term = term ❼
32.     end
33.     opts.on('-a ACCOUNT', '--account ACCOUNT',
34.             'アカウント情報ファイルを指定する') do |a| ❽
35.       @account_file = a
36.     end
37.     opts.on_tail('-v', '--version', 'バージョンを表示する') do
38.       puts opts.ver
39.       exit
```

```
40.      end
41.
42.      opts.parse!(argv) ❾
43.      puts "取得期間: #{@order_term}"
44.    end
```

❶ コマンドラインオプションの処理をするメソッドを追加した。コマンドライン引数はメソッドの引数で受け取る。

❷ --termオプションの処理の登録。

❸ --termオプションのパラメータがlastにマッチしたら、取得期間を「過去30日」にする。

❹ --termオプションのパラメータがmonthにマッチしたら、取得期間を「過去3ヶ月」にする。

❺ --termオプションのパラメータがarcにマッチしたら、取得期間を「非表示にした注文」にする。

❻ --termオプションのパラメータが4個の数字にマッチしたら、取得期間に西暦年を指定したとみなす。

❼ インスタンス変数@order_termに取得期間を格納した。

❽ --accountオプションの処理の登録。

❾ ここで、上記の設定に従って、メソッドの引数として受け取ったコマンドライン引数を処理する。

リスト3.50 Ruby order_history_reporter02.rb (3)

```
46.    def collect_order_history
47.      title = @amazon.open_order_list
48.      puts title
49.      @amazon.change_order_term(@order_term) ❶
50.      @amazon.collect_ordered_items
51.    end
```

❶ 固定だった取得期間を、@order_termに格納した期間を使うよう変更した。

リスト3.51 Ruby order_history_reporter02.rb (4)

```
72. if __FILE__ == $PROGRAM_NAME
73.   app = OrderHistoryReporter.new(ARGV) ❶
74.   app.run
75. end
```

❶ コマンドラインオプションの処理はOrderHistoryReporterクラスに委ねたので、コマンドライン引数をそのまま渡すように変更した。

次に、amazon_manipulator08.rbを作成します。修正するのはchange_order_termです（**リスト3.52**）。

リスト3.52　`Ruby`　amazon_manipulator08.rb

```
36.    def change_order_term(order_term) ❶
37.      years = @driver.find_element(:id, 'orderFilter')
38.      select = Selenium::WebDriver::Support::Select.new(years)
39.      select.select_by(:value, order_term) ❷
40.      @wait.until { @driver.find_element(:id, 'navFooter').displayed? }
41.    end
```

❶ change_order_termはメソッドの引数order_termで取得期間を受け取るようにした。

❷ select_byメソッドでvalueに指定する値を固定の文字列から order_termに変更した。

修正できたら、実行してみましょう。まず、ヘルプメッセージの出力を確認します（**リスト3.53**）。

リスト3.53　`端末`　order_history_reporter02.rbを実行する (1)

```
C:\Users\kuboaki\rubybook>ruby order_history_reporter02.rb -h
Usage: ruby order_history_reporter.rb [options]
    -t, --term TERM              注文履歴を取得する期間を指定する
    -a, --account ACCOUNT        アカウント情報ファイルを指定する
    -v, --version               バージョンを表示する
```

次に、アカウント情報だけ指定してみましょう（**リスト3.54**）。

リスト3.54　`端末`　order_history_reporter02.rbを実行する (2)

```
C:\Users\kuboaki\rubybook>ruby order_history_reporter02.rb -a account.json ❶
取得期間: last30 ❷
注文履歴
10 件
ID: D01-9419052-1017052
注文番号: D01-9419052-1017052
注文日: 2020年8月28日
合計: ￥ 700
明細: [["Rust on Bare-metal Raspberry Pi Vol. 2", "naotaco", "Kindle 版", "販売:
Amazon Services International, Inc.", ""]]
(……略……)
```

❶ -aでアカウント情報を指定した。

❷ 取得期間が初期値のlast30になっている。

次に、取得期間を指定してみましょう（**リスト3.55**）。

リスト3.55　　端末 order_history_reporter02.rbを実行する (3)

```
C:\Users\kuboaki\rubybook>ruby order_history_reporter02.rb -t 2019 -a account.
json ❶
取得期間: year-2019 ❷
注文履歴
10 件
ID: 249-6343103-6413402
注文番号: 249-6343103-6413402
注文日: 2019年12月20日
合計: ¥ 3,080
お届け先: 久保秋　真
明細: [["図解　μITRONによる組込みシステム入門(第2版)―RL78マイコンで学ぶリアルタイム
OS―", "武井　正彦", "販売: アマゾンジャパン合同会社", "返品期間:2020/01/20まで", "¥
3,080", "", "再度購入"]]
(……略……)
```

❶ -tで取得期間を指定した。
❷ 取得期間が指定した期間year-2019になっている。

　これで、好きな期間を指定して注文履歴が取得できるようになりました。実際に使ってみるとわかりますが、まだ、オプションを指定し忘れた場合やオプションに不正な値を指定した場合の対処ができていないといった問題が残っています。それでも、かなり便利で使い勝手がよくなってきましたね。

3.6.3　複数ページをたどる

　これまでの演習のプログラムでは、取得件数がいつも10件になっていたことに気づいた人もいるでしょう。これは、AmazonのWebサイトが、注文履歴を10件ごとにページを分けて表示している[3]からです。そのうち最初のページの注文履歴だけを取得していたので、取得件数が10件になっていたのですね。

　さて、どうすれば複数のページに分割された注文履歴を取得できるでしょうか。注文履歴のWebページを少し調べてみましょう。

　Amazonの注文履歴のWebページは分割されたページをたどるために、ページの下部に**図3.15**のようなページをたどるボタン群が用意してあります。

3　多数のデータ一覧を複数ページに分割して表示する方法は「ページネーション」と呼ばれています。

図 3.15　注文明細のページをたどるためのボタン群

このボタン群は a-pagination を含む <ul> タグの中に <li> タグとして並んでいます。そして、これらのボタンは、それぞれに分割されたページへのリンクを持っています。このうち、最右端の「次へ →」ボタンには、a-last を含む <li> タグがついています（**図 3.16**）。

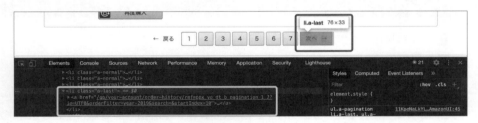

図 3.16　次のページがあるときは「次へ」はボタンになっている

ページを最後までたどると、最後のページの場合では「次へ →」がボタンになっておらず、リンクも含まれていません（**図 3.17**）。

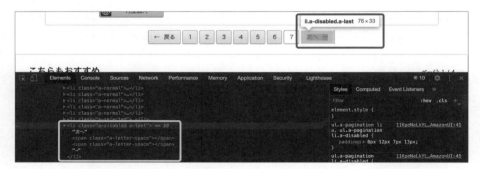

図 3.17　最後のページでは「次へ」はボタンではなくリンクも含まれていない

どうやら、「次へ →」が次のページを指している間は注文履歴を取得し続ければよさそうですね。整理すると「複数ページをたどって注文履歴を取得する手順」のようになるでしょう。

複数ページをたどって注文履歴を取得する手順

1. 1ページ分の注文履歴を取得する。
2. classがa-paginationを含む要素を探して、ボタン群を特定する。
3. その中からclassがa-lastを含む要素を探して、「次へ →」ボタンを特定する。
4. その中から <a> タグを探す。
5. もし <a> タグが見つからなかったら、最後のページ。残るページはないので処理を終了する。
6. <a> タグが見つかれば、その中に含まれるリンクをクリックして、次のページを表示する。
7. 上記処理を繰り返す。

この手順に沿って、amazon_manipulator08.rbを元にamazon_manipulator09.rbを作成しましょう（**リスト3.56**）。これまで注文履歴を取得するために使っていたcollect_ordered_itemsメソッドは、「1ページ分の注文履歴を取得する」collect_ordered_items_by_pageメソッドに変更します。

そして、collect_ordered_itemsメソッドは、「複数ページをたどって注文履歴を取得する手順」を実行するメソッドとして新たに作成します。こうしておけば、呼び出す側に影響を与えなくて済みますね。

リスト3.56　`Ruby`　amazon_manipulator09.rb

```
43.   def collect_ordered_items ❶
44.     order_infos = {}
45.
46.     loop do ❷
47.       collect_ordered_items_by_page(order_infos) ❸
48.       begin
49.         pagination = @driver.find_element(:class, 'a-pagination') ❹
50.         next_button = pagination.find_element(:class, 'a-last') ❺
51.         next_link = next_button.find_element(:css, 'a') ❻
52.       rescue NoSuchElementError
53.         break ❼
54.       end
55.       next_link.click ❽
56.       wait_and_find_element(:id, 'ordersContainer') ❾
57.     end
58.     order_infos
59.   end
60.
61.   def collect_ordered_items_by_page(order_infos) ❿
62.     orders_container = @driver.find_element(:id, 'ordersContainer')
```

❶ collect_ordered_itemsメソッドは「複数ページをたどって注文履歴を取得する手順」

を実行するメソッドとして作成する。

❷ loop do … endを使って繰り返し構造を作る。

❸ 現在表示しているページに対して、「1ページ分の注文履歴を取得する」を実行する。

❹ classがa-paginationを含む要素を探して、ボタン群をpaginationとして特定する。

❺ paginationの中からclassがa-lastを含む要素を探して、「次へ →」ボタンをnext_buttonとして特定する。

❻ next_buttonの中から<a>タグを探して、next_linkとして特定する。

❼ もしNoSuchElementError例外が発生した場合は、<a>タグが見つからなかった場合。最後のページに達しているので、ここでbreakして繰り返し処理を抜ける。

❽ <a>タグが見つかり、next_linkとして特定できた場合は、リンクをclickメソッドでクリックして次のページへ移動する。

❾ ページが移り、再びidがordersContainerを含む要素が表示されるまで待つ。

❿ これまでのcollect_ordered_itemsメソッドを「1ページ分の注文履歴を取得する」としてメソッド名を変更した。

あとは、order_history_reporter02.rbを元にorder_history_reporter03.rb作成して、amazon_manipulator09.rbを使うように修正しましょう（**リスト3.57**）。

リスト3.57　`Ruby` order_history_reporter03.rb

```
1. # frozen_string_literal: true
2.
3. require 'optparse'
4. require_relative './account_info'
5. require_relative './amazon_manipulator09' ❶
6.
7. # Application class (OHR)
8. class OrderHistoryReporter
```

❶ amazon_manipulator09.rbを使うように修正した。

修正できたら、実行してみましょう。実行結果はかなり長くなるでしょうから、リダイレクトを使ってファイルに保存するとよいでしょう（**リスト3.58**）。

リスト3.58　`端末` order_history_reporter03.rbを実行する

```
C:\Users\kuboaki\rubybook>ruby order_history_reporter03.rb -t 2019 -a account.
json > order_history_reporter03.output ❶
```

❶ 実行結果をorder_history_reporter03.outputというファイルに保存した。

保存したファイルを、テキストエディタで開いて確認してみましょう（**リスト3.59**）。

リスト3.59　**エディタ** order_history_reporter03.rbの実行結果を確認する

```
取得期間: year-2019
注文履歴
63 件 ❶
ID: 249-6343103-6413402
注文番号: 249-6343103-6413402
注文日: 2019年12月20日
合計: ￥ 3,080
お届け先: 久保秋　真
明細: [["図解 μITRONによる組込みシステム入門(第2版)―RL78マイコンで学ぶリアルタイム
OS―", "武井 正彦", "販売: アマゾンジャパン合同会社", "返品期間:2020/01/20まで", "￥
 3,080", "", "再度購入"]]

(……略……)

ID: 503-5588516-3214259 ❷
注文番号: 503-5588516-3214259
注文日: 2019年1月5日
合計: ￥ 1,728
お届け先: 久保秋　真
明細: [["ファンタスティック・ビーストと黒い魔法使いの誕生 映画オリジナル脚本版",
"J.K.ローリング", "販売: アマゾンジャパン合同会社", "返品期間:2019/02/06まで", "￥
 1,728", "", "再度購入"]]
```

❶ すべての注文履歴を取得できたので、取得件数がWebページの注文履歴の表示に一致
している。

❷ 最後に取得した注文履歴が、最後のページの最後の注文履歴になっている。

これで、指定した期間のすべての注文履歴を取得できるようになりましたね。

3.6.4　ブラウザの画面を表示しないで実行する

　これまでのプログラムは、Webブラウザの画面を表示していました。このままでもかまわないのですが、注文履歴を取得できるのであれば画面を表示しないほうがコマンドラインアプリケーションらしいでしょう。Selenium WebDriverには、Webブラウザの画面を表示しないで実行する「ヘッドレスモード」があります。このモードを設定してみましょう。

　amazon_manipulator09.rbを元にamazon_manipulator10.rbを作成します。そして、ヘッドレスモードで動作させるために、Chrome用のドライバーにオプションを設定します（リスト3.60）。

リスト3.60　**Ruby** amazon_manipulator10.rb (1)

```
11.    def initializet
```

```
 12.      options = Selenium::WebDriver::Chrome::Options.new ❶
 13.      options.headless! ❷
 14.      @driver = Selenium::WebDriver.for :chrome, options: options ❸
 15.      @wait = Selenium::WebDriver::Wait.new(timeout: 20)
 16.   end
 17.
 18.   def login(account)
```

❶ Chromeドライバーに渡すオプションのインスタンスを作成した。

❷ headless!メソッドを使ってオプション中のヘッドレスモードを有効にした。

❸ Chromeドライバーのインスタンスを作成するときに、オプションを追加した。

　あとは、order_history_reporter03.rbを元に order_history_reporter04.rb作成して、amazon_manipulator10.rbを使うように修正しましょう（**リスト3.61**）。

リスト3.61　Ruby　order_history_reporter04.rb

```
 1. # frozen_string_literal: true
 2.
 3. require 'optparse'
 4. require_relative './account_info'
 5. require_relative './amazon_manipulator10' ❶
 6.
 7. # Application class (OHR)
 8. class OrderHistoryReporter
```

❶ amazon_manipulator10.rbを使うように修正した。

　修正できたら、実行してみましょう（**リスト3.62**）。

リスト3.62　端末　order_history_reporter04.rbを実行する

```
C:\Users\kuboaki\rubybook>ruby order_history_reporter04.rb -t 2019 -a account.
json > order_history_reporter04.output ❶
```

❶ 実行結果をorder_history_reporter04.outputというファイルに保存した。

　取得できる注文履歴のデータは、order_history_reporter03.outputと同じになるはずです。

　ヘッドレスモードで実行した際に、**リスト3.63**のようなエラーが発生して、処理を中断する場合があります。

リスト3.63 　**端末** ヘッドレスモードで実行したときに発生したエラーの例

```
Traceback (most recent call last):
 5: from order_history_reporter04.rb:74:in `<main>'
 4: from order_history_reporter04.rb:64:in `run'
 3: from /Users/kuboaki/Projects/rubybook3-ws/rubybook3/codes/amazon_
manipulator10.rb:25:in `login'
 2: from /Users/kuboaki/Projects/rubybook3-ws/rubybook3/codes/amazon_
manipulator10.rb:145:in `wait_for_logged_in'
 1: from /Users/kuboaki/Projects/rubybook3-ws/rubybook3/codes/amazon_
manipulator10.rb:115:in `wait_and_find_element'
/Users/kuboaki/.rbenv/versions/2.7.1/lib/ruby/gems/2.7.0/gems/selenium-
webdriver-3.142.7/lib/selenium/webdriver/common/wait.rb:73:in `until': timed
out after 20 seconds (no such element: Unable to locate element: {"method":"css
 selector","selector":".navFooterLine"} (Selenium::WebDriver::Error::TimeoutErr
or)
  (Session info: headless chrome=85.0.4183.83))
```

　詳しくはわかりませんが、ヘッドレスモードで動作した際の表示周りの処理結果の違いが関係しているようです。このようなエラーが発生した場合には、発生している表示要素を待つ時間を少し増やしてみましょう。**リスト3.63**では、wait_for_logged_inメソッドの処理に進めていないので、**リスト3.64**のように前の処理であるenter_passwordメソッドでsleepを追加します。

リスト3.64 　**Ruby** amazon_manipulator10.rb (2)

```
133.   def enter_password(password)
134.     element = wait_and_find_element(:id, 'ap_password')
135.     element.send_keys(password)
136.     sleep(2)  ❶
137.     @driver.find_element(:id, 'signInSubmit').click
138.   end
```

❶ ボタンをクリックする前にsleepを追加した。

　これで、注文履歴を収集中にWebブラウザ画面が表示されなくなり、よりコマンドラインアプリケーションらしくなりましたね。

3.7 | コマンドライン版注文履歴取得アプリケーションの完成

　かなり長い道のりでしたが、やっと「コマンドライン版注文履歴取得アプリケーション」ができあがりました。

3.7.1 完成したアプリケーションのプログラム

完成したプログラム全体を確認しましょう（リスト3.65、リスト3.66、リスト3.67）。

リスト3.65 　Ruby　amazon_manipulator.rb

```ruby
 1. # frozen_string_literal: true
 2.
 3. require 'selenium-webdriver'
 4.
 5. # Service class
 6. class AmazonManipulator
 7.   include Selenium::WebDriver::Error
 8.
 9.   BASE_URL = 'https://www.amazon.co.jp/'
10.
11.   def initialize
12.     options = Selenium::WebDriver::Chrome::Options.new
13.     # options.headless!
14.     @driver = Selenium::WebDriver.for :chrome, options: options
15.     @wait = Selenium::WebDriver::Wait.new(timeout: 20)
16.   end
17.
18.   def login(account)
19.     open_top_page
20.     open_login_page
21.     enter_mail_address(account[:email])
22.     enter_password(account[:password])
23.     wait_for_logged_in
24.   end
25.
26.   def logout
27.     open_nav_link_popup
28.     wait_for_logged_out
29.   end
30.
31.   def open_order_list
32.     element = @driver.find_element(:id, 'nav-orders')
33.     element.click
34.     @wait.until { @driver.find_element(:id, 'navFooter').displayed? }
35.     @driver.title
36.   end
37.
38.   def change_order_term(order_term)
39.     years = @driver.find_element(:id, 'orderFilter')
40.     select = Selenium::WebDriver::Support::Select.new(years)
```

```
41.     select.select_by(:value, order_term)
42.     @wait.until { @driver.find_element(:id, 'navFooter').displayed? }
43.   end
44.
45.   def collect_ordered_items
46.     order_infos = {}
47.
48.     loop do
49.       collect_ordered_items_by_page(order_infos)
50.       begin
51.         pagination = @driver.find_element(:class, 'a-pagination')
52.         next_button = pagination.find_element(:class, 'a-last')
53.         next_link = next_button.find_element(:css, 'a')
54.       rescue NoSuchElementError
55.         break
56.       end
57.       next_link.click
58.       wait_and_find_element(:id, 'ordersContainer')
59.     end
60.     order_infos
61.   end
62.
63.   def collect_ordered_items_by_page(order_infos)
64.     orders_container = @driver.find_element(:id, 'ordersContainer')
65.
66.     orders = orders_container.find_elements(:class, 'order')
67.     orders.each do |order|
68.       key = order.find_element(:tag_name, 'bdi').text
69.       order_infos[key] = {}
70.
71.       info = order.find_element(:class, 'order-info')
72.
73.       right = info.find_element(:class, 'a-col-right')
74.       label = right.find_element(:class, 'label').text
75.       value = right.find_element(:class, 'value').text
76.       order_infos[key][label] = value
77.
78.       left = info.find_element(:class, 'a-col-left')
79.       cols = left.find_elements(:class, 'a-column')
80.       cols.each do |col|
81.         begin
82.           label = col.find_element(:class, 'label')
83.         rescue NoSuchElementError
84.           # p 'no such element error'
85.           next
86.         end
```

```ruby
 87.
 88.          label = label.text
 89.          value = col.find_element(:class, 'value').text
 90.          order_infos[key][label] = value
 91.        end
 92.
 93.        order_infos[key]['明細'] = []
 94.
 95.        selector = 'div:nth-child(2) .a-fixed-left-grid-col.a-col-right'
 96.        details = order.find_elements(:css, selector)
 97.
 98.        details.each do |detail_rows|
 99.          rows = detail_rows.find_elements(:class, 'a-row')
100.          row_array = []
101.          rows.each do |row|
102.            row_array.push(row.text)
103.          end
104.          order_infos[key]['明細'].push(row_array.uniq)
105.        end
106.      end
107.      order_infos
108.    end
109.
110.    private
111.
112.    def wait_and_find_element(how, what)
113.      @wait.until { @driver.find_element(how, what).displayed? }
114.      @driver.find_element(how, what)
115.    end
116.
117.    def open_top_page
118.      @driver.get BASE_URL
119.      wait_and_find_element(:id, 'navFooter')
120.    end
121.
122.    def open_login_page
123.      element = wait_and_find_element(:id, 'nav-link-accountList')
124.      element.click
125.    end
126.
127.    def enter_mail_address(email)
128.      element = wait_and_find_element(:id, 'ap_email')
129.      element.send_keys(email)
130.      @driver.find_element(:id, 'continue').click
131.    end
132.
```

```
133.   def enter_password(password)
134.     element = wait_and_find_element(:id, 'ap_password')
135.     element.send_keys(password)
136.     sleep(2)
137.     @driver.find_element(:id, 'signInSubmit').click
138.   end
139.
140.   def wait_for_logged_in
141.     wait_and_find_element(:id, 'nav-link-accountList')
142.   end
143.
144.   def open_nav_link_popup
145.     element = wait_and_find_element(:id, 'nav-link-accountList')
146.     @driver.action.move_to(element).perform
147.   end
148.
149.   def wait_for_logged_out
150.     element = wait_and_find_element(:id, 'nav-item-signout')
151.     element.click
152.     wait_and_find_element(:id, 'ap_email')
153.     @driver.quit
154.   end
155. end
```

リスト3.66　`Ruby` order_history_reporter.rb

```
 1. # frozen_string_literal: true
 2.
 3. require 'optparse'
 4. require_relative './account_info'
 5. require_relative './amazon_manipulator' ❶
 6.
 7. # Application class (OHR)
 8. class OrderHistoryReporter
 9.   include AccountInfo
10.
11.   def initialize(argv)
12.     @order_term = 'last30'
13.     parse_options(argv)
14.     @account = read(@account_file)
15.     @amazon = AmazonManipulator.new
16.   end
17.
18.   def parse_options(argv)
19.     opts = OptionParser.new
20.     opts.banner = 'Usage: ruby order_history_reporter.rb [options]'
21.     opts.program_name = 'Order History Reporter'
```

第1部 準備編

第2部 実践編

付録

```ruby
22.       opts.version = [0, 3]
23.       opts.release = '2020-09-12'
24.
25.       opts.on('-t TERM', '--term TERM',
26.               '注文履歴を取得する期間を指定する') do |t|
27.         term = 'last30' if t =~ /last/
28.         term = 'months-3' if t =~ /month/
29.         term = 'archived' if t =~ /arc/
30.         term = "year-#{$1}" if t =~ /(\d\d\d\d)/
31.         @order_term = term
32.       end
33.       opts.on('-a ACCOUNT', '--account ACCOUNT',
34.               'アカウント情報ファイルを指定する') do |a|
35.         @account_file = a
36.       end
37.       opts.on_tail('-v', '--version', 'バージョンを表示する') do
38.         puts opts.ver
39.         exit
40.       end
41.
42.       opts.parse!(argv)
43.       puts "取得期間: #{@order_term}"
44.     end
45.
46.     def collect_order_history
47.       title = @amazon.open_order_list
48.       puts title
49.       @amazon.change_order_term(@order_term)
50.       @amazon.collect_ordered_items
51.     end
52.
53.     def make_report(order_infos)
54.       puts "#{order_infos.size} 件"
55.       order_infos.each do |id, rec|
56.         puts "ID: #{id}"
57.         rec.each do |key, val|
58.           puts format '%s: %s', key, val
59.         end
60.       end
61.     end
62.
63.     def run
64.       @amazon.login(@account)
65.       order_infos = collect_order_history
66.       @amazon.logout
67.       make_report(order_infos)
```

```
68.    end
69.
70. end
71.
72. if __FILE__ == $PROGRAM_NAME
73.   app = OrderHistoryReporter.new(ARGV)
74.   app.run
75. end
```

❶ amazon_manipulator.rbを使うように修正した。

リスト3.67　JSON account.json

```
1. {
2.   "email": "yourname@yourdomain.org",
3.   "password": "cjFNhCdh26yW6MjG"
4. }
```

3.7.2　追加課題

もう少し手を入れたい人は、次の課題に取り組んでみてください。

【追加課題A】オプションの不正に対応する

コマンドラインオプションの指定が不正な場合、InvalidOption例外が発生します。これに代わって、もし不正が見つかった場合にはヘルプを表示したいですね（**リスト3.68**）。このように動作するプログラムorder_history_reporter11.rbを作成してください。

リスト3.68　端末 オプションの不正が見つかったらヘルプを表示したい

```
C:\Users\kuboaki\rubybook>ruby order_history_reporter11.rb -x account.json -t aaa ❶
Usage: ruby order_history_reporter.rb [options]
    -t, --term TERM                 注文履歴を取得する期間を指定する
    -a, --account ACCOUNT           アカウント情報ファイルを指定する
    -v, --version                   バージョンを表示する
```

❶ xは不正なオプション文字。aaaは不正な期間の指定。

告知
・InvalidOption例外は、実際にオプションを処理するとき（parse!メソッドを使うとき）に発生します。
・ヘルプメッセージは、OptionParserクラスのhelpメソッドで表示できます。

▌【追加課題B】 レポート出力の様式を変える

　演習のプログラムは、取得した注文履歴を格納したorder_infosをOrderHistoryReporterクラスのmake_reportメソッドを使って整形して出力しています。これを、明細から「販売」「返品期間」「再度購入」「空欄」にマッチする項目を削除し、残りの項目を1つの文字列にして1行ずつ出力するように変更したいです（**リスト3.69**）。このように動作するmake_reportメソッドを持つプログラムorder_history_reporter12.rbを作成してください。

リスト3.69　　端末　レポート出力の様式を変えたい

```
ID: 503-7983588-6083014
注文番号: 503-7983588-6083014
注文日: 2019年5月15日
合計: ¥ 8,726
お届け先: 久保秋　真
明細:
正しいものを正しくつくる ─プロダクトをつくるとはどういうことなのか、あるいはアジャイルの
その先について(仮),市谷聡啓,¥ 2,808 ❶
数学ガールの秘密ノート/ビットとバイナリー,結城 浩,¥ 1,620
実践Rust入門[言語仕様から開発手法まで],κeen,¥ 4,298
```

❶「販売」「返品期間」「再度購入」「空欄」にマッチする項目を削除し、残りを1つの文字列としてまとめた。

3.8 ｜ この章の振り返り

　この章では、コマンドライン版注文履歴取得アプリケーションを作りました。

学んだこと①————————————

　どのような機能を持つアプリケーションを作るのかを検討するためにユースケースを使いました。また、どのような構造にすればよいか検討するために、クラス図を使いました。

学んだこと②————————————

　プログラムは、ユースケースとクラス図に合わせて作成しました。まず、アプリケーションのユースケースを考えると、「第2章 必要な機能を実験しよう」の演習で作ったプログラムのままでは十分ではないことを確かめました。このとき、UMLのクラス図を使うことで、プログラムの構造がどうなっているのか図示しながら検討しました。

学んだこと③

ユースケース記述とプログラムが対応するよう、プログラムの構造を見直しました。アカウント情報をJSONファイルにして、プログラムから独立させました。そして、アカウント情報を扱うプログラムのファイルを分割してモジュールにしました。

学んだこと④

1つのクラスが複数の役割を持った大きなクラスになっていました。そこで、もう一度アプリケーションの構造を検討し、ドメイン分割して階層化しました。その結果、注文履歴取得アプリケーションの階層、AmazonのWebサイトを操作する階層、Webブラウザを操作する3つの階層に分かれました。これで、ずいぶん見通しのよい構造になりました。

学んだこと⑤

プログラムの構造がまとまったので、注文履歴の詳細を取得することを検討しました。まず、注文履歴の構造をより詳しく調べ、注文ごとに注文明細が複数件あることも調べました。そして、注文履歴を格納するデータ構造を決めて、プログラムに注文履歴の詳細を取得する処理を追加しました。

学んだこと⑥

コマンドライン版のアプリケーションとして仕立てるために、コマンドラインオプションの使い方を調べました。コマンドラインオプションの処理をプログラムに追加して、取得期間やアカウント情報をオプションで指定できるようにしました。

学んだこと⑦

最後に、複数ある注文履歴のページをたどれるようにし、ヘッドレスモードを使ってWebブラウザの画面を表示しないで動作できるようにしました。

第4章　Web アプリの働きを実験しよう

　「第3章 コマンドライン版注文履歴取得アプリケーションを作ろう」の演習で作成したコマンドラインアプリケーションによって、Amazon の注文履歴を取得できるようになりました。この章では、Web ブラウザから操作して履歴を取得するのに必要なことを調べてみましょう。構成方法が決まれば、その後の Web アプリ版注文履歴取得アプリケーションの作成がやりやすくなります。

4.1 ┃ Web アプリの基礎知識

　みなさんは、日常的に Web ブラウザを操作していろいろな Web サイトを閲覧しているでしょう。そのとき、みなさんの PC やネットワークの上では、どのような仕組みが働いているのでしょうか。まずその構成を確認しておきましょう。

4.1.1　Web の仕組み

　「WWW（World Wide Web）**用語**」は、インターネット**用語**につながった世界中のコンピュータが、互いの情報をハイパーテキスト**用語**形式で参照できるように構成した情報システムのことです。この本では、短く呼ぶときは「Web（ウェブ）」としています。言葉で書くと難しそうですが、これは、みなさんがよく Web ブラウザを使って閲覧しているいろいろな Web サイトが相互にリンクされている世界のことですね。いまでは「インターネット」という言葉が、本来の意味から変わって「Web サイトの閲覧」を指す言葉として使われるようにもなってきています。

　Web は、インターネット上に配置された「Web サーバー」とそこにアクセスする複数の「クライアント PC」から構成されています（**図4.1**）。クライアントは、タブレットやスマートフォンといった PC 以外の機器の場合もあります。

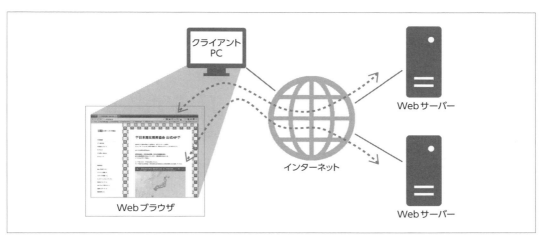

図4.1 Webの仕組み

　Webの場合、クライアントとサーバーは、あらかじめ接続相手が決まっているわけではありません。クライアントは、インターネット上の文書のある場所を示す記法「URL（Uniform Resource Locator）用語」を使って目的のサーバーやサーバー上の文書を特定します。

4.1.2　Webアプリの構成

　クライアントとサーバーを接続するのにWebの仕組みを使用したクライアント／サーバー方式のアプリケーション を「Webアプリケーション（Webアプリ用語）」と呼びます。Webアプリではクライアントを「フロントエンド」、サーバーを「バックエンド」と呼ぶこともあります。少し単純化したWebアプリの構成を図4.2に示します。

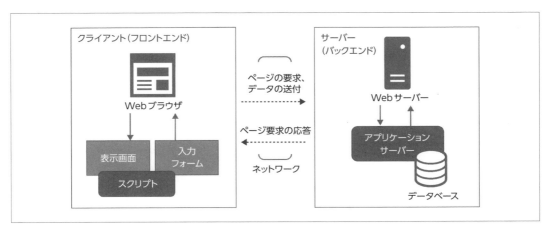

図4.2　Webアプリの構成

　　クライアントアプリケーションのプラットフォームには、おもに Web ブラウザを使います。Web ブラウザ上に表示するページやフォームから、入力でクライアント側のアプリケーションが構成されます。より複雑な表示や入力処理のためには、ページ内で動作する JavaScript で書いたスクリプトを使います。

　　サーバーアプリケーションは、簡単な場合には Web サーバー上で動作するスクリプトとして作成します。より複雑なアプリケーションでは、Web サーバーと協調動作する別のアプリケーションになっている場合が多いです。また、データの保管や管理にはデータベースがよく利用されます。

　　Web アプリは既存の Web ブラウザや Web サーバーを使うので、開発者はアプリケーションが提供する機能の開発に集中できます。たとえば、クライアント側ではネットワークへの接続や画面表示の仕組みに Web ブラウザを使えるので、これらの機能を開発しなくて済みます。また、Web ブラウザはたいていの PC にインストールされています。クライアントとして Web ブラウザを使う方式は、非常にたくさんの端末が必要な場合や、不特定多数に利用してもらう場合にとても都合がよいのです。

4.1.3　Web サーバーの働き

　　Web サーバーの基本的な働きは、クライアント PC からの Web ページのリクエストに応答することです。クライアント PC から Web ページのリクエストを受け付けると、レスポンスとしてページのデータを返すという動作を繰り返します（**図4.3**）。

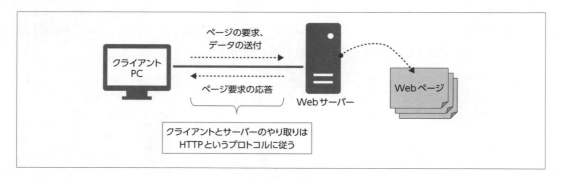

図4.3　Web サーバーの動作

　　Web ページはサーバー上にページデータとして保持していますが、リクエストされたときにプログラムを動作させてページを生成する場合もあります。このとき動作するプログラムが「Web アプリ」ですね。

　　クライアントとサーバーの間の通信に使うプロトコル（データのやり取りに使う手順）のうち、最も基本的なものが「HTTP（HyperText Transfer Protocol）^{用語}」です。

　　ネットワークの詳細を学ぶのはこの本の目的ではないので、HTTP の詳細をいま理解する必

要はありませんが、名前と役割ぐらいは覚えておくとよいでしょう。

4.1.4　よく使われているWebサーバー

世の中では「よく使われているWebサーバー」に挙げたようなプログラムがよく使われています。

よく使われているWebサーバー
- Apache WebServer
- Internet Information Server（IIS）
- lighttpd
- nginx（エンジンエックス）

他には、各社がアプリケーションサーバーに組み込んでいるものや、ルーターや複合機などのハードウェア製品が独自に組み込んでいるものがあります。

Rubyの場合、「Rubyで書かれたWebサーバー」に挙げたようなサーバーが利用できます。

Rubyで書かれたWebサーバー
- WEBrick
- Mongrel
- Thin
- Puma

4.2 | Webページを作ってみる

Webページのデータを作成するときに最もよく使う記法は、テキスト形式の一種で「HTML（HyperText Markup Language）用語」と呼ばれています。WebアプリはWebページを生成しますので、HTMLの基本的な構造と簡単な文書の作成方法について学んでおいた方がよいでしょう。

4.2.1　WebページとHTML

Webサーバーによって提供されている文書のことをWebページと呼びます。Webページは、「ハイパーテキスト（Hypertext）用語」と呼ばれる形式の文書になっています。そして、ハイパーテキストは文書中の離れた箇所や、他の文書の特定の場所へのつながりである「ハイパーリンク（Hyper Link）用語」を情報として含む構造化された文書のことです。構造化された文

書とは、「表題」「章、節、項」「段落、箇条書き、表」といった文章の構成要素をタグづけして、これらの組み合わせによって構成した文書のことです。HTMLは、このタグづけをする記法を定めた言語仕様の一種で、現在はHTML5という仕様が標準になっています。HTMLの仕様はW3C（World Wide Web Consortium）^{用語}という団体が策定しています[4]。

4.2.2　HTML文書の見かけとCSS

　HTMLによって記述された文書は、文書の論理的な構造を持っています。しかし、文字の色や背景の柄、罫線の太さや飾りかた、ページ上での文の配置などといった「体裁」の情報はあまり持ち合わせていません。表示する環境は多様ですし、複数のページで同じような体裁を使うには文書の内容と分離しておく必要があるからです。

　HTML文書の表示要素を修飾するにはCSS（カスケーディングスタイルシート）^{用語}を使います。もし、CSSをあまり使ったことがないなら、「付録D Rubyの復習」にある基礎演習をやっておきましょう。

　CSSを使うと文書の内容から体裁の情報が分離されるため、文書の内容を作る側は体裁のための記法を気にしなくてよくなります。そして文章の体裁を作る側は、文書の内容に左右されることなく体裁づくり（ページのデザイン）に集中できるわけです（**図4.4**）。

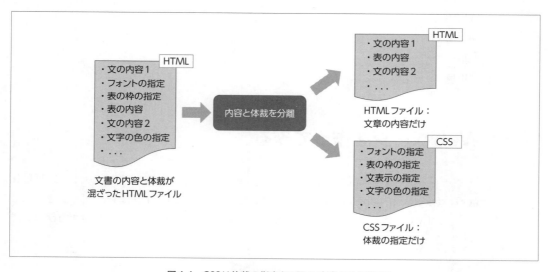

図4.4　CSSは体裁の指定をHTML文書から分離する

4　2021年1月からは、WHATWGという団体が標準の仕様を提供することになりました。

▶ スーパーリロード

ヒント

CSSを編集後にWebブラウザでページを再読込みしてみても、CSSの修正結果がページに反映されない場合があります。このようなときは、「スーパーリロード」と呼ばれる強制再読み込みを使います。この本の中で利用しているWindows版のGoogle Chromeでは、「Ctrl + Shift + R」[5]で強制的に再読み込みされます。操作方法はWebブラウザによって異なっているので、使っているWebブラウザの操作方法を調べてみてください。

4.2.3 HTMLで書いた文書の構造

WebサーバーやHTMLの役割はわかりましたので、こんどはHTML文書全体の構造や構成要素を見てみましょう。HTML文書は、HTMLタグでタグづけされた要素の集まりです（**図4.5**）。

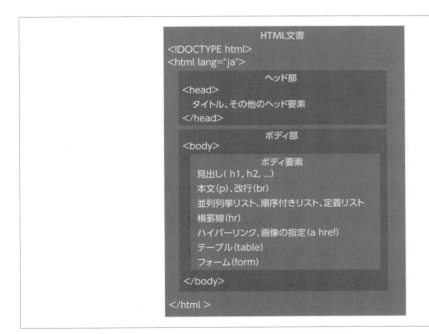

図4.5　HTML文書の構成要素

HTML文書全体は\<html>タグと\</html>タグで囲まれています。その中は、\<head>タグと\</head>タグで囲まれたヘッド部、\<body>タグと\</body>タグで囲まれたボディ部で構成されています。他の要素は、これらの構成要素のどちらかに含まれます。このように、HTML文書はいくつかの構成要素の入れ子構造になっています。

5　Macでは、⌘（command）＋ shift ＋「R」になります。

4.2.4　サンプルページを作る

　Webアプリに必要なWebサーバーを動かしてみたいので、そのとき必要になる簡単な HTML文書を作成してみましょう。「自己紹介のページの項目」のような内容の自己紹介の ページがよいでしょう。

自己紹介のページの項目

- 自己紹介ページのタイトル。
- わたしについて（姓名、よみがな、所属や学籍番号など）。
- 最近読んだ本の紹介。
  - 読んだ本ごとに紹介を書く（書名、著者、紹介文、感想、コメント、Amazonへのリンクなど）。
- 最近買ったものの紹介。
  - 買ったものごとに紹介を書く（商品名、紹介文、Amazonへのリンクなど）。

　見出し、テーブル、箇条書きなどを使ってprofile1.htmlを作成しました（**リスト4.1**）。

リスト4.1　 HTML profile1.html

```
 1. <!DOCTYPE html>
 2. <html lang="ja">
 3. <head>
 4.   <meta charset="utf-8">
 5.   <title>くぼあきの自己紹介</title>
 6. </head>
 7. <body>
 8.   <h1>くぼあきの自己紹介</h1>
 9.   <h2>わたしのこと</h2>
10.   <table border="1">
11.     <thead>
12.       <tr><th>氏名</th>
13.         <th>学籍番号</th>
14.       </tr>
15.     </thead>
16.     <tbody>
17.       <tr>
18.         <td>久保秋　真(くぼあき　しん)</td>
19.         <td>学籍番号はありません…</td>
20.       </tr>
21.     </tbody>
22.   </table>
23.   <h2>最近読んだ本の紹介</h2>
24.   <h3>ザ・チョイス—複雑さに惑わされるな!</h3>
```

➡ 25. 　　`<h4>紹介文</h4>`
26. 　　`<p>`複雑なソリューションなんて、うまくいくわけがない！
27. 　　（……略……）
28. 本当に重要なポイント、数少ないわずかなポイントを探し出し、それだけに努力を集中することでシステム全体に変化を起こすことができると主張する。
29. その方法を学ぶことで、システムの中に存在する複雑な因果関係に対しても、シンプルなロジックを用いて最小限の努力で対応できるようになる。`</p>`
30. 　　`<h4>感想・コメント</h4>`
31. 　　`<ul>`
32. 　　　`<li>`「ザ・ゴール」から始まるゴールドラット一連のシリーズの5冊目。`</li>`
33. 　　　`<li>`制約理論や思考プロセスといった彼の考え方の背景にあるものはなにか、彼がなぜそのような思考でソリューションを導くことができるのかといったことに踏み込んでいる。（……略……）`</li>`
34. 　　　`<li>`実は、われわれは先入観に支配されがちで、誰もが簡単に実行できることでも、気づかなかったり、実行は難しいと考えてしまったりしているのだ。`</li>`
35. 　　　`<li>`この本は後者の克服にこそ飛躍的な問題解決方法が隠れているが、それを見出すのは容易ではないことを教えてくれている。`</li>`
36. 　　`</ul>`
37. 　　`<h4>アマゾンで調べる</h4>`
38. 　　`<p><a href="https://www.amazon.co.jp/dp/4478006652/">`「ザ・チョイス─複雑さに惑わされるな！」`</a></p>`
39. 　　`<hr>`
40. 　　`<h2>最近買ったものの紹介</h2>`
41. 　　`<h3>`「ナルニア国物語/第2章：カスピアン王子の角笛」のDVD`</h3>`
42. 　　`<h4>紹介文</h4>`
43. 　　`<p>`『ナルニア国物語/第1章：ライオンと魔女』に続く物語。`<br>`
44. ナルニア暦2303年。ミラースに支配されてしまったナルニア。
45. 追い詰められたカスピアン王子は、コルネリウス博士から託された角笛を吹き鳴らし、偉大なる4人の王を甦らせる。
46. ナルニアの未来を懸けた決戦が、いま始まる。`</p>`
47. 　　`<h4>紹介しているサイト</h4>`
48. 　　`<p><a href="https://www.amazon.co.jp/ナルニア国物語-第2章-カスピアン王子の角笛-DVD/dp/B002SCP792">`「ナルニア国物語/第2章：カスピアン王子の角笛」(DVD)`</a></p>`
49. `</body>`
50. `</html>`

Webブラウザで表示してみると**図4.6**のようになります。

図4.6　profile1.htmlをWebブラウザで表示した

▶ Webブラウザでローカルディレクトリやファイルを開くには

Webブラウザでローカルファイルを開くときは「fileスキーム」というURLを使います。たとえば、演習用ディレクトリのcollect01.htmlを開くには次のように指定します。

ローカルディレクトリやファイルを指定するURLの例

```
file:///C:/Users/kuboaki/rubybook/webapp/collect01.html ❶
file:///C:/Users/kuboaki/rubybook/webapp ❷
```

❶ HTMLファイルを指定すれば、HTMLファイルを表示する。
❷ ディレクトリを指定すれば、そのディレクトリのリストを表示する。

この例はWindows PCの場合なので、ドライブレター（C:）が使われています。MacやLinuxのファイルシステムにはドライブレターがありませんので注意しましょう。

　Webブラウザのセキュリティの設定、利用しているセキュリティツールの設定などによっては、開けない場合や警告を受ける場合があります。その場合は、ブラウザやツールの設定を見直してみましょう。

4.3 | Web サーバー WEBrick を動かしてみる

Rubyには、Webサーバーとして利用できるWEBrickというライブラリがあります[6]。このライブラリを使ってWebサーバーを作成して動かしてみましょう。

4.3.1　WEBrick は Web サーバーを作るライブラリ

WEBrickは、それ自身が独立したWebサーバーアプリケーションなのではなく、Webサーバーを作るときの土台を提供するクラスライブラリになっています。Ruby 3.0からは標準ライブラリに含まれなくなりましたので、別途インストールが必要です（**リスト4.2**）。Ruby 2.7までは標準ライブラリに含まれていますので、インストールは不要です。

リスト4.2　　**端末**　WEBrickをインストールする（Ruby 3.0以降の場合）

```
C:\Users\kuboaki\rubybook>gem install webrick
```

WEBrickがどのようなWebサーバーなのかについて「WEBrickの特徴」に挙げておきます。

WEBrickの特徴

* Webサーバーそのものではなく、Webサーバーを作るためのクラスライブラリ。
* 要求を受け付け、応答としてデータを返す処理を抽象化している。
* Proxyサーバーやコンテンツフィルターといった、他の機能を持つサーバーも作れる。
* ハンドラやServletのような、要求に応じた処理をするコンポーネントを追加できる。
* Rubyで書かれているので、サーバーの作成にはRubyの知識が使える。

4.3.2　WEBrick の動作を確認する

WEBrickで簡単なWebサーバー webrick01.rbを作成して、動作を確認してみましょう。提供するWebページには「4.2.4 サンプルページを作る」で作成した自己紹介のページを使いましょう（**リスト4.3**）。

リスト4.3　　**Ruby**　webrick01.rb

```
1. # frozen_string_literal: true
2.
3. require 'webrick' ❶
4.
5. config = {
```

6　https://docs.ruby-lang.org/ja/latest/library/webrick.html

```
 6.    DocumentRoot: './', ❷
 7.    BindAddress: '127.0.0.1', ❸
 8.    Port: 8099 ❹
 9. }
10.
11. server = WEBrick::HTTPServer.new(config) ❺
12.
13. trap('INT') { server.shutdown } ❻
14.
15. server.start ❼
```

❶ WEBrickを使いたいので、webrickライブラリをrequireする。

❷ configというハッシュにサーバーの設定を書いている。HTML文書の場所をこのプログラムと同じ場所とした（.は現在のディレクトリを意味する）。

❸ サーバーのIPアドレスを127.0.0.1にした（起動したPCだけからアクセスできるIPアドレス）。

❹ サーバーのポート番号を8099とした。

❺ configに書いた設定を使ってサーバーのインスタンスを生成した。

❻ CTRL+C（コントロールキーとCを同時に押すこと）でプログラムを停止するように設定した。

❼ サーバーを起動した。

作成できたら、実行してみましょう（**リスト4.4**）。

リスト4.4　　端末　webrick01.rbを実行する

```
C:\Users\kuboaki\rubybook>ruby webrick01.rb
[2020-10-12 00:55:39] INFO  WEBrick 1.4.2
[2020-10-12 00:55:39] INFO  ruby 2.6.4 (2019-08-28) [x64-mingw32]
[2020-10-12 00:55:39] INFO  WEBrick::HTTPServer#start: pid=2812 port=8099
```

これで、Webサーバーが動作しています。

警告

Windowsで実行している場合、セキュリティソフトウェアの働きによっては**図4.7**のような「Windowsセキュリティの重要な警告」ダイアログが表示される場合があります[7]。このようなときは、まず念のため自分の実行しているプログラムのネットワーク環境が比較的安全であることを確認します。確認できたら、「プライベートネットワーク（ホームネットワークや社内ネットワークなど）」をチェックして「アクセスを許可する」ボタンをクリックします。

7　導入しているセキュリティソフトウェアによっては異なる画面になっているかもしれません。

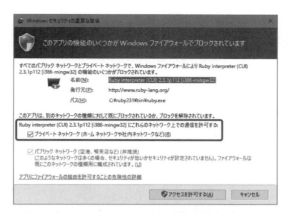

図4.7　「Windowsセキュリティの重要な警告」ダイアログ

　Webサーバーが起動したら、Webブラウザを開いて、自己紹介のページを開いてみましょう（**図4.8**）。

図4.8　profile1.htmlを開く

　ページの指定を間違えると「Not Found」エラーになります。このときは、ログにもエラーメッセージが出力されています（**リスト4.5**）。

リスト4.5　**端末** webrick01.rbのログ出力（ページが見つからないときのエラー）

```
(……略……)
[2020-10-12 01:00:48] ERROR `/profile3.html' not found.
127.0.0.1 - - [12/Oct/2020:01:00:48 東京 (標準時)] "GET /profile3.html HTTP/1.1"
 404 283
- -> /profile3.html
```

　このような表示になった場合は、どんな問題が起きていて、どのように対処すべきか調べましょう。

ログにエラーが出力されたときに確認すること

- Webブラウザへの URL の入力が間違っていないか。
- profile1.html が Webrick.rb と同じディレクトリにあるか。

webrick01.rbの動作を停止するには、Ctrl+C（コントロールキーとCを同時に押すこと）を入力します（**リスト4.6**）。

リスト4.6　　端末　webrick01.rbの実行を停止する

```
（……略……）
[2020-10-12 01:01:48] INFO  going to shutdown ...
[2020-10-12 01:01:48] INFO  WEBrick::HTTPServer#start done.
```

これで、Webサーバーを使って HTML 文書を表示できるようになりました。

> **Column【7】 ネットワークプログラムを実験するときの注意**
>
> 　プログラムを動かす環境はさまざまです。とくに一般の人が広く接続する組込み機器やネットワーク環境では、実行時に多くの誤りや悪意が混入しやすいです。
>
> - 使う人の入力ミス。
> - 悪意ある操作。
> - 一緒に動作する他の機器やシステムの不具合。
> - 悪意ある応答を返すプログラムとの遭遇。
>
> 　そのため、多くの人が利用するプログラムを提供する場合、これらの問題の発生に備えた「防衛的なコード」をたくさん書いておく必要があります。このように、防衛的コードを追加しておくことは重要なことなのですが、その一方で防衛的コードの追加によってもともと提供したかった処理内容や制御の見通しが悪くなってしまうという問題が生じます。
> 　この本の演習は、防衛的コードの書き方を学ぶのが目的ではありませんので、その演習ごとに学んでもらいたいことについて見通しがよくなることを意図しています。そのため、あえて防衛的コードがほとんど挿入されていないことに注意しておく必要があります。
> 　この本の演習のような実験的なプログラムを実行するときには、第三者から利用できないよう、外部から切り離されたネットワークやファイアウォール機能などで保護された環境を使うよう配慮しましょう。

4.3.3　Webサーバー上でプログラムを実行する

あらかじめHTML文書として作成済みのWebページは取得できるようになりました。では、「サーバー上でプログラムを実行し、その結果を取得する」にはどうしたらよいでしょうか。

WEBrickには、HTML文書を返す代わりにプログラムを実行した結果を返す方法が提供されています。Webブラウザからリクエストを送るとき、HTML文書を指定する代わりに、プログラムの場所（プログラムが配置された場所を示すURL）を指定します。Webサーバーでプログラムを実行するときの処理の流れを**図4.9**に示します。

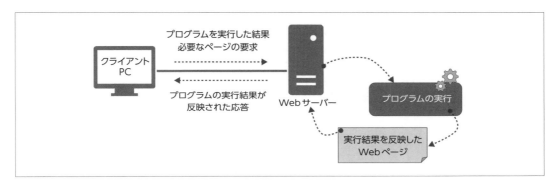

図4.9　Webサーバーでプログラムを実行するときの処理の流れ

Webサーバーでプログラムを実行する処理の流れ

1. Web ブラウザは、プログラムを実行する必要があるリクエストをWebサーバーに送る。
2. Web サーバーは、リクエストで指定されたプログラムを実行する。
3. プログラムは、実行した結果をHTML文書となるよう整形する。
4. Web サーバーは、HTML文書を返す場合と同じように、プログラムの実行結果をWeb ブラウザへ送る。

それでは、WEBrickを使って作ったWebサーバー上で、簡単なプログラムwebrick02.rbを作成して動作を確認してみましょう（**リスト4.7**）。WEBrick::HTTPServer クラスのmount_procメソッドを使って作ります。

リスト4.7　`Ruby` webrick02.rb

```
1. # frozen_string_literal: true
2.
3. require 'webrick'
4. require 'date' ❶
5.
```

```ruby
 6. config = {
 7.   DocumentRoot: './',
 8.   BindAddress: '127.0.0.1',
 9.   Port: 8099
10. }
11.
12. server = WEBrick::HTTPServer.new(config)
13.
14. server.mount_proc('/testprog') do |req, res| ❷
15.   res.body << '<html lang="ja">'
16.   res.body << '<head><meta http-equiv="Content-Type" content="text/html;
         charset=UTF-8" /></head>'
17.   res.body << "<body><p>アクセスした日付は#{Date.today}です。</p>" ❸
18.   res.body << "<p>リクエストのパスは#{req.path}でした。</p>" ❹
19.   res.body << '<table border=1>'
20.   req.each do |key, value|
21.     res.body << "<tr><td >#{key}</td><td>#{value}</td></tr>" ❺
22.   end
23.   res.body << '</table></body></html>'
24. end
25.
26. trap('INT') { server.shutdown }
27.
28. server.start
29.
30. if __FILE__ == $PROGRAM_NAME
31.   app = OrderHistoryWebApp.new(ARGV)
32.   app.run
33. end
```

❶ 日付を扱うサンプルなので、dateライブラリをrequireした。

❷ mount_procメソッドの引数には、Webブラウザから見えるプログラム名を指定する（こ
こでは、/testprog）。続くブロック中のローカル変数として、呼び出されたときのリク
エストを含む変数（ここではreq）と、レスポンスを返すための変数（ここではres）
を指定している。

❸ Date.todayメソッドで今日の日付を取得し、レスポンスに出力した。

❹ リクエストに含まれていたパス名^{用語}をレスポンスに出力した。

❺ リクエストはハッシュに格納されて渡される（ここではreq）ので、キーと値をHTML
の表に整形してレスポンスに出力した。

　mount_procメソッドは、引数にWebページを指定する代わりに、実行したいプログラムへ
のパス名を指定します（**図4.10**）。このことは、フォームのアクションでパス名を指定する場
合も当てはまります。続いて、実際に処理する内部のメソッド名を引数に指定するか、メソッ

ドの本体をこれに続くブロックとして記述します。

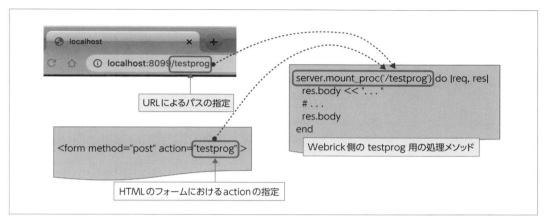

図4.10　URLやフォームと mount_proc の対応関係

　Webサーバーが Webサーバーに返すレスポンスは、HTML文書として整形しておく必要があります。**リスト4.7**では、res.body がレスポンスのデータを溜める場所です。このレスポンスの中身は、少しのヘッダと HTMLの文書データを1つの長い文字列にしたものです。つまり、プログラムを実行する場合でも、実行結果を HTML文書として整形しながら文字列として溜めていけばよいわけです。

　作成できたら、実行してみましょう。まず Webサーバーを起動します（**リスト4.8**）。

リスト4.8　**端末** webrick02.rbを実行する

```
C:\Users\kuboaki\rubybook>ruby webrick02.rb
[2020-10-12 10:40:06] INFO  WEBrick 1.4.2
[2020-10-12 10:40:06] INFO  ruby 2.6.4 (2019-08-28) [x64-mingw32]
[2020-10-12 10:40:06] INFO  WEBrick::HTTPServer#start: pid=14968 port=8099
127.0.0.1 - - [12/Oct/2020:10:40:10 東京 (標準時)] "GET /testprog HTTP/1.1" 200
993
- -> /testprog
```

　次に、Webブラウザのアドレス入力欄に http://localhost:8099/testprog を入力します。すると、**図4.11**のような Webページが表示されます。この URLは、「自分のPC（localhost）」の「8099ポート」で動作している Webサーバーに対して、「/testprog というページをリクエストする」ということを指示しています。このリクエストが Webサーバーに届くと、**リスト4.7**の mount_proc メソッドの呼び出しとして処理されます。

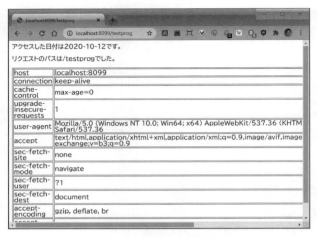

図4.11　webrick02.rbを実行した

　これで、Webサーバー上でプログラムを実行し、その結果をクライアントPCのWebブラウザへ返せることが確認できました。

4.3.4　Webページの生成にテンプレートエンジンを使う

　「4.3.3 Webサーバー上でプログラムを実行する」では、Webサーバー上でプログラムを実行して、Webページを返しました。ですが、実行結果をHTML文書に整形する部分もプログラムのコードとして記述しているため、どのようなページになるのか確認しにくいですね。このままでは、あまり取り扱いやすくありません。プログラムの実行結果をHTML文書に整形する方法には、もう少し工夫が必要でしょう。

　Rubyには、ERBというテンプレートエンジンが含まれています。テンプレートエンジンは、ページ体裁をテンプレートとして作成し、そこにプログラムの実行結果を埋め込むことで実際のページを生成する仕組みです（**図4.12**）。

　ERBについて詳しく知りたい人は、次の記事を参照してください。

Rubyist Magazine 標準添付ライブラリ紹介【第10回】ERB
https://magazine.rubyist.net/articles/0017/0017-BundledLibraries.html

　せっかくなので、プログラムの実行結果をHTML文書に整形する処理にはERBを使うことにしましょう。練習のために、**リスト4.7**をERBを使う方法に変更してみます。

　まず、ページ体裁をWebアプリから独立して編集できるように、テンプレートを別ファイルで用意します。ここでは、webrick03.erbという名前で作成しましょう（**リスト4.9**）。ERBが使うテンプレートには、.erbという拡張子を使うことが多いです。

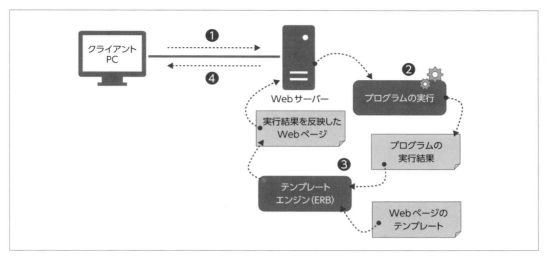

図 4.12　テンプレートエンジンを使って Web ページを生成するときの処理の流れ

テンプレートエンジンを使って Web ページを生成するときの処理の流れ

❶ Web ブラウザは、プログラムを実行する必要があるリクエストを Web サーバーに送る。

❷ Web サーバーは、リクエストで指定された処理を実行する。サーバーのプログラム自身で処理することもあれば、外部のプログラムを呼び出す場合もある。

❸ Web サーバーは、処理結果をテンプレートエンジン（ここでは ERB）を使って HTML 文書となるよう整形する。

❹ Web サーバーは、整形後の HTML 文書をレスポンスとして Web ブラウザへ送る。

リスト 4.9　**ERB**　webrick03.erb

```
 1. <html lamg="ja">
 2.   <head>
 3.     <meta http-equiv="Content-Type" content="text/html; charset=UTF-8" />
 4.   </head>
 5.   <body>
 6.     <p>アクセスした日付は <%= today %> です。</p> ❶
 7.     <p>リクエストのパスは <%= req.path %> でした。</p> ❷
 8.     <table border=1>
 9.       <%   req.each do |key, value| %>  ❸
10.       <tr>
11.         <td><%= key %></td><td><%= value %></td> ❹
12.       </tr>
13.       <% end %>
14.     </table>
```

```
15.     </body>
16. </html>
```

❶ <%= で始まり %> で終わる埋め込みタグは、タグ内の実行結果を文字列表記に変換して埋め込む。ここでは、呼び出す側が使っている変数todayに格納して渡される文字列表現が埋め込まれる。

❷ リクエストのパス名を埋め込んでいる。ここも、呼び出す側が使っている変数reqを参照している。

❸ <% で始まり %> で終わる埋め込みタグは、タグ内の処理を実行するが結果は埋め込まない。

❹ reqに含まれていたキーと値を表に編集した。ここも、呼び出す側が使っている変数reqを参照している。

次に、webrick02.rbを元にwebrick03.rbを作成します。そして、webrick03.erbをテンプレートとして使うようプログラムを編集します（**リスト4.10**）。

リスト4.10　　Ruby　webrick03.rb

```ruby
 1. # frozen_string_literal: true
 2.
 3. require 'webrick'
 4. require 'date'
 5. require 'erb' ❶
 6.
 7. config = {
 8.   DocumentRoot: './',
 9.   BindAddress: '127.0.0.1',
10.   Port: 8099
11. }
12.
13. server = WEBrick::HTTPServer.new(config)
14.
15. server.mount_proc('/testprog') do |req, res|
16.   today = Date.today.to_s ❷
17.   template = ERB.new(File.read('webrick03.erb')) ❸
18.   res.body << template.result(binding) ❹
19. end
20.
21. trap('INT') { server.shutdown }
22.
23. server.start
24.
25. if __FILE__ == $PROGRAM_NAME
26.   app = OrderHistoryWebApp.new(ARGV)
27.   app.run
28. end
```

❶ ERBを使うためにerbラブラリをrequireした。

❷ Date.today.to_sの実行結果をローカル変数todayに格納した。

❸ テンプレートファイルwebrick03.erbを読み込んでテンプレートを作成した。

❹ bindingオブジェクトは、この段階で見えているローカル変数やインスタンス変数とその保持している値を含んでいる。これらをテンプレート中で参照して、HTML化するときに埋め込む。

作成できたら、実行してみましょう。まずWebサーバーを起動します（**リスト4.11**）。

リスト4.11　**端末**　webrick03.rbを実行する

```
C:\Users\kuboaki\rubybook>ruby webrick03.rb
[2020-10-13 12:32:06] INFO  WEBrick 1.4.2
[2020-10-13 12:32:06] INFO  ruby 2.6.4 (2019-08-28) [x64-mingw32]
[2020-10-13 12:32:06] INFO  WEBrick::HTTPServer#start: pid=14968 port=8099
127.0.0.1 - - [13/Oct/2020:12:32:10 東京 (標準時)] "GET /testprog HTTP/1.1" 200
993
- -> /testprog
```

いま一度、Webブラウザのアドレス入力欄にhttp://localhost:8099/testprogを入力します。Webサーバーは、testprogを指示したときの処理（**リスト4.10**で書き直した部分）を実行します。このとき、ERBを使ってbindingに含まれている変数の情報を埋め込んだWebページを生成します。実行結果は、**図4.11**と同じようになるでしょう。

これで、Webサーバー上でプログラムを実行してWebページを生成する処理が作りやすくなりました。

4.4 ┃ この章の振り返り

この章では、Webアプリ版を作成するために必要なことを試してみるために、Webアプリの基礎になることがらについて学びました。

学んだこと①────────────

Webアプリの仕組みを理解し、Webページとスタイルシートを使ってHTML文書を作成してみました。その中でも重要なのは、Webサーバーにおいてなにかの処理をして、その結果を使ってレスポンスを返す方法でした。あらかじめ作成済みのHTMLでできているページ（「静的なページ」などといいます）の場合は、利用者からデータを受け取って処理した結果を返すといった処理ができませんでした。Webアプリでは、Webブラウザから得た情報とプログラムの処理結果を使ってレスポンス（新たに返すWebページ）を作ればよいことがわかりました。

　　WEBrick の HTTPServer を使った Web サーバーを作り、mount_proc メソッドを使うことで、URL として見えているパスと処理を紐づけてレスポンスを返す処理を実現しました。

学んだこと②

　　プログラムの処理結果を Web ページとして構成するには、HTML のタグや実行結果を組み合わせた文字列を作ることになります。ところが、レスポンスを単に数珠つなぎのように文字列として構成しようとすると、タグと処理結果が混在してしまい編集が煩雑でした。そこで、ERB というテンプレートエンジンを使ってみることにしました。テンプレートがあれば、プログラムの処理結果とは関係しない HTML のタグをあらかじめ書いておき、処理結果だけを埋め込めば済みます。また、テンプレートを別ファイルにしておけるので、HTML 文書としての調整も容易になりました。

第5章 Webアプリ版注文履歴取得アプリケーションを作ろう

「第4章 Webアプリの働きを実験しよう」の演習で、Webアプリを作るために必要な技術的なことがらを一通り検討しました。この章では、第4章の演習の結果を活かして、Webアプリ版注文履歴取得アプリケーションを作りましょう。

5.1 アプリケーションの仕様を整理する

もともと考えていた注文履歴取得アプリケーションのユースケースは**図1.7**で示しています。そして、ユースケース記述は**リスト1.2**にあります。Webアプリとして作成するにあたって、これらを見直しておくとよいでしょう。

5.1.1 提供したい機能を整理する

まず、提供したい機能を見直しましょう。提供したかった機能は「注文履歴を取得する」でした。Webアプリでも、注文履歴を取得することに違いはありません。そこには、「第3章 コマンドライン版注文履歴取得アプリケーションを作ろう」で作成したコマンドライン版の機能が使えそうです。

一方で、Webアプリ版では、取得した注文履歴のデータをWebページとして表示することになります。ところが、注文履歴の取得にはAmazonのWebサイトに接続してやり取りする必要があるため、取得には時間がかかります。すると、ページの表示にも時間がかかってしまいます。これはWebアプリとしては避けたいところです。また、表示のたびにAmazonのWebサイトにアクセスするのは、Webアプリとしては好ましくないでしょう（**Column 3**、P.33を参照）。

注文履歴は新しい履歴が追加されることはあっても、AmazonのWebサイト上で編集しない限り既存の履歴は変わらないですよね。だとしたら、取得した注文履歴をファイルに保存しておき、表示するときはそのファイルのデータを使うことにすれば頻繁に取得しなくても済みそうです。その代わり、注文履歴を取得する機能と、取得した履歴を表示する機能は別にする必要がありそうです。また、注文履歴をファイルに保存する一方、保存しておいた注文履歴のファイルを削除する機能も必要になるでしょう。

以上の議論を整理して、提供したい機能について**リスト5.1**に整理しました。

リスト5.1　Webアプリとして提供したい機能

- 注文履歴を取得する。
- 取得した注文履歴を表示する。
- 注文履歴を削除する。

これをユースケース図で表すと、**図5.1**のようになるでしょう。

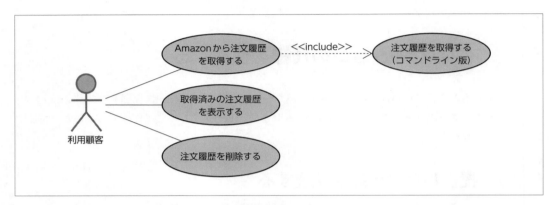

図5.1　Webアプリ版の機能を整理したユースケース図

5.1.2　やり取りを整理する

次に、**リスト5.1**に挙げた機能についてやり取りを整理します。Web ブラウザと Web サーバーを使うことを見込んで、利用顧客とシステム（Webアプリ）の間のやり取りをユースケース記述に書きます。

リスト5.2　Webアプリ版の「注文履歴を取得する」のユースケース記述

1. 利用顧客は、Amazon の登録情報（Eメールアドレス、パスワード）を用意する。
2. システムは、注文履歴取得画面（取得期間と登録情報を入力する画面）を表示する。
3. 利用顧客は、取得期間と登録情報を入力して履歴を取得する。
4. システムは、入力された取得期間と登録情報を使って、コマンドライン版注文履歴取得アプリケーションを実行し、注文履歴をファイルに保存する。
5. 注文履歴の取得に成功した場合、システムは注文履歴が取得できたことを示す画面を表示する。
6. 注文履歴の取得に失敗した場合、システムは注文履歴が取得できなかったことを示す画面を表示する。

リスト5.3　Webアプリ版の「取得した注文履歴を表示する」のユースケース記述

1. システムは、取得済みの注文履歴の一覧を表示する。
2. 利用顧客は、自分が表示したい履歴ファイルを選択する。
3. システムは、利用顧客が選択した履歴ファイルを読み込んで注文履歴の詳細を表示する。

リスト5.4　Webアプリ版の「注文履歴を削除する」のユースケース記述

1. システムは、取得済みの注文履歴の一覧を表示する。
2. 利用顧客は、自分が削除したい履歴ファイルを選択する。
3. システムは、削除対象のファイルを確認するダイアログを表示する。
4. 利用顧客が削除するファイルを選択したら、システムは利用顧客が選択した履歴ファイルを削除する。
5. システムは、削除後に更新された注文履歴の一覧を表示する。

5.2 | 個々の画面のHTML版を作成する

　ユースケース図とユースケース記述が整理できたので、必要になるWebページと画面遷移（Webページの遷移ですね）を作成しましょう。まず、Webアプリのプログラムを作成する前に、各ページに掲載する項目や体裁を検討します。そのために、各ユースケースに登場するWebページをHTMLファイルとして作成してみましょう。履歴のデータが必要な場合は、ダミーのデータを用意するか、コマンドライン版のアプリケーションで取得したデータ使うとよいでしょう。

重要 本来、Webアプリを作成するなら、Webページの設計の前にサーバー側の処理を担うアプリケーションを設計すべきです。わたしたちの場合は、相当する機能をコマンドライン版としてすでに開発済みなので、Webページの設計に進めているわけです。

5.2.1　Webアプリ用ディレクトリの作成

　演習が進んでファイルも増えてきました。ここで、Webアプリ版に使う演習用ディレクトリwebappを作成して、ディレクトリを分けておきましょう。

リスト5.5　　端末　Webアプリ版に使う演習用ディレクトリを作成する

```
C:\Users\kuboaki\rubybook>mkdir webapp ❶
C:\Users\kuboaki\rubybook>cd webapp ❷
C:\Users\kuboaki\rubybook\webapp>
```

❶ webappというディレクトリを作成した。

❷ webappというディレクトリにカレントディレクトリ^{用語}を移動した。

5.2.2　注文履歴の取得画面の作成

最初に、注文履歴の取得画面（Webページ）を作りましょう。この画面には注文履歴を取得するために、取得期間と登録情報を入力するフォーム、そして「履歴を取得」ボタンが必要ですね。

たとえば、**図5.2**のような画面になるでしょうか。

図5.2　注文履歴の取得画面（1）

webappディレクトリにHTMLファイルcollect01.htmlを作成してみましょう（**リスト 5.6**）。

リスト5.6　**HTML** webapp/collect01.html

```
 1. <!DOCTYPE html>
 2. <html lang="ja">
 3.   <head>
 4.     <meta http-equiv="Content-Type" content="text/html; charset=UTF-8" />
 5.     <title>Amazon注文履歴</title>
 6.   </head>
 7.   <body>
 8.     <h1>Amazon注文履歴</h1>
 9.     <h2>注文履歴の取得</h2>
10.     <p id="msg">取得期間とアカウントファイル名を指定して「履歴を取得」を押してください
        </p>
11.     <hr>
12.     <form method="post" action="collect" name="collect_form">
13.       <table>
14.         <tr>
15.           <th>オプション項目名</th><th>オプションデータ</th>
16.         </tr>
17.         <tr>
```

```
18.          <td>取得期間</td>
19.          <td><select name="term" id="selector"> ❶
20.             <option value="last30">過去30日</option>
21.             <option value="months-3">過去3ヶ月</option>
22.             <option value="year-2020">2020年</option>
23.           </select>
24.          </td>
25.        </tr>
26.        <tr>
27.          <td>アカウントファイル名</td>
28.          <td><input type="text" name="account" value="account.json" /></td>
29.        </tr>
30.      </table>
31.      <button name="exec_btn">履歴を取得</button>
32.    </form>
33.    <hr>
34.  </body>
35. </html>
```

❶ 取得期間を選ぶセレクタのオプションは、試験的に3つぐらい追加しておいた。

5.2.3 簡単なスタイルシートを用意する

作成した**図5.2**は、もう少し入力フォームの境界などがはっきりしたほうが見やすそうです。そこで、webappディレクトリに簡単なスタイルシートdefault.cssを作って、少しだけ体裁を調整しましょう（**リスト5.7**）。

リスト5.7　`CSS`　webapp/default.css

```
1. body {
2.     background-color: honeydew;
3. }
4.
5. p {
6.   color: gray90;
7. }
8.
9. h1, h2, h3 {
10.     border-width : 0 0 0 8px;
11.     border-style : solid;
12.     padding-left : 0.3em;
13.     padding-right : 0.5em;
14. }
15.
16. h1 {
```

```
17.      margin: 0em 0em 0em 0em;
18.      font-size : 1.2em;
19.      color : white;
20.      border-color : #fff8dc;
21.      background-color : maroon;
22.      border-width: 0.1em 0em 0.1em 0.1em;
23.      padding-top : 0.2em;
24.      padding-bottom : 0.2em;
25. }
26.
27. h2 {
28.      font-size : 1.2em;
29.      color: navy;
30.      border-color : navy;
31.      padding-top : 0.4em;
32.      padding-bottom : 0.4em;
33.      display: inline-block;
34. }
35.
36. h2.alert {
37.      background: darksalmon;
38. }
39.
40. h3 {
41.      font-size : 1em;
42.      color : darkgreen;
43.      border-color : darkgreen
44. }
45.
46. table {
47.      border-width : 1px,2px,2px,1px;
48.      border-type : solid;
49.      border-color : gray;
50.      padding : 0;
51.      background-color : gray;
52. }
53.
54. .report {
55.      width: 80%;
56.      margin-bottom: 16px;
57. }
58.
59. th, td {
60.      border-width : 1px,0px,0px,1px;
61.      border-type : solid;
62.      border-color : gray;
63.      padding : 4px;
```

```
64.     background-color : #ffffef;
65. }
66.
67. th {
68.     text-align : center;
69.     font-weight : bold;
70.     background-color : #a0b8c8;
71. }
72.
73. .itemname {
74.     width: 80px;
75. }
76.
77. .exec_btn {
78.     margin: 5px;
79. }
```

5.2.4 スタイルシートを画面に適用する

collect01.htmlを元にcollect02.htmlを作成し、作成したスタイルシート**リスト5.7**を使うように修正します（**リスト5.8**、**リスト5.9**）。

リスト5.8 HTML webapp/collect02.html (1)

```
1. <!DOCTYPE html>
2. <html lang="ja">
3.   <head>
4.     <meta http-equiv="Content-Type" content="text/html; charset=UTF-8" />
5.     <link rel="stylesheet" type="text/css" href="default.css"> ❶
6.     <title>Amazon注文履歴</title>
7.   </head>
```

❶ スタイルシートへの参照を追加した。

リスト5.9 HTML webapp/collect02.html (2)

```
30.         </tr>
31.       </table>
32.       <button class="exec_btn">履歴を取得</button> ❶
33.     </form>
34.     <hr>
35.   </body>
36. </html>
```

❶ ボタンにスタイルシートを適用するために、nameタグからスタイルシートに用意したclassタグに書き換えた。

このスタイルシートが適用されると、画面表示は**図5.3**のように変わります。

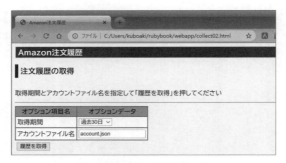

図5.3　注文履歴の取得画面（2）

これで、**図5.2**よりも見やすくなったでしょう。

5.2.5　注文履歴取得の結果を表示する画面の作成

（1）注文履歴が取得できたときの画面の作成

注文履歴が取得できたときには、**図5.4**のような画面を表示します。

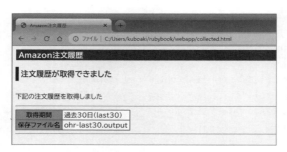

図5.4　注文履歴が取得できたときの画面

HTMLファイルcollected01.htmlを作成しましょう（**リスト5.10**）。

リスト5.10　`HTML` webapp/collected01.html

```
1. <!DOCTYPE html>
2. <html lang="ja">
3.   <head>
4.     <meta http-equiv="Content-Type" content="text/html; charset=UTF-8" />
5.     <link rel="stylesheet" type="text/css" href="default.css">
6.     <title>Amazon注文履歴</title>
```

```
7.    </head>
8.    <body>
9.      <h1>Amazon注文履歴</h1>
10.     <h2>注文履歴が取得できました</h2>
11.     <p id="msg">下記の注文履歴を取得しました</p>
12.     <hr>
13.     <table>
14.       <tr>
15.         <th>取得期間</th>
16.         <td>過去30日（last30）</td>
17.       </tr>
18.       <tr>
19.         <th>保存ファイル名</th>
20.         <td>ohr-last30.output</td>
21.       </tr>
22.     </table>
23.     <hr>
24.   </body>
25. </html>
```

（2）注文履歴が取得できなかったときの画面の作成

一方、注文履歴が取得できなかったときには、**図5.5**のような画面を表示します。

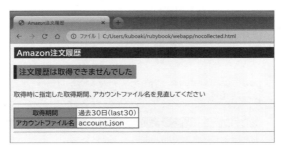

図5.5　注文履歴が取得できなかったときの画面

HTMLファイルnocollected01.htmlを作成しましょう（**リスト5.11**）。

リスト5.11　**HTML**　webapp/nocollected01.html

```
1. <!DOCTYPE html>
2. <html lang="ja">
3.   <head>
4.     <meta http-equiv="Content-Type" content="text/html; charset=UTF-8" />
5.     <link rel="stylesheet" type="text/css" href="default.css">
6.     <title>Amazon注文履歴</title>
```

```
 7.  </head>
 8.  <body>
 9.    <h1>Amazon注文履歴</h1>
10.    <h2 class="alert">注文履歴は取得できませんでした</h2>
11.    <p id="msg">取得時に指定した取得期間、アカウントファイル名を見直してください
</p>
12.    <hr>
13.    <table>
14.      <tr>
15.        <th>取得期間</th>
16.        <td>過去30日（last30）</td>
17.      </tr>
18.      <tr>
19.        <th>アカウントファイル名</th>
20.        <td>account.json</td>
21.      </tr>
22.    </table>
23.    <hr>
24.  </body>
25. </html>
```

5.2.6 取得済み注文履歴一覧画面の作成

　取得済み注文履歴一覧を表示する画面は、**図5.6**のような画面にしましょう。それぞれの履歴の行にある「詳細を表示」ボタンを押すと、その行の注文履歴の詳細を表示する画面（**図5.7**）へ遷移させます。

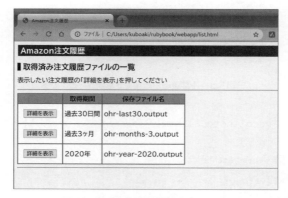

図5.6　取得済み注文履歴の一覧の画面

　HTMLファイルlist01.htmlを作成しましょう（**リスト5.12**）。

リスト5.12　`HTML`　webapp/list01.html

```html
 1. <!DOCTYPE html>
 2. <html lang="ja">
 3.   <head>
 4.     <meta http-equiv="Content-Type" content="text/html; charset=UTF-8" />
 5.     <link rel="stylesheet" type="text/css" href="default.css">
 6.     <title>Amazon注文履歴</title>
 7.   </head>
 8.   <body>
 9.     <h1>Amazon注文履歴</h1>
10.     <h2>取得済み注文履歴ファイルの一覧</h2>
11.     <p id="msg">表示したい注文履歴の「詳細を表示」を押してください</p>
12.     <hr>
13.     <table>
14.       <tr>
15.         <th> </th><th>取得期間</th><th>保存ファイル名</th>
16.       </tr>
17.       <tr>
18.         <td>
19.           <form method="post" action="report" name="list_form" >
20.             <button class="exec_btn" type="submit">詳細を表示</button>
21.           </form>
22.         </td>
23.         <td>過去30日間</td>
24.         <td>ohr-last30.output</td>
25.       </tr>
26.       <tr>
27.         <td>
28.           <form method="post" action="report" name="list_form" >
29.             <button class="exec_btn" type="submit">詳細を表示</button>
30.           </form>
31.         </td>
32.         <td>過去3ヶ月</td>
33.         <td>ohr-months-3.output</td>
34.       </tr>
35.       <tr>
36.         <td>
37.           <form method="post" action="report" name="list_form" >
38.             <button class="exec_btn" type="submit">詳細を表示</button>
39.           </form>
40.         </td>
41.         <td>2020年</td>
42.         <td>ohr-year-2020.output</td>
43.       </tr>
44.     </table>
45.     <hr>
```

```
46.    </body>
47. </html>
```

5.2.7　注文履歴の詳細を表示する画面の作成

いずれかの取得期間の注文履歴を表示する画面は、**図5.7**のような画面にしましょう。

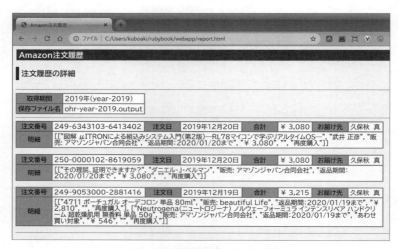

図5.7　注文履歴の詳細を表示する画面

HTMLファイル report01.html を作成しましょう（**リスト5.13**）。

リスト5.13　　HTML　webapp/report01.html

```
 1. <!DOCTYPE html>
 2. <html lang="ja">
 3.   <head>
 4.     <meta http-equiv="Content-Type" content="text/html; charset=UTF-8" />
 5.     <link rel="stylesheet" type="text/css" href="default.css">
 6.     <title>Amazon注文履歴</title>
 7.   </head>
 8.   <body>
 9.     <h1>Amazon注文履歴</h1>
10.     <h2>注文履歴の詳細</h2>
11.     <hr>
12.     <table>
13.       <tr>
14.         <th>取得期間</th>
15.         <td>2019年(year-2019)</td>
```

```
16.        </tr>
17.        <tr>
18.          <th>保存ファイル名</th>
19.          <td>ohr-year-2019.output</td>
20.        </tr>
21.      </table>
22.      <hr>
23.      <table class="report">
24.        <tr>
25.          <th class="itemname">注文番号</th><td>249-6343103-6413402</td>
26.          <th class="itemname">注文日</th>　<td>2019年12月20日</td>
27.          <th class="itemname">合計</th>　　<td>¥　3,080</td>
28.          <th class="itemname">お届け先</th><td>久保秋　真</td>
29.        </tr>
30.        <tr>
31.          <th class="itemname">明細</th>
32.          <td colspan="7">[["図解　μITRONによる組込みシステム入門(第2版)―RL78マ
              イコンで学ぶリアルタイムOS―", "武井　正彦", "販売：アマゾンジャパン合同会
              社", "返品期間：2020/01/20まで", "¥　3,080", "", "再度購入"]]</td>
33.        </tr>
34.      </table>
35.      <table class="report">
36.        <tr>
37.          <th class="itemname">注文番号</th><td>250-0000102-8619059</td>
38.          <th class="itemname">注文日</th>　<td>2019年12月20日</td>
39.          <th class="itemname">合計</th>　　<td>¥　3,080</td>
40.          <th class="itemname">お届け先</th><td>久保秋　真</td>
41.        </tr>
42.        <tr>
43.          <th class="itemname">明細</th>
44.          <td colspan="7">[["その理屈、証明できますか?", "ダニエル・J・ベルマン", "
              販売：アマゾンジャパン合同会社", "返品期間：2020/01/20まで", "¥　3,080",
              "", "再度購入"]]</td>
45.        </tr>
46.      </table>
47.      <table class="report">
48.        <tr>
49.          <th class="itemname">注文番号</th><td>249-9053000-2881416</td>
50.          <th class="itemname">注文日</th>　<td>2019年12月19日</td>
51.          <th class="itemname">合計</th>　　<td>¥　3,356</td>
52.          <th class="itemname">お届け先</th><td>久保秋　真</td>
53.        </tr>
54.        <tr>
55.          <th class="itemname">明細</th>
56.          <td colspan="7">[["4711 ポーチュガル オーデコロン 単品 80ml", "販売：
              beautiful Life", "返品期間：2020/01/19まで", "¥　2,810", "", "再度購入
```

```
       "],["Neutrogena(ニュートロジーナ) ノルウェーフォーミュラ インテンスリペア
       ハンドクリーム 超乾燥肌用 無香料 単品 50g", "販売: アマゾンジャパン合同会
       社", "返品期間:2020/01/19まで", "あわせ買い対象", "¥ 546", "", "再度購
       入"]]</td>
57.     </tr>
58.    </table>
59.    <hr>
60.   </body>
61.  </html>
```

5.2.8　注文履歴を削除する画面の作成

■（1）削除する注文履歴を選択する画面の作成

　削除する注文履歴を選択する画面は、**図5.8**のような画面にしましょう。**図5.6**に似ていますが、それぞれの履歴の行には「履歴を削除」ボタンがあります。ボタンを押すと、その行の注文履歴の削除を確認するダイアログ（**図5.9**）を開きます。

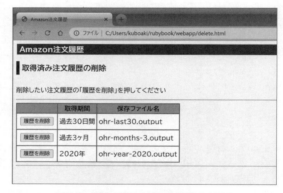

図5.8　削除する注文履歴を選択する画面

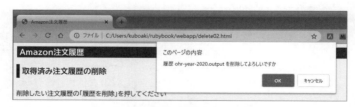

図5.9　注文履歴の削除を確認する画面

　HTMLファイルdelete01.htmlを作成しましょう（**リスト5.14**）。

リスト5.14　`HTML`　webapp/delete01.html

```
1.  <!DOCTYPE html>
2.  <html lang="ja">
3.    <head>
4.      <meta http-equiv="Content-Type" content="text/html; charset=UTF-8" />
5.      <link rel="stylesheet" type="text/css" href="default.css">
6.      <title>Amazon注文履歴</title>
7.    </head>
8.    <body>
9.      <h1>Amazon注文履歴</h1>
10.     <h2>取得済み注文履歴の削除</h2>
11.     <p id="msg">削除したい注文履歴の「履歴を削除」を押してください</p>
12.     <hr>
13.     <table>
14.       <tr>
15.         <th> </th><th>取得期間</th><th>保存ファイル名</th>
16.       </tr>
17.       <tr>
18.         <td>
19.           <form method="post" action="delete" name="delete_form" >
20.             <button class="exec_btn" type="submit">履歴を削除</button>
21.           </form>
22.         </td>
23.         <td>過去30日間</td>
24.         <td>ohr-last30.output</td>
25.       </tr>
26.       <tr>
27.         <td>
28.           <form method="post" action="delete" name="delete_form" >
29.             <button class="exec_btn" type="submit">履歴を削除</button>
30.           </form>
31.         </td>
32.         <td>過去3ヶ月</td>
33.         <td>ohr-months-3.output</td>
34.       </tr>
35.       <tr>
36.         <td>
37.           <form method="post" action="delete" name="delete_form" >
38.             <button class="exec_btn" type="submit">履歴を削除</button>
39.           </form>
40.         </td>
41.         <td>2020年</td>
42.         <td>ohr-year-2020.output</td>
43.       </tr>
44.     </table>
45.     <hr>
```

```
46.   </body>
47. </html>
```

（2）注文履歴の削除を確認する画面の作成

　選択した注文履歴を削除するときは、その前に**図5.9**のようなダイアログを表示して確認してもらいましょう。

　このダイアログは、Webページ内にJavaScriptで記述して表示します。delete01.htmlを元にdelete02.htmlを作成して、ダイアログを表示するJavaScriptを追加してみましょう（**リスト5.15**）。

リスト5.15　`HTML` webapp/delete02.html (1)

```
 1. <!DOCTYPE html>
 2. <html lang="ja">
 3.   <head>
 4.     <meta http-equiv="Content-Type" content="text/html; charset=UTF-8" />
 5.     <link rel="stylesheet" type="text/css" href="default.css">
 6.     <script>
 7.       function deleting(fn) { ❶
 8.         var msg = '履歴 ' + fn + ' を削除してよろしいですか'; ❷
 9.         if(window.confirm(msg)) { ❸
10.           return true;
11.         } else {
12.           return false;
13.         }
14.       }
15.     </script>
16.     <title>Amazon注文履歴</title>
```

❶ deletingという名前の関数を作成した。引数fnでメッセージに挿入する文字列を受け取っている。

❷ 引数で受け取った文字列を使って、ダイアログに表示するメッセージを作成した。

❸ 「OK」と「キャンセル」ボタンを伴うconfirmダイアログを表示する。

　ここで登場しているconfirmダイアログは、「OK」だったときはtrueを、「キャンセル」のときはfalseを返します。このdeleting関数が「履歴を削除」のボタンを押したときに呼び出されるよう、フォームを修正しましょう（**リスト5.16**）。この関数を使って、本当に削除処理へ進むか、元の画面に戻るかを切り替えます。

リスト5.16　`HTML` webapp/delete02.html (2)

```
24.        <tr>
25.          <th> </th><th>取得期間</th><th>保存ファイル名</th>
26.        </tr>
27.        <tr>
28.          <td>
29.            <form method="post" action="delete" name="delete_form" onSubmit=
             "return deleting('ohr-last30.output')"> ❶
30.              <button class="exec_btn" type="submit">履歴を削除</button>
31.            </form>
32.          </td>
33.          <td>過去30日間</td>
34.          <td>ohr-last30.output</td>
35.        </tr>
36.        <tr>
```

❶ フォームの onSubmit に deleting 関数の戻り値を指定した。

delete_form フォームは、onSubmit に deleting 関数の戻り値を指定しています。

> **▶ Submit の処理に関数の戻り値を使うには**
> フォーム入力の確定時（Submit）の処理の指定が、"deleting('...')"ではなく、"return deleting('...')"となっていることに注意しましょう。このように指定することで、関数の戻り値がtrueならdeleteアクションを呼び出し、falseならSubmitしないで元の一覧画面にとどまります。

ヒント

（3）注文履歴が削除できなかったときの画面の作成

注文履歴が削除できなかったときには、**図5.10**のような画面を表示します。

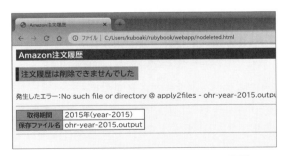

図5.10　注文履歴が削除できなかったときの画面

HTML ファイル nodeleted01.html を作成しましょう（**リスト 5.17**）。

リスト 5.17　　HTML　webapp/nodeleted01.html

```
 1. <!DOCTYPE html>
 2. <html lang="ja">
 3.   <head>
 4.     <meta http-equiv="Content-Type" content="text/html; charset=UTF-8" />
 5.     <link rel="stylesheet" type="text/css" href="default.css">
 6.     <title>Amazon注文履歴</title>
 7.   </head>
 8.   <body>
 9.     <h1>Amazon注文履歴</h1>
10.     <h2 class="alert">注文履歴は削除できませんでした</h2>
11.     <p id="msg">発生したエラー:No such file or directory @ apply2files - ohr-
        year-2015.output</p> ❶
12.     <hr>
13.     <table>
14.       <tr>
15.         <th>取得期間</th>
16.         <td>2015年(year-2015)</td>
17.       </tr>
18.       <tr>
19.         <th>保存ファイル名</th>
20.         <td>ohr-year-2015.output</td>
21.       </tr>
22.     </table>
23.     <hr>
24.   </body>
25. </html>
```

❶ 原因を調べやすいよう、削除時のエラーメッセージを表示しておく。

5.3 ┃ 画面遷移を整理する

　ここまでで、それぞれのユースケースに必要なサーバー側の処理（コマンドライン版アプリケーションを動かすことで代替）と、それぞれのユースケースに必要な画面が用意できました。続いて、Webアプリとして操作した場合の画面遷移を整理しましょう。

5.3.1　メニュー画面を用意する

　銀行のATMには「入金」「出金」などのユースケースがあります。みなさんがこれらのユー

スケースを利用するときには、最初にメニュー画面を操作して利用するユースケースを選ぶで
しょう。

　Webアプリ版にも**リスト5.1**に示したように、複数のユースケースがあります。ATMの場合
と同じように、これらを選択するメニュー画面が必要になるでしょう。そこで、**図5.11**のよう
なメニュー画面を用意します。

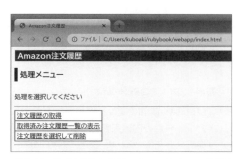

図5.11　注文履歴アプリケーションのメニュー画面

　HTMLファイルindex.htmlを作成しましょう（**リスト5.18**）。メニュー画面からの遷移先は、
これまでに作成したHTMLへのリンクとしておき、Webサーバー側の処理を作り込むときに
調整しましょう。

リスト5.18　`HTML` webapp/index.html

```
 1. <!DOCTYPE htmlL>
 2. <html lang="ja">
 3.   <head>
 4.     <meta http-equiv="Content-Type" content="text/html; charset=UTF-8" />
 5.     <link rel="stylesheet" type="text/css" href="default.css">
 6.     <title>Amazon注文履歴</title>
 7.   </head>
 8.   <body>
 9.     <h1>Amazon注文履歴</h1>
10.     <h2>処理メニュー</h2>
11.     <p>処理を選択してください</p>
12.     <hr>
13.     <table>
14.      <tr><td><a href="collect02.html">注文履歴の取得</a></td></tr>
15.      <tr><td><a href="list01.html">取得済み注文履歴一覧の表示</a></td></tr>
16.      <tr><td><a href="delete02.html">注文履歴を選択して削除</a></td></tr>
17.     </table>
18.     <hr>
19.   </body>
20. </html>
```

作成したら、Webブラウザでメニュー画面を表示し、リンクをクリックしたらそれぞれの
HTMLファイルが表示されるのを確認しておきましょう。

Column【8】Webアプリの画面遷移の処理

Webアプリは、図4.2に示したように、WebサーバーとWebブラウザの間でページ要求（リクエスト）とページ要求の応答（レスポンス）をやり取りしながら動作します。利用者の入力がサーバーへ送られ、次の画面に遷移するまでの処理を「フォーム入力を処理して次の画面を出すまでの処理の流れ」に示します。

フォーム入力を処理して次の画面を出すまでの処理の流れ

1. 利用者は、現在表示されている画面のフォームにデータ入力し、処理を実行するボタンを押す。
2. Webブラウザは、入力フォームの内容を含むリクエストをWebサーバーへ送る。
3. Webサーバーは、リクエストを受け取り、フォームのactionに指定されていた文字列に紐づけられた処理を実行する。
4. Webサーバーは、実行結果を元にWebブラウザが次に表示する画面のデータを作成する。
5. Webサーバーは、作成した画面データをレスポンスとしてWebブラウザへ送る。
6. Webブラウザは、Webサーバーが送ってきた画面データを表示する。

Webアプリを作るためのライブラリやフレームはいろいろありますが、基本的にはこのような処理によって、画面から画面への遷移が実現されています。

5.3.2 画面の遷移を検討する

最初に、注文履歴の取得画面への画面遷移、注文履歴の取得画面からの画面遷移について整理してみましょう。画面遷移は、画面が操作されたのをきっかけにサーバーが処理し、その結果によって次の画面へ移ります。このような動作を整理する方法として、ステートマシン図（Statemachine Diagram）用語があります。もっとも、ステートマシン図の詳細を学ぶことはこの本の目的ではないので、整理のための記法として必要な範囲だけを使うことにします。

▎（1）注文履歴を取得する画面にリンクを追加する

注文履歴の取得画面とその周辺の画面遷移をステートマシン図で表してみました（**図5.12**）。

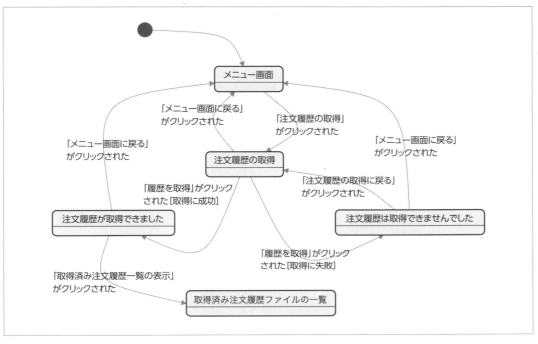

図5.12　注文履歴の取得画面とその周辺の画面遷移

　角丸のシンボルは「状態」を表します。状態の間をつないでいる矢印が「状態遷移」、矢印の上に重ねて書いてあるテキストが「イベント」です。状態とは、あるシステムやプログラムの動作の中で、なにかのできごとが起きるまで次の処理へ進まずに（あるいは進めずに）待っている場面のことです。そして、このとき待っているできごとがイベントです。

　Webアプリの場合、ページが表示されたあとは、フォームの操作を待っています。フォームに入力している間もまだ操作待ちです。そして、ボタンを押すと、フォームの情報を含むリクエストを作成してWebサーバーへ送ります。このように捉えると、それぞれの画面は状態、ボタン押すことが画面を遷移させるイベントとみなせます。また、リンクをクリックするのもイベントとみなせます。

　collect02.htmlを元にcollect03.htmlを作成し、**図5.12**に合うよう、画面遷移のためのリンクを追加しましょう（**リスト5.19**）。

リスト5.19　`HTML`　webapp/collect03.html

```
10.    <h2>注文履歴の取得</h2>
11.    <p id="links"><a href="list01.html">取得済み注文履歴一覧の表示</a>｜　❶
12.      <a href="index.html">メニュー画面に戻る</a></p>
13.    <p id="msg">取得期間とアカウントファイル名を指定して「履歴を取得」を押してください
       </p>
14.    <hr>
```

❶ 画面遷移のためのリンクを追加した。

修正したHTMLファイルを表示すると、**図5.13**のように変わります。

図5.13　注文履歴の取得画面に他の画面へのリンクを追加した

▌（2）注文履歴が取得できたときの画面にリンクを追加する

　collected01.htmlを元にcollected02.htmlを作成し、注文履歴が取得できたときの画面にも、画面遷移のためのリンクを追加しましょう（**リスト5.20**）。

リスト5.20　`HTML` `webapp/collected02.html`

```
10.        <h2>注文履歴が取得できました</h2>
11.        <p id="links"><a href="list01.html">取得済み注文履歴一覧の表示</a> |  ❶
12.          <a href="index.html">メニュー画面に戻る</a></p>
13.        <p id="msg">下記の注文履歴を取得しました</p>
14.        <hr>
```

❶ 画面遷移のためのリンクを追加した。

修正したHTMLファイルを表示すると、**図5.14**のように変わります。

図5.14　注文履歴が取得できたときの画面に他の画面へのリンクを追加した

▌（3）注文履歴が取得できなかったときの画面にリンクを追加する

　nocollected01.htmlを元にnocollected02.htmlを作成し、注文履歴が取得できなかったときの画面にも、画面遷移のためのリンクを追加しましょう（**リスト5.21**）。

リスト5.21　 HTML　webapp/nocollected02.html

```
10.    <h2 class="alert">注文履歴は取得できませんでした</h2>
11.    <p id="links"><a href="collect03.html">注文履歴の取得に戻る</a>｜  ❶
12.      <a href="index.html">メニュー画面に戻る</a></p>
13.    <p id="msg">取得時に指定した取得期間、アカウントファイル名を見直してください</p>
14.    <hr>
```

❶ 画面遷移のためのリンクを追加した。

修正したHTMLファイルを表示すると、**図5.15**のように変わります。

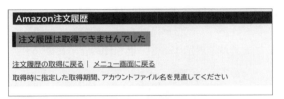

図5.15　注文履歴が取得できなかったときの画面に他の画面へのリンクを追加した

5.3.3　注文履歴の一覧や詳細画面の遷移を検討する

次に、注文履歴の一覧や詳細画面からの画面遷移について整理してみましょう。注文履歴の一覧画面とその周辺の画面遷移をステートマシン図で表してみました（**図5.16**）。

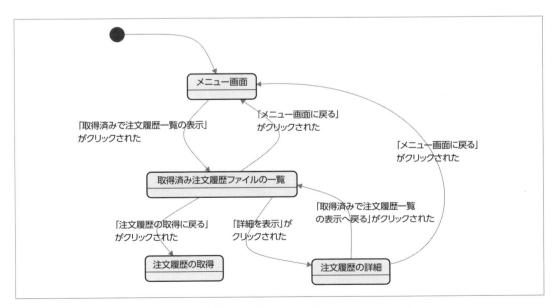

図5.16　注文履歴の一覧や詳細画面とその周辺の画面遷移

▍(1) 注文履歴の一覧を表示する画面にリンクを追加する

　list01.htmlを元にlist02.htmlを作成し、**図5.16**に合うよう、画面遷移のためのリンクを追加しましょう（**リスト5.22**）。

リスト5.22　**HTML** webapp/list02.html

```
10.      <h2>取得済み注文履歴ファイルの一覧</h2>
11.      <p id="links"><a href="collect03.html">注文履歴の取得に戻る</a>｜  ❶
12.       <a href="index.html">メニュー画面に戻る</a></p>
13.      <p id="msg">表示したい注文履歴の「詳細を表示」を押してください</p>
14.      <hr>
```

❶ 画面遷移のためのリンクを追加した。

修正したHTMLファイルを表示すると、**図5.17**のように変わります。

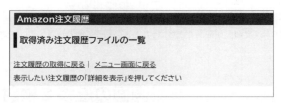

図5.17　注文履歴の一覧画面に他の画面へのリンクを追加した

▍(2) 注文履歴の詳細を表示する画面にリンクを追加する

　図5.16に合うよう、HTMLファイルに画面遷移のためのリンクを追加しましょう（**リスト5.23**）。

リスト5.23　**HTML** webapp/report02.html

```
10.      <h2>注文履歴の詳細</h2>
11.      <p id="links"><a href="list02.html">取得済み注文履歴一覧の表示へ戻る</a>｜  ❶
12.       <a href="index.html">メニュー画面に戻る</a></p>
13.      <hr>
14.      <table>
```

❶ 画面遷移のためのリンクを追加した。

修正したHTMLファイルを表示すると、**図5.18**のように変わります。

図5.18　注文履歴の詳細を表示する画面に他の画面へのリンクを追加した

5.3.4　注文履歴の削除画面の遷移を検討する

　最後に、注文履歴の削除画面からの画面遷移、注文履歴の削除画面への画面遷移について整理してみましょう。注文履歴の削除画面とその周辺の画面遷移をステートマシン図で表してみました（**図5.19**）。

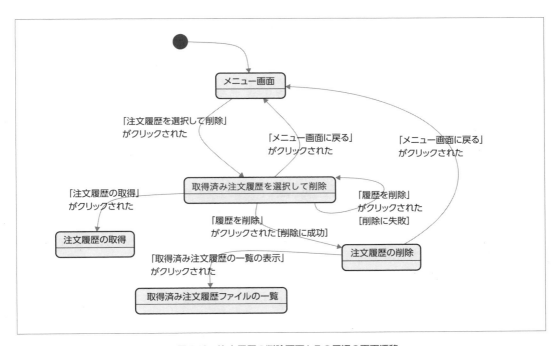

図5.19　注文履歴の削除画面とその周辺の画面遷移

▌（1）注文履歴を削除する画面にリンクを追加する

　図5.19に合うよう、HTMLファイルに画面遷移のためのリンクを追加しましょう（**リスト5.24**）。

リスト5.24　[HTML] webapp/delete03.html

```
20.      <h2>取得済み注文履歴の削除</h2>
21.      <p id="links"><a href="collect03.html">注文履歴の取得</a>│  ❶
22.       <a href="index.html">メニュー画面に戻る</a></p>
23.      <p id="msg">削除したい注文履歴の「履歴を削除」を押してください</p>
24.      <hr>
```

❶ 画面遷移のためのリンクを追加した。

修正したHTMLファイルを表示すると、図5.20のように変わります。

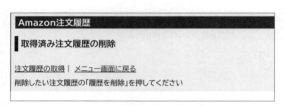

図5.20　注文履歴を削除する画面に他の画面へのリンクを追加した

▌（2）注文履歴が削除できなかったときの画面にリンクを追加する

　図5.19に合うよう、HTMLファイルに画面遷移のためのリンクを追加しましょう（リスト5.25）。

リスト5.25　[HTML] webapp/nodeleted02.html

```
10.      <h2 class="alert">注文履歴は削除できませんでした</h2>
11.      <p id="links"><a href="delete03.html">注文履歴を選択して削除に戻る</a>│  ❶
12.       <a href="index.html">メニュー画面に戻る</a></p>
13.      <p id="msg">発生したエラー：No such file or directory @ apply2files - ohr-
         year-2015.output</p>
14.      <hr>
```

❶ 画面遷移のためのリンクを追加した。

修正したHTMLファイルを表示すると、図5.21のように変わります。

図5.21　注文履歴が削除できなかったときの画面に他の画面へのリンクを追加した

5.3.5　画面遷移を実験する

　それでは、作成した画面をWebブラウザに表示して、画面遷移がステートマシン図と合っているか確認しましょう。collect03.htmlのように、修正のときにファイル名を変えた画面もあるので、index.htmlやその他のHTMLファイル中のリンクを確認しておきましょう。

　まだ実際に注文履歴を取得、削除する処理は作っていないので、ボタンを押しても画面は遷移しないでしょう。もし、ボタンを押したときの画面遷移を試したいなら、formタグのactionのパラメータを、遷移させたい画面のHTMLファイル名に変えます。たとえば、collect03.htmlで「履歴を取得」ボタンを押したときにcollected02.htmlを表示したいとします。そのときは、リスト5.26のように書き換えます。すると、ボタンをクリックしたときに指定したHTMLファイルを表示してくれるようになります。

リスト5.26　`HTML` actionのパラメータをHTMLファイル名に変える

```
<form method="post" action="collected02.html" name="collect_form"> ❶
```

❶ actionに、遷移させたい画面のHTMLファイル名を指定した。

　他の画面についても、同じようにして試してみてください。
　いかがでしょう。まだWebサーバー側の処理は書いていませんが、Webアプリとしての雰囲気がかなりつかめたのではないでしょうか。

5.4 ┃ Webアプリに仕立てる

　サーバーの中で呼び出す処理（注文履歴の取得）とWebページの画面遷移ができました。これらを使って動作するWebサーバーの処理を作りましょう。

5.4.1　画面と処理と出力を結びつける

　WEBrickでは、図4.10で説明したように、画面からのアクションとサーバー側の処理を結びつけるのにmount_procメソッドを使います。ここからは、「画面と処理と出力を結びつける手順」に従って、これまでに作成したHTMLファイルをERBファイルに変更していきます。

画面と処理と出力を結びつける手順

1. 対象画面の.htmlファイルをコピーして、拡張子が.erbのファイル（ERBファイル）を用意する。
2. ERBファイルの中で、データを埋め込みたい箇所をERBの埋め込みタグに変更する。
3. 埋め込みタグに挿入したい変数を割り当てる。この変数を介してWebサーバー側のデータが画面に反映される。

4. Web サーバーのプログラムに、mount_proc を使って、対象画面のパス名が指示されたときのブロックを追加する。

5. 追加したブロックの中で、サーバー側の処理を実行し、結果を埋め込みタグで割り当てた変数に格納する。

6. Web サーバーを再起動して、対象画面が期待通り表示されるか確かめる。

5.4.2　注文履歴の取得画面を ERB 化する

では、注文履歴の取得画面から ERB ファイルに変更していきましょう。注文履歴の取得画面の HTML ファイル collect03.html をコピーして、collect.erb を用意します。エクスプローラーでコピーしてもよいですし、ターミナルで copy コマンド（Mac や Linux なら cp コマンド）を使ってコピーしてもよいでしょう。注文履歴の取得に関連する、これから作成する画面や処理とプログラムファイルの関係を図にしてみました（**図 5.22**）。

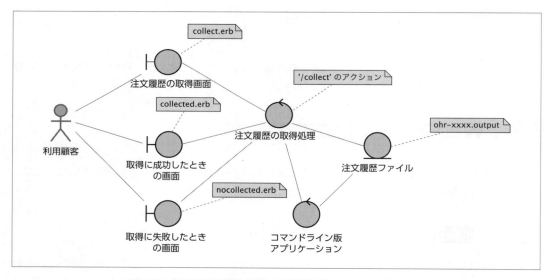

図 5.22　注文履歴の取得に関連する画面と処理を表したロバストネス図

図 5.22 は、UML の図の一種で「ロバストネス図^{用語}」と呼ばれています。ロバストネス図は、「ロバストネス分析^{用語}」という分析法で使います。ロバストネス分析は、システム内部は**表 5.1**に示すような決まった役割の 3 種類の要素で構成されていると考え、これらの組み合わせによって表現する分析手法です。

表5.1 ロバストネス図のシンボルと働き

シンボル	名前	役割
⊢○	バウンダリ	外部とのやり取りに関わる部分。画面や通信ポートなど。
○	エンティティ	内部で情報を蓄える部分。ファイルや変数、データテーブルなど。
↻	コントロール	バウンダリとエンティティを組み合わせて処理を進める部分。

▌（1）取得期間リストを生成する処理を追加する

collect.erbを編集する前に、このERBファイルの中で使う取得期間のセレクタを用意しましょう。HTMLファイルを作ったときは、仮に「過去30日」や「2020年」を埋め込んでいましたが、実際には他の期間も選択肢になります。しかも、他にも取得期間を使う画面があります。それならば、この画面のデータとして埋め込まずに、他の画面とも共有できるようにしておきたいですね。そこで、取得期間のリストは**リスト5.27**のようなプログラムを使って生成することにします。

リスト5.27　`Ruby` webapp/term_names.rb

```ruby
 1. # fbbrozen_string_literal: true
 2.
 3. def init_term_names ❶
 4.   $term_names = { 'last30' => '過去30日間', 'months-3' => '過去3ヶ月' } ❷
 5.   (2001..Time.now.year).reverse_each do |year| ❸
 6.     $term_names["year-#{year}"] = "#{year}年" ❹
 7.   end
 8.   $term_names['archived'] = '非表示にした注文' ❺
 9. end
10. init_term_names ❻
11.
12. if __FILE__ == $PROGRAM_NAME
13.   p $term_names ❼
14. end
```

❶ 取得期間のキー文字列と表示文字列のハッシュを生成するinit_term_namesメソッドの定義。

❷ ハッシュ $term_namesを用意して、「過去30日間」と「過去3ヶ月」のキー文字列と表示文字列を登録した。

❸ 取得期間が「XXXX年」のところについては、2001年から今年（Time.now.yearで求めている）までの数字列をreverse_eachメソッドを使って逆順の繰り返し処理で生成した。

❹ キー文字列と表示文字列は、Amazonの注文履歴のWebページと同じものになるよう整形した。

❺ 最後に「非表示にした注文」のキー文字列と表示文字列を追加した。

❻ init_term_namesメソッドを実行してハッシュ $term_names を作成した。

❼ $term_namesを出力する。たとえば、ruby term_names.rb > term_data.txtなどとすれば、生成されるハッシュの内容が確認できる。

init_term_namesメソッドを実行すると、**リスト5.28**のようなハッシュが作られます。つまり、require_relative 'term_names'とすれば、**リスト5.28**のようなデータを作成しなくても済みます。実行時の西暦までの項目を含むので、データで保持して更新し忘れるということも避けられますね。

リスト5.28 **Ruby** webapp/term_names.rbが生成するハッシュ $term_names

```
1. $term_names = {
2.   'last30' => '過去30日', 'months-3' => '過去3ヶ月',
3.   'year-2021' => '2021年', 'year-2020' => '2020年',
4.   'year-2019' => '2019年', 'year-2018' => '2018年',
5.   (……略……)
6.   'year-2003' => '2003年', 'year-2002' => '2002年',
7.   'year-2001' => '2001年',
8.   'archived' => '非表示にした注文'
9. }
```

このハッシュ $term_names を、画面の中の取得期間を選ぶセレクタに使います。ここで注意してほしいのは、メソッドが生成する**リスト5.28**のようなデータではなく、生成するメソッドinit_term_namesの方を使うということです。

(2) 注文履歴の取得画面を編集する

それでは、collect03.htmlをコピーして作成しておいたcollect.erbを編集しましょう（**リスト5.29**）。ERBでは、Rubyスクリプトを埋め込むところは、<%と%>で囲みます。また、Rubyスクリプトの実行結果を埋め込みたいときは、<%=と%>で囲みます。

リスト5.29 **ERB** webapp/collect.erb

```
1. <%# encoding: utf-8 %>
2. <% require_relative './term_names' %> ❶
3. <!DOCTYPE html>
4. <html lang="ja">
5.   <head>
6.     <meta http-equiv="Content-Type" content="text/html; charset=UTF-8" />
7.     <link rel="stylesheet" type="text/css" href="default.css">
8.     <title>Amazon注文履歴</title>
```

```
 9.    </head>
10.    <body>
11.      <h1>Amazon注文履歴</h1>
12.      <h2>注文履歴の取得</h2>
13.      <p id="links"><a href="index02.html">取得済み注文履歴一覧の表示</a>｜
14.        <a href="index.html">メニュー画面に戻る</a></p>
15.      <p id="msg">取得期間とアカウントファイル名を指定して「履歴を取得」を押してくださ
         い</p>
16.      <hr>
17.      <form method="post" action="collect" name="collect_form">
18.        <table>
19.          <tr>
20.            <th>オプション項目名</th><th>オプションデータ</th>
21.          </tr>
22.          <tr>
23.            <td>取得期間</td>
24.            <td><select name="term" id="selector">
25.              <% $term_names.each_pair do |key, val| %> ❷
26.                <option value="<%= key %>"><%= val %></option> ❸
27.              <% end %> ❹
28.            </select>
29.            </td>
30.          </tr>
31.          <tr>
32.            <td>アカウントファイル名</td>
33.            <td><input type="text" name="account" value="account.json" /></td>
34.          </tr>
35.        </table>
36.        <button class="exec_btn">履歴を取得</button>
37.      </form>
38.      <hr>
39.    </body>
40.  </html>
```

❶ ハッシュ $term_names を作成する。

❷ ハッシュ $term_names から each_pair メソッドでキー文字列と表示文字列を取り出して、
順番に繰り返し処理する。ローカル変数 key と val で参照する。

❸ option タグの value プロパティのパラメータに key を埋め込み、タグに囲まれた値とし
て val を埋め込んだ。

❹ ハッシュの繰り返し処理の終わり。

これで、注文履歴を取得するときの条件を入力するフォームができました。

▌（3）「履歴を取得」ボタンの処理を追加する

　次に、フォームの入力後に「履歴を取得」ボタンを押したときの処理を追加しましょう。通常であれば、入力フォームを処理する場合、ボタンのtypeにsubmitを指定しておきます。そうすれば、ボタンを押したときにフォームのデータがWebサーバーへ送られます。サーバーの処理が短ければ、Webブラウザはすぐにレスポンスを受け取って画面を更新するでしょう。

　しかし、AmazonのWebサイトから注文履歴を取得する処理は、かなり時間がかかります。その間は、画面が遷移しないまま待つことになります。もし、レスポンスを待っている間に再びボタンを押してしまうと、履歴を取得するリクエストが複数送られてしまうことになります。AmazonのWebサイトへ履歴取得の操作が多重に送られてしまうのは避けたいところです。

　そこで、ボタンを押したら、フォームの入力フィールドやボタンは操作できないようプロパティをdisableに変えましょう。また、取得処理を待っている状態であることがわかるよう、GIFアニメーション画像を表示しましょう（**図5.23**）。取得処理を待っているときに使用するこのような画像をローディング画像といいます。

図5.23　ローディング画像の例

　図5.23のGIFアニメーション画像は、後述する**Column 9**（P.243）で紹介しているWebサイトから入手しました。ローディング画像はあとで必要になります。みなさんも、忘れずに好みのローディング画像を入手しておきましょう。

重要
この演習で施している操作の抑止処理は、簡便なものであることに注意してください。本来、Webサーバー側で時間がかかる処理をする場合、多重のリクエストを処理しないために「セッション管理**用語**」を使います。
また、画面の遷移と独立した処理を実行するために、JavaScriptが提供する「非同期処理**用語**」の機構を使います。これらは、Webサーバーの動作やJavaScriptのプログラミングに慣れていない人には少し難しい話題です。そこで、この本で扱う範囲を超えないよう簡便な方法で済ませています。

　ERBファイルに、ボタンを押したときの処理を追加します（**リスト5.30**）。この処理は、JavaScriptを使って実現しています。みなさんの中には、JavaScriptについてあまり詳しくない人もいるでしょう。ですが、この本はJavaScriptの使い方学ぶための本ではありませんので、ここでの詳細な説明は省いて、そのまま真似しておきましょう。

リスト5.30　**ERB** webapp/collect.erb (1)

```
 4.  <html lang="ja">
 5.  <head>
 6.    <meta http-equiv="Content-Type" content="text/html; charset=UTF-8" />
 7.    <link rel="stylesheet" type="text/css" href="default.css">
 8.    <style>
 9.      #loading{
10.        display:none; ❶
11.        position:absolute;
12.        left:30%; ❷
13.        top:30%;
14.      }
15.    </style>
16.    <script>
17.      function collecting() { ❸
18.        document.getElementById('loading').style.display = "block"; ❹
19.        document.getElementById('links').innerHTML = ""; ❺
20.        document.getElementById('msg').innerHTML
21.          = "<p>注文履歴を取得するまでしばらくお待ちください</p>"; ❻
22.        document.collect_form.submit(); ❼
23.        document.collect_form.term.disabled = true; ❽
24.        document.collect_form.account.disabled = true;
25.        document.collect_form.exec_btn.disabled = true;
26.      }
27.    </script>
```

❶ ローディング画像の表示に使うdisplayプロパティを、最初は「非表示（display: none）」に設定した。

❷ 表示する位置が画面（ウィンドウ）の中心よりやや左上付近に表示するよう、位置のプロパティを調整した。

❸ 「履歴を取得」ボタンが押されたときに呼び出されるcollecting関数の定義。

❹ ローディング画像を表示するためにdisplayプロパティ（❶の設定）を「表示（display: block）」に変更した。

❺ 画面を遷移させるようなリンクを削除した。

❻ メッセージを、履歴の取得を待つためのメッセージに置き換えた。

❼ submit処理を実行した（フォームデータをWebサーバーへ送った）。

❽ 取得期間を選ぶセレクタをdisableにした。アカウントファイルやボタンも同じ要領で変更する。

リスト5.31　**ERB** webapp/collect.erb (2)

```
56.    <button class="exec_btn" name="exec_btn" onClick="collecting()">履歴を
       取得</button> ❶
```

```
57.    </form>
58.    <div id="loading"><img src="loading-712-66.gif" /></div> ❷
59.    <hr>
60.  </body>
61. </html>
```

❶ ボタンからJavaScriptを呼び出すために、nameプロパティにexec_btnを、onClickプロパティにcollecting()を指定した。

❷ 自分が用意したローディング画像を指定する。ここでは、ローディング画像としてloading-712-66.gifを指定した。

> ⚠ **警告**　onClickプロパティの関数を指定した部分が、collecting()のように後ろに「丸かっこ」をつけていることに注意しましょう。

▌（4）注文履歴が取得できたときの画面を修正する

注文履歴が取得できたときの画面も作成しましょう。collected02.htmlを元にcollected.erbを作成します（**リスト5.32**）。

リスト5.32　**ERB** webapp/collected.erb

```
1. <%# encoding: UTF-8 %>
2. <% require_relative './term_names' %>
3. <!DOCTYPE html>
4. <html lang="ja">
5.   <head>
6.     <meta http-equiv="Content-Type" content="text/html; charset=UTF-8" />
7.     <link rel="stylesheet" type="text/css" href="default.css">
8.     <title>Amazon注文履歴</title>
9.   </head>
10.  <body>
11.    <h1>Amazon注文履歴</h1>
12.    <h2>注文履歴が取得できました</h2>
13.    <p id="links"><a href="list02.html">取得済み注文履歴一覧の表示</a> |
14.      <a href="index.html">メニュー画面に戻る</a></p>
15.    <p id="msg">下記の注文履歴を取得しました</p>
16.    <hr>
17.    <table>
18.      <tr>
19.        <th>取得期間</th>
20.        <td><%= $term_names[term] %>(<%= term %>)</td> ❶
21.      </tr>
22.      <tr>
23.        <th>保存ファイル名</th>
24.        <td><%= file %></td> ❷
```

```
25.        </tr>
26.      </table>
27.      <hr>
28.    </body>
29.  </html>
```

❶ 取得できた注文履歴の取得期間のキー文字列を、Webサーバーが返す変数termで参照した。

❷ 取得できた注文履歴の保存ファイル名を、Webサーバーが返す変数fileで参照した。

$term_namesは**リスト5.29**と同じように、ERBファイルの冒頭で**リスト5.29**のスクリプトによって作成しています。ところが、termとfileは見当たりませんね。これらは、このあとWebサーバー側の処理を作るとき、注文履歴の取得画面のフォームを処理した際に用意しておきます。そして、注文履歴が取得できたときの画面のERBファイルを処理するときに埋め込まれます。

■（5）注文履歴が取得できなかったときの画面を修正する

注文履歴が取得できなかったときの画面も作成しましょう。nocollected02.htmlを元にnocollected.erbを作成します（**リスト5.33**）。

リスト5.33　**ERB** webapp/nocollected.erb

```
 1.  <%# encoding: utf-8 %>
 2.  <% require_relative './term_names' %>
 3.  <!DOCTYPE html>
 4.  <html lang="ja">
 5.    <head>
 6.      <meta http-equiv="Content-Type" content="text/html; charset=UTF-8" />
 7.      <link rel="stylesheet" type="text/css" href="default.css">
 8.      <title>Amazon注文履歴</title>
 9.    </head>
10.    <body>
11.      <h1>Amazon注文履歴</h1>
12.      <h2 class="alert">注文履歴は取得できませんでした</h2>
13.      <p id="links"><a href="collect.erb">注文履歴の取得に戻る</a> |
14.        <a href="index.html">メニュー画面に戻る</a></p>
15.      <p id="msg">取得時に指定した取得期間、アカウントファイル名を見直してください/p>
16.      <hr>
17.      <table>
18.        <tr>
19.          <th>取得期間</th>
20.          <td><%= $term_names[term] %>(<%=term%>)</td> ❶
21.        </tr>
22.        <tr>
```

```
23.        <th>アカウントファイル名</th>
24.        <td><%= account %></td> ❷
25.      </tr>
26.    </table>
27.    <hr>
28.  </body>
29. </html>
```

❶ 取得できた注文履歴の取得期間のキー文字列を、Web サーバーが返す変数 term で参照した。

❷ 取得できた注文履歴の保存ファイル名を、変数 account を参照した。

┃（6）メニュー画面の注文履歴を取得へのリンクを修正する

　忘れないうちに、メニュー画面も**リスト5.29**で作成したERB ファイルを呼び出すように修正しておきましょう（**リスト5.34**）。

リスト5.34　　HTML　webapp/index.htmlの注文履歴を取得へのリンクを修正した

```
13.    <table>
14.      <tr><td><a href="collect.erb">注文履歴の取得</a></td></tr> ❶
15.      <tr><td><a href="list02.html">取得済み注文履歴一覧の表示</a></td></tr>
16.      <tr><td><a href="delete02.html">注文履歴を選択して削除</a></td></tr>
17.    </table>
```

❶ ERB ファイルcollect.erbを呼び出すように変更した。

　これで、注文履歴の取得に必要な画面のERB ファイルが作成できました。

5.4.3　注文履歴取得のサーバー側処理を作成する

　では、作成した画面を使うWeb サーバー側の処理を作成しましょう。webapp ディレクトリにorder_history_web.rbを作成します（**リスト5.35**）。基本的な構造は、WEBrickの使い方を調べたときに作成した**リスト4.10**と同じです。

リスト5.35　　Ruby　webapp/order_history_web.rb

```
1. # frozen_string_literal: true
2.
3. require 'webrick'
4. require 'erb'
5. require 'open3' ❶
6. require_relative './term_names'
7.
```

```
 8. class OrderHistoryWebApp
 9.   def initialize
10.     @config = {
11.       DocumentRoot: './',
12.       BindAddress: '127.0.0.1',
13.       Port: 8099
14.     }
15.     @server = WEBrick::HTTPServer.new(@config)
16.     WEBrick::HTTPServlet::FileHandler.add_handler('erb', WEBrick::HTTPServle
t::ERBHandler) ❷
17.     @server.config[:MimeTypes]['erb'] = 'text/html' ❸
18.     trap('INT') { @server.shutdown }
19.     add_procs ❹
20.   end
21.
22.   def add_procs
23.     add_collect_proc ❺
24.   end
25.
26.   def run ❻
27.     @server.start
28.   end
29.
30.   def add_collect_proc ❼
31.     @server.mount_proc('/collect') do |req, res| ❽
32.       p req.query ❾
33.       term = req.query['term'] ❿
34.       account = req.query['account'] ⓫
35.       # script = '../order_history_reporter.rb' ⓬
36.       # file = "ohr-#{term}.output"
37.       script = 'long_time_test.rb' ⓭
38.       file = 'ohr-dummy.output'
39.       cmd = "ruby #{script} -t #{term} -a #{account} > #{file}" ⓮
40.       stdout, stderr, status = Open3.capture3(cmd) ⓯
41.       p stdout, stderr, status ⓰
42.       erb =
43.         if /exit 0/ =~ status.to_s ⓱
44.           'collected.erb'
45.         else
46.           'nocollected.erb'
47.         end
48.       template = ERB.new(File.read(erb))
49.       res.body << template.result(binding) ⓲
50.     end
51.   end
52. end
```

```
53.
54. if __FILE__ == $PROGRAM_NAME
55.   app = OrderHistoryWebApp.new
56.   app.run
57. end
```

❶ open3 ライブラリを require した。

❷ 拡張子 erb のファイルを ERB を呼び出して処理する ERBHandler と関連づけた。

❸ erb の MIME タイプを設定した。

❹ mount_proc を使う処理を Web サーバーに追加するメソッドの呼び出し。

❺ mount_proc を使う処理を Web サーバーに追加するメソッド。画面を追加するときに、ここにメソッドを追加する。

❻ Web サーバーの動作を開始するメソッド。

❼ 注文履歴を取得する画面の処理を Web サーバーに追加するメソッド。

❽ パスが collect のとき、続くブロックを使って処理する。

❾ リクエストの内容を確認するため、ターミナルへ出力した。

❿ リクエストのハッシュからキーが term の値を取得して埋め込むための変数 term に格納した。

⓫ リクエストのハッシュからキーが account の値を取得して埋め込むための変数 account に格納した。

⓬ コマンドライン版のファイル名の指定。出力ファイル名は term の値を使って合成する。

⓭ コマンドライン版を使う代わりに時間のかかる処理をするダミーのスクリプトとダミーの出力ファイル名の指定。

⓮ 実行するコマンドラインを cmd に格納した。

⓯ Open3 ライブラリを使って cmd を実行する。capture3 メソッドによって、コマンドの実行結果は stdout、stderr、status に格納される。

⓰ 実行結果の変数の内容を確認するため、ターミナルへ出力した。

⓱ status が exit 0 にマッチした場合には注文履歴が取得できたときの画面、そうでないときは注文履歴が取得できなかったときの画面の ERB ファイルをテンプレートとして使う。

⓲ テンプレートに変数を埋め込んで HTML ファイルを生成し、これをレスポンスとする。

　さて、注文履歴を取得する画面とサーバーの処理ができましたので、これで実験できますね。ですが、実験のために何度も Amazon の Web サイトにアクセスするのは好ましくないですよね。作成していて気づいた人もいると思いますが、**リスト 5.35** では、コマンドライン版そのものは使っていません。代わりに時間のかかる処理をするダミーのスクリプト long_time_test.rb を使っています（**リスト 5.36**）。

リスト5.36 　Ruby　webapp/long_time_test.rb

```ruby
 1. # frozen_string_literal: true
 2.
 3. # 時間のかかる処理を代替するスクリプト
 4. class LongTimeTest
 5.   def run
 6.     puts 'start'
 7.     sleep(10) ❶
 8.     puts 'end'
 9.   end
10. end
11.
12. if __FILE__ == $PROGRAM_NAME
13.   app = LongTimeTest.new
14.   app.run
15.   if ARGV.include? 'account.json' ❷
16.     puts 'OK.'
17.     exit true ❸
18.   else
19.     puts 'ERROR.'
20.     exit false ❹
21.   end
22. end
```

❶ 10秒のスリープ。

❷ 読み込み成功と失敗がテストできるよう、フォームのaccountの内容がaccount.jsonを含んでいたらtrueを、そうでなければfalseを返すようにした。

❸ exitの引数がtrueの場合、このスクリプトの終了コードはEXIT_SUCCESS（0）になる。

❹ exitの引数がfalseの場合、このスクリプトの終了コードはEXIT_FAILURE（1）になる。

まず、このダミーのスクリプトの動作を確認しておきましょう（リスト5.37）。

リスト5.37 　端末　long_term_test.rbを実行する

```
C:\Users\kuboaki\rubybook\webapp>ruby long_term_test.rb ❶
start
end
ERROR. ❷

C:\Users\kuboaki\rubybook\webapp>ruby long_term_test.rb account.json ❸
start
end
OK. ❹
```

203

❶ 引数なしで実行した場合

❷ メッセージは`ERROR`。このときスクリプトの終了コードは1になる。

❸ 引数に`account.json`をつけて実行した場合。

❹ メッセージは`OK`。このときスクリプトの終了コードは0になる。

ヒント | リスト5.37の2つ目のコマンドライン引数の指定は、webappディレクトリに`account.json`がある場合の例です。`account.json`がrubybookディレクトリにある場合、`..\account.json`（MacやLinuxなら`../account.json`）のように相対パス名で指定します。

Webアプリとしての画面遷移などの動作を確認している間は、このダミースクリプトを使っておきましょう。

5.4.4 注文履歴の取得を実行する

それでは、Webサーバーを動かして、動作を確認してみましょう。

リスト5.38 端末 order_history_web.rbを実行する

```
C:\Users\kuboaki\rubybook\webapp>ruby order_history_web.rb
[2021-01-31 17:46:57] INFO  WEBrick 1.4.2
[2021-01-31 17:46:57] INFO  ruby 2.6.4 (2019-08-28) [x64-mingw32]
[2021-01-31 17:46:57] INFO  WEBrick::HTTPServer#start: pid=6576 port=8099
```

Webブラウザのアドレス入力欄に`http://localhost:8099/`を入力すると、メニュー画面が表示されます（**図5.24**）。見た目は変わっていませんが、「注文履歴の取得」のリンクが変わっています。

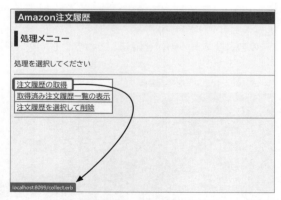

図5.24 注文履歴の取得のリンクを変更したメニュー画面

「注文履歴の取得」をクリックすると、「注文履歴の取得」画面に遷移します（**図5.25**）。

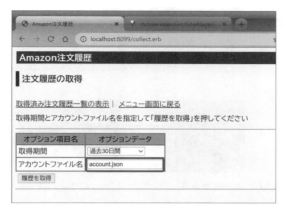

図5.25　ERBファイルから生成した「注文履歴の取得」画面

「アカウントファイル名」には、アカウントファイルのパス名を入力します。**図5.25**は、webappディレクトリにaccount.jsonがある場合です。たとえば、account.jsonがrubybookディレクトリにある場合、..\account.json（MacやLinuxなら../account.json）のように相対パス名で指定するとよいでしょう。

次に、ターミナルにログが出力されて、Webサーバーがcollect.erbの処理を実行していることを確認しましょう（**リスト5.39**）。

リスト5.39　**端末**　Webサーバーが注文履歴の取得処理を実行したときのログ

```
127.0.0.1 - - [31/Jan/2021:18:33:58 東京 (標準時)] "GET /collect.erb HTTP/1.1" 200
  3099
http://localhost:8099/ -> /collect.erb ❶
```

❶ collect.erbを処理していることを示すログ。

さらに、「取得期間」プルダウンメニューをクリックして、メニュー項目の中に期待した通りのセレクタが揃っていることを確認します（**図5.26**）。

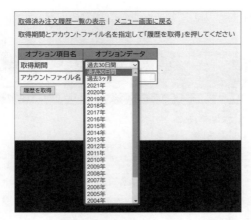

図5.26 「取得期間」プルダウンメニューのセレクタを確認する

では、履歴を取得する処理を実行してみましょう。すると、取得中のメッセージに変化し、フォームの項目がdisable（選択できない状態）になります。そして、ローディング画像のアニメーションが表示されます（**図5.27**）。

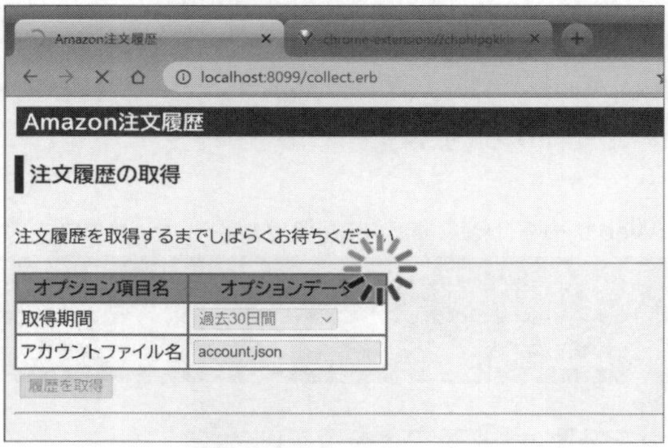

図5.27 account.jsonを指定して実行中

ログを見ると、collectの処理が実行されているのがわかるでしょう。また、コマンドライン版の代わりに実行したlong_term_test.rbがStatusとしてexit 0を返しているのがわかります（**リスト5.40**）。

リスト5.40 端末 Webサーバーがcollectを実行したときのログ

```
{"term"=>"last30", "account"=>"account.json"} ❶
""
""
#<Process::Status: pid 13296 exit 0> ❷
127.0.0.1 - - [31/Jan/2021:18:48:23 東京 (標準時)] "POST /collect HTTP/1.1" 200 ↗
```

```
718
http://localhost:8099/collect.erb -> /collect
```

❶ フォームから渡ってきた入力を示すハッシュ。
❷ Webサーバーが実行したコマンドのStatusの出力。成功を表すexit 0を返している。

この結果、「注文履歴が取得できました」画面が表示されます（**図5.28**）。

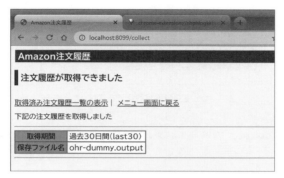

図5.28　注文履歴が取得できたときの画面

　再び、注文履歴の取得画面に戻ります。こんどは、取得が失敗したときの動作を確認したいので、「アカウントファイル名」を意図的にsomeone.jsonのような存在しないアカウントファイル名に変更します。
　変更したら、「履歴を取得」ボタンをクリックします。
　アカウントファイル名が異なりますが、あとは先ほどと同じような取得中の画面になります（**図5.29**）。

図5.29　取得期間にsomeone.jsonを指定して実行中

作為的に失敗するアカウントファイル名にしたので、こんどは「注文履歴は取得できません
でした」という画面になります（**図 5.30**）。

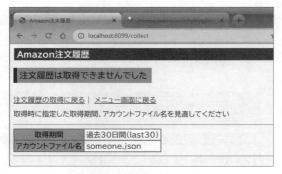

図 5.30　注文履歴が取得できなかったときの画面

ログを見ると、collectの処理の結果、Statusとしてexit 1を返しているのがわかります
（**リスト 5.41**）。

リスト 5.41　　**端末**　Web サーバーが collect を実行したときのログ

```
{"term"=>"last30", "account"=>"someone.json"}
""
""
#<Process::Status: pid 9456 exit 1> ❶
127.0.0.1 - - [31/Jan/2021:18:59:18 東京 (標準時)] "POST /collect HTTP/1.1" 200
792
http://localhost:8099/collect.erb -> /collect
```

❶ Web サーバーが実行したコマンドの Status の出力。失敗を表す exit 1 を返している。

まだ本物の注文履歴を取得する処理は呼び出していませんが、これで Web アプリの注文履
歴の取得を処理する部分が作成できました。

5.4.5　注文履歴の一覧画面を ERB 化する

次は、注文履歴の一覧画面を ERB ファイルに変更しましょう。注文履歴の一覧に関連する、
これから作成する画面や処理とプログラムファイルの関係を図にしておきます（**図 5.31**）。

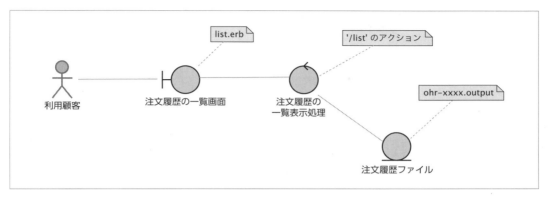

図 5.31 注文履歴の一覧に関連する画面と処理を表したロバストネス図

▌（1）注文履歴の一覧画面を編集する

注文履歴の一覧画面の HTML ファイル list02.html をコピーして、list.erb を用意します。コピーできたら、ERB ファイルを作成しましょう（**リスト 5.42**）。

リスト 5.42　**ERB**　webapp/list.erb

```
 1.  <%# encoding: utf-8 %>
 2.  <% require_relative './term_names' %>
 3.  <% files = Dir.glob("ohr-*.output") %> ❶
 4.  <!DOCTYPE html>
 5.  <html lang="ja">
 6.    <head>
 7.      <meta http-equiv="Content-Type" content="text/html; charset=UTF-8" />
 8.      <link rel="stylesheet" type="text/css" href="default.css">
 9.      <title>Amazon注文履歴</title>
10.    </head>
11.    <body>
12.      <h1>Amazon注文履歴</h1>
13.      <h2>取得済み注文履歴ファイルの一覧</h2>
14.      <p id="links"><a href="collect.erb">注文履歴の取得に戻る</a> |
15.        <a href="index.html">メニュー画面に戻る</a></p>
16.      <p id="msg">表示したい注文履歴の「詳細を表示」を押してください</p>
17.      <hr>
18.      <table>
19.        <tr>
20.          <th> </th><th>取得期間</th><th>保存ファイル名</th>
21.        </tr>
22.        <% $term_names.each do |key, val| %> ❷
23.          <% file = "ohr-#{key}.output" %> ❸
24.          <% if FileTest.exist?(file) %> ❹
```

```
25.            <tr>
26.              <td>
27.                <form method="post" action="report" name="list_form_<%= key
                   %>" > ❺
28.                  <input type="hidden" name="term" value="<%= key %>"> ❻
29.                  <input type="hidden" name="file" value="<%= file %>"> ❼
30.                  <button class="exec_btn" type="submit">詳細を表示</button>
31.                </form>
32.              </td>
33.              <td><%= val %></td>  ❽
34.              <td><%= file %></td>  ❾
35.            </tr>
36.          <% end %>
37.        <% end %>
38.      </table>
39.      <hr>
40.    </body>
41. </html>
```

❶ Dir.globを使ってディレクトリ内から取得した注文履歴のファイル名（ohrで始まって.outputで終わるファイル）を収集して、変数filesに格納している。

❷ ハッシュ$term_namesからeach_pairでキー文字列と表示文字列を取り出して、順番に繰り返し処理する。ローカル変数keyとvalで参照する。

❸ keyを元に注文履歴のファイル名を合成している。

❹ ファイルが存在しているか確認して、存在しているときだけ一覧の行を作成する。

❺ 行ごとにフォームを作成している。なお、フォームは<tr>には配置できないので、<td>に配置している。

❻ サーバーへ送信するとき、取得期間を渡すために、タイプがhiddenの要素に覚えておく。

❼ サーバーへ送信するとき、取得ファイル名を渡すために、タイプがhiddenの要素に覚えておく。

❽ 取得期間を表示した。

❾ 取得ファイル名を表示した。

この一覧では表全体を1つのフォームにしないで、行ごとにフォームを作成しています。このように1画面に複数のフォームを配置するといった使い方もできるということを覚えておくとよいでしょう。

（2）メニュー画面の注文一覧の表示へのリンクを修正する

こんども忘れないうちに、メニュー画面も**リスト5.42**で作成したERBファイルを呼び出すように修正しておきましょう（**リスト5.43**）。

リスト5.43　`HTML` webapp/index.htmlの注文一覧の表示へのリンクを修正した

```
13.      </table>
14.      <tr><td><a href="collect.erb">注文履歴の取得</a></td></tr>
15.      <tr><td><a href="list.erb">取得済み注文履歴一覧の表示</a></td></tr> ❶
16.      <tr><td><a href="delete02.html">注文履歴を選択して削除</a></td></tr>
17.      </table>
```

❶ ERBファイルlist.erbを呼び出すように変更した。

これで、注文履歴一覧の表示に必要な画面のERBファイルが作成できました。

5.4.6　注文履歴一覧のサーバー側処理を作成する

では、Webサーバー側に、注文履歴一覧の処理を追加しましょう（**リスト5.44**、**リスト5.45**）。

リスト5.44　`Ruby` webapp/order_history_web.rb (1)

```
22.   def add_procs
23.     add_collect_proc
24.     add_list_proc ❶
25.   end
```

❶ パスがlistのときの処理をmount_procを使って登録するメソッドを追加した。

リスト5.45　`Ruby` webapp/order_history_web.rb (2)

```
54.   def add_list_proc ❶
55.     @server.mount_proc('/list') do |req, res| ❷
56.       template = ERB.new(File.read('list.erb')) ❸
57.       res.body << template.result(binding)
58.     end
59.   end ❹
60. end ❺
```

❶ 注文履歴の一覧を表示する画面の処理をWebサーバーに追加するメソッド。

❷ パスがlistのとき、続くブロックを使って処理する。

❸ テンプレートとして注文履歴の一覧を表示する画面のERBファイルを使う。

❹ add_list_procメソッドの最後。

❺ OrderHistoryWebAppクラスの最後。

これで、注文履歴の一覧を表示する画面とサーバーの処理ができました。

5.4.7　注文履歴の一覧を実行する

それでは、Webサーバーの動作を確認しましょう。あぁっと、その前に！

一覧で表示する注文履歴を取得しておく必要がありましたね。

■（1）実際にAmazonから取得するよう修正する

注文履歴の取得でダミーのスクリプトを動かしていた部分を修正して、実際にAmazonのWebサイトにアクセスしてみましょう（**リスト5.46**）。

リスト5.46　 Ruby webapp/order_history_web.rbでAmazonのWebサイトにアクセスする

```ruby
31.    def add_collect_proc
32.      @server.mount_proc('/collect') do |req, res|
33.        p req.query
34.        term = req.query['term']
35.        account = req.query['account']
36.        script = '../order_history_reporter.rb' ❶
37.        file = "ohr-#{term}.output" ❷
38.        # script = 'long_time_test.rb' ❸
39.        # file = 'ohr-dummy.output' ❹
40.        cmd = "ruby #{script} -t #{term} -a #{account} > #{file}"
41.        stdout, stderr, status = Open3.capture3(cmd)
42.        p stdout, stderr, status
```

❶ コマンドライン版の注文履歴取得アプリケーションをスクリプトに指定する。

❷ 取得ファイル名を実際に取得した注文履歴を格納するファイル名に変更する。

❸ ダミーのスクリプトを指示していた行をコメントアウトした。

❹ ダミーのファイルを使っていた行をコメントアウトした。

■（2）Amazonから注文履歴を取得する

それでは、Webサーバーを動かして、動作を確認してみましょう。起動方法はもう覚えましたね。プログラムを修正したら、起動し直すのを忘れないようにしましょう。

一覧を表示する前に、メニュー画面から「注文履歴の取得」を選んで、注文履歴をいくつか取得しておきましょう。取得できていれば、webappディレクトリにohrで始まり拡張子が.outputの注文履歴ファイルが見つかります（**リスト5.47**）。

リスト5.47　 端末 取得した注文履歴ファイルのリスト

```
C:\Users\kuboaki\rubybook\webapp>dir ohr*.output
 ドライブ C のボリューム ラベルがありません。
 ボリューム シリアル番号は 1808-7211 です
```

```
C:\Users\kuboaki\rubybook\webapp のディレクトリ

2021/01/12  18:26                297 ohr-archived.output     ❶
2021/01/31  18:59                 20 ohr-dummy.output        ❷
2021/01/28  02:38                 22 ohr-last30.output       ❸
2021/01/12  18:21              5,259 ohr-months-3.output     ❹
2021/01/12  16:51              7,365 ohr-year-2015.output
2021/01/12  16:36              5,871 ohr-year-2016.output
2021/01/12  16:26              6,197 ohr-year-2017.output
2021/01/12  17:04             10,907 ohr-year-2018.output
2021/01/12  16:04             24,558 ohr-year-2019.output     ❺
2021/01/09  02:41                 40 ohr-year-2020.output     ❻
2021/01/12  18:09                 37 ohr-year-2021.output
              12 個のファイル              60,589 バイト
               0 個のディレクトリ  158,637,514,752 バイトの空き領域
```

❶ 非表示にした（アーカイブした）注文履歴。

❷ ダミーのスクリプトを動かしていたときに使っていたファイル。

❸ 実際に取得した注文履歴ファイル（過去30日間のもの）。

❹ 実際に取得した注文履歴ファイル（過去3ヶ月のもの）。

❺ 実際に取得した注文履歴ファイル（2019年のもの）。

❻ 取得に失敗した可能性のある注文履歴ファイル（ファイルサイズが小さい）。

もし、取得がうまくいかなければ、次のことを確認してみてください。

注文履歴ファイルの取得に失敗したときのチェックリスト

1. 取得を試したとき、WebブラウザでAmazonのWebサイトを閲覧できる状態にあったか。
   - Amazonと接続できていなければコマンドライン版は動作しないでしょう。WebブラウザでAmazonのWebサイトにアクセスできているか確認しておきましょう。
2. コマンドライン版は正しく動作しているか。
3. Webアプリ版は、注文履歴の取得にコマンドライン版を使っています。Webアプリ版を動かしたのと同じ状態でコマンドライン版が動作しているか確認。
   - コマンドライン版はwebappディレクトリではなく、1つ上のディレクトリ（..\）に作成していることにも注意しましょう。
4. コマンドライン版を呼び出せているか。
   - add_collect_procの中でも'../order_history_reporter.rb'のように1つ上のディレクトリを指定しています。ファイル名が合っているか、スクリプトの呼び出しが成功しているかどうかなどを確認しましょう。

（3）Amazonから取得した注文履歴の一覧を表示する

実際の注文履歴が取得できたら、注文履歴の一覧を表示してみましょう。まず、メニュー

画面の「取得済み注文履歴一覧の表示」のリンクがlist.erbに変わっていることを確認します（**図5.32**）。

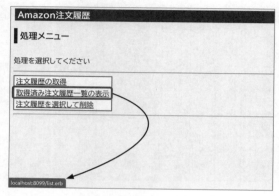

図5.32　注文履歴の一覧を表示するリンクを変更したメニュー画面

メニュー画面から「取得済み注文履歴一覧の表示」をクリックすると、「取得済み注文履歴ファイルの一覧」の画面に遷移します（**図5.33**）。

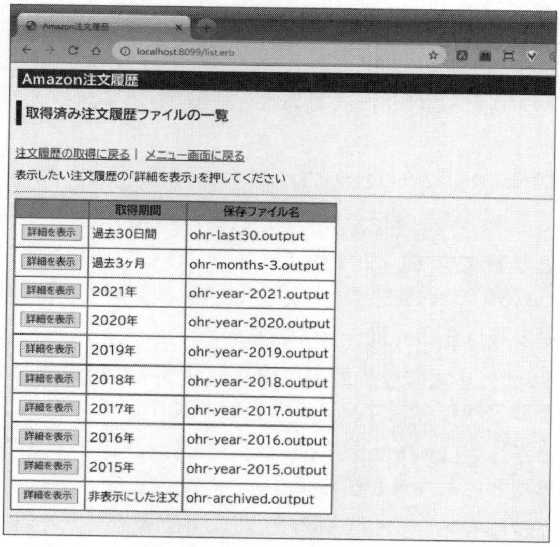

図5.33　ERBファイルから生成した「取得済み注文履歴ファイルの一覧」画面

このとき、ターミナルにログが出力されて、Webサーバーがlist.erbの処理を実行していることを確認しましょう（**リスト5.48**）。

リスト5.48　**端末**　Webサーバーが `list.erb` を実行したときのログ

```
127.0.0.1 - - [01/Feb/2021:21:54:01 東京 (標準時)] "GET /list.erb HTTP/1.1" 200
4724
http://localhost:8099/index.html -> /list.erb ❶
```

❶ `list.erb` を処理していることを示すログ。

これでWebアプリの注文履歴ファイルの一覧を表示する部分が作成できました。

5.4.8　注文履歴をファイルから1件ずつ読み込む

さて、次は詳細画面の処理へと進みたいところですが、その前にちょっと考えておきたいことがあります。report02.htmlを作ったときは、データは手書きで作成しました。この部分、実際には取得した履歴ファイルから取り出して処理します。取得した注文履歴ファイルの1件のレコードに相当するデータを見てみると、複数の行で構成されていることがわかります（**リスト5.49**）。

リスト5.49　**端末**　1件の注文履歴の例（複数の行から構成されている）

```
ID: 250-0000102-8619059
注文番号: 250-0000102-8619059
注文日: 2019年12月20日
合計: ￥ 3,080
お届け先: 久保秋　真
明細: [["その理屈、証明できますか?", "ダニエル・J・ベルマン", "販売: アマゾンジャパン合同
会社", "返品期間:2020/01/20まで", "￥ 3,080", "", "再度購入"]]
```

このような構造であっても、注文履歴を1件処理するときにそれぞれの行を順に読み込めば処理できます。ですが、せっかく1レコードの単位になっているのですから、1回の読み込みで複数行で構成された1レコードを読み込めるようにしたいですよね。また、このようにレコード単位で読み込めるようにしておけば、他で注文履歴ファイルを処理する機会があったとき、それぞれの場所に読み込み処理を重複して作らずに済ませられます。それぞれの場所で読み込む処理が少しずつ異なってしまうような不具合も避けられますね。

では、どうやったら複数の行で構成されるレコードを1回に1レコードずつ読み込めるようになるか、検討してみましょう。

▌（1）注文履歴をファイルから1行ずつ読み込む

最初は、すぐ確かめられる単純なことから試すのがよいですね。手始めに、コマンドライン版注文履歴取得アプリケーションで取得したデータを、行ごとに読み込んで出力するところから始めてみましょう。

告知　これから作るプログラムは、コマンドライン版を作成したrubybookディレクトリに作ります。それは、レコード単位で読み込むという処理が、Webアプリ版だけではなく他の処理でも使える処理だからです。

こういう場合は、より共有するのに向いた場所に作ったほうがよいでしょう。

　準備として、取得した注文履歴取得ファイルを用意してください、もちろん、すでに取得したファイルでかまいません。また、あらためて取得したファイルでもかまいません。ここでは、そのファイルをorder_history_reporter.outputとします。別のファイルを使うときは、ファイル名を読み替えるか、ファイルをコピーしてこの名前のファイルを用意してください。たとえば、webappディレクトリにあるohr-year-2019.outputを使いたいときは、この演習で使うディレクトリにコピーしておくとよいでしょう（**リスト5.50**）。

リスト5.50　**端末**　取得済みのファイルからorder_history_reporter.outputへコピーする

```
C:\Users\kuboaki\rubybook\webapp>cd .. ❶

C:\Users\kuboaki\rubybook>copy webapp\ohr-year-2019.output order_history_reporter
.output ❷
        1 個のファイルをコピーしました。
```

❶ 1つ上のディレクトリ（..）へ移動した。

❷ webappディレクトリのohr-year-2019.outputをorder_history_reporter.outputにコピーした。

　では、注文履歴ファイルを1行ずつ読んで表示するプログラムhistory_file_read_test01.rbを書いてみましょう（**リスト5.51**）。

リスト5.51　**Ruby**　history_file_read_test01.rb

```ruby
 1. # frozen_string_literal: true
 2.
 3. # Test class
 4. class HistoryFileReadTest
 5.   def run(filename)
 6.     File.open(filename) do |file| ❶
 7.       file.each_line do |line| ❷
 8.         print line ❸
 9.       end
10.     end
11.   end
12. end
13.
14. if __FILE__ == $PROGRAM_NAME
15.   puts "Order History File: #{ARGV[0]}"
```

```
16.    app = HistoryFileReadTest.new
17.    app.run(ARGV[0])
18. end
```

❶ ファイルを開いた。

❷ ファイルから1行読み込んだ。

❸ 読み込んだ行をそのまま出力した。

作成したら実行してみましょう。

リスト5.52 　端末　history_file_read_test01.rbを実行する

```
C:\Users\kuboaki\rubybook>ruby history_file_read_test01.rb order_history_
reporter.output ❶
Order History File: order_history_reporter.output
取得期間: year-2019
注文履歴
63 件
ID: 249-6343103-6413402
注文番号: 249-6343103-6413402
注文日: 2019年12月20日
合計: ¥ 3,080
お届け先: 久保秋　真
明細: [["図解 μITRONによる組込みシステム入門(第2版)―RL78マイコンで学ぶリアルタイム
OS―", "武井 正彦", "販売: アマゾンジャパン合同会社", "返品期間:2020/01/20まで", "¥
 3,080", "", "再度購入"]]
ID: 250-0000102-8619059
注文番号: 250-0000102-8619059
注文日: 2019年12月20日
合計: ¥ 3,080
お届け先: 久保秋　真
明細: [["その理屈、証明できますか?", "ダニエル・J・ベルマン", "販売: アマゾンジャパン合同
会社", "返品期間:2020/01/20まで", "¥ 3,080", "", "再度購入"]]
  (……略……)
C:\Users\kuboaki\rubybook>
```

❶ 実行するときには、注文履歴取得ファイルを指定する。コマンドラインが長いので折り
返されているが、入力するときは1行に続けて書く。

これで、注文履歴取得ファイルを1行ずつ読み込めることが確認できました。

（2）注文履歴をファイルから1レコードずつ読み込む

リスト5.52の実行結果を見てわかるように、注文履歴の1件分は、「注文番号」「注文日」「明細」といった複数の行に分かれて出力されています。つまり、1件の注文履歴を処理するには、

1行ごとに処理するのではなく複数行の単位で処理することになります。この複数行で構成された1件分の注文履歴を「1レコード」と呼ぶことにしましょう（**図5.34**）。次に試すのは、注文履歴取得ファイルから1レコードずつ読み込めるようにすることです。

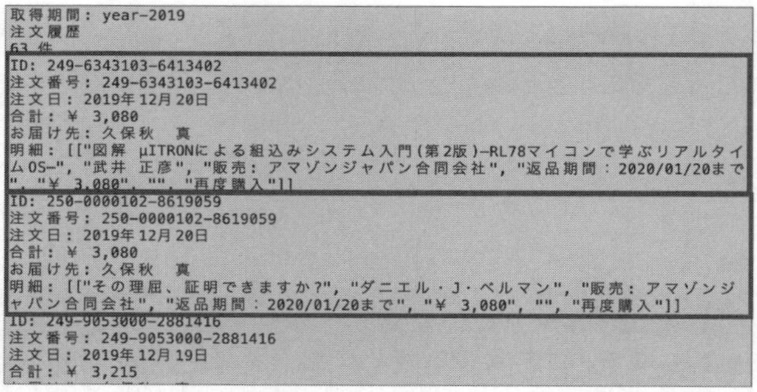

図5.34　複数の行が1レコードを構成している

こんどは、注文履歴取得ファイルから1レコードずつ読んで表示するプログラムorder_history_reader.rbを書いてみましょう。少し長いので、分けて説明します。

最初は、1レコードずつに分けて読み込むためのOrderHistoryReaderクラスです（**リスト5.53**）。

リスト5.53　**Ruby** order_history_reader.rb (1)

```
 1. # frozen_string_literal: true
 2.
 3. # 注文履歴を1レコードずつ読み込むためのクラス
 4. class OrderHistoryReader ❶
 5.   def initialize(filename, mode = 'r') ❷
 6.     @file = File.open(filename, mode) ❸
 7.     return unless block_given? ❹
 8.
 9.     yield self ❺
10.     @file.close ❻
11.   end
12.
13.   def each ❼
14.     until @file.eof ❽
15.       record = {} ❾
16.       @file.each do |line| ❿
17.         if /^(ID|注文番号|注文日|合計|お届け先|明細):\s*(.+)/ =~ line ⓫
18.           record[$1] = $2 ⓬
19.         end
20.         break if record.key?('明細') ⓭
21.       end
```

```
22.        p record
23.        record['お届け先'] = '指定なし' unless record.key?('お届け先') ⓮
24.        yield record ⓯
25.      end
26.    end
27.
28.    def close
29.      @file.close
30.    end
31. end
```

❶ 注文履歴を1レコードずつ読み込むためのクラスの定義。

❷ コンストラクタの定義。引数でファイル名を受け取る。

❸ 引数で受け取ったファイルを読み込み専用でオープンする。

❹ インスタンスを作成するときに、ブロックなしで呼び出していたときは、開いたファイルオブジェクトを返してリターンする。

❺ ブロックつきで呼び出していたときは、作成したインスタンスをブロックパラメータとして、ブロックを呼び出して処理する。

❻ ブロックの処理が終わったら、ファイルをクローズする。

❼ 1レコードごとに読み込み、ハッシュを作成して返すeachメソッドの定義。

❽ ファイルの終わりでなければ、続くブロックを処理する。

❾ 空のハッシュrecordを用意した。

❿ ファイルから1行ずつ読み込み、ブロックパラメータlineで参照する。

⓫ 読み込んだ行が、「項目名: 項目内容」の形にマッチするか調べる。マッチしない行（件数など）は読み飛ばす。

⓬ マッチしていたら、項目名をキー、項目内容を値としてrecordへ追加する。

⓭ 「明細」行がレコードの最後の項目なので、この行を読み込んだら1レコード分の読み込みを終了して処理を抜ける。

⓮ 「お届け先」が含まれていない履歴が見つかったら、「指定なし」としておく。

⓯ 取得したレコードをパラメータとしてブロックに渡して、ブロックを実行する。yieldの使い方やブロックつきのメソッドを作成する方法については「付録D Rubyの復習」を参照のこと。

　このクラスの基本的な部分は、指定された注文履歴取得ファイルをオープンし、ファイルから1レコード分の行を読み込む処理を繰り返すことです。コンストラクタ（newから呼出されるinitializeメソッド）で、注文履歴取得ファイルを読み込み用で開いています。レコードの項目を調べて取り出すために使っている正規表現は、図5.35のようなマッチを試みています。この正規表現にマッチした場合、項目名がキー、項目内容が値のペアをrecordに格納しています。

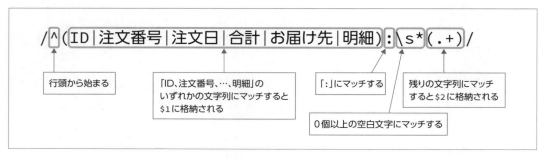

図5.35　レコードの各項目にマッチする正規表現

　ここでは、複数のレコードを扱うとき、yieldを使っています。yield の使い方を忘れていたら、「付録D Rubyの復習」に戻って復習しておきましょう。

　また、ブロックつきのメソッドを使いたいので、block_given?でブロックつきの呼び出しか調べ、ブロックつきならそのブロックを呼び出して処理します。そして、eachメソッドは、1行ではなく1レコード分にあたる複数の行を読み込むように作っておきます。

　OrderHistoryReaderクラスが作成できたので、このクラスをテストするHistoryFileReadTestクラスを作りましょう（リスト5.54）。

リスト5.54　**Ruby** order_history_reader.rb (2)

```
33. # Test class
34. class HistoryFileReadTest ❶
35.   def put_record(rec) ❷
36.     puts '-----------'
37.     rec.each do |key, value|
38.       puts "#{key}| #{value}"
39.     end
40.   end
41.
42.   def run1(filename)
43.     OrderHistoryReader.new(filename) do |reader| ❸
44.       reader.each do |rec| ❹
45.         put_record(rec)
46.       end
47.     end
48.   end
49.
50.   def run2(filename)
51.     reader = OrderHistoryReader.new(filename) ❺
52.     reader.each do |rec| ❻
53.       put_record(rec)
54.     end
55.     reader.close ❼
```

➡️
```
56.   end
57. end
```

❶ 注文履歴を1レコードずつ読み込むクラスのテスト用クラスの定義。

❷ テストの中で出力に使うメソッド。取得したレコードを格納したハッシュを参照して、項目名と項目内容を表示する。

❸ OrderHistoryReader クラスをブロックつきで呼び出すテスト。

❹ ブロックパラメータ reader に返されたオブジェクトに対して each メソッドを実行すると、1レコード分読み込みハッシュに格納して返す。

❺ OrderHistoryReader クラスをブロックなしで呼び出すテスト。

❻ OrderHistoryReader クラスが返したオブジェクト reader に対して each メソッドを実行すると、1レコード分読み込みハッシュに格納して返す。

❼ ブロックなしのときは、明示的にファイルをクローズする。

このテストでは、OrderHistoryReader クラスを2つの呼び出し方でテストしています。1つはブロックつきで呼び出すテスト、もう1つはブロックなしで呼び出すテストです。このテストが成功すれば、OrderHistoryReader クラスは、いずれの呼び出し方法でも使えることになります。

最後は、HistoryFileReadTest クラスを使ってテストを実行するとき、アプリケーション全体を起動する処理です。

リスト5.55 　Ruby　 order_history_reader.rb (3)

```
59. if __FILE__ == $PROGRAM_NAME ❶
60.   puts "Order History File: #{ARGV[0]}"
61.   app = HistoryFileReadTest.new ❷
62.   app.run1(ARGV[0]) ❸
63.   puts '=========='
64.   app.run2(ARGV[0]) ❹
65. end
```

❶ このファイル自身を直接実行するときのメインとなる処理。

❷ テスト用クラスのインスタンスを作成した。

❸ テスト run1 を実行した。

❹ テスト run2 を実行した。

作成できたら実行してみましょう。実行結果が長くなるので、リダイレクトを使ってファイルに保存してから内容を確認しましょう（**リスト5.56**）。

リスト5.56 ［端末］order_history_reader.rbを実行する

```
C:\Users\kuboaki\rubybook>ruby order_history_reader.rb order_history_reporter.
output > test02.output ❶
```

❶ 実行結果を test02.output というファイルに保存した。

　保存したファイルを、テキストエディタで開いて確認してみましょう（**リスト5.57**）。

リスト5.57 ［エディタ］order_history_reader.rbの実行結果を確認する

```
Order History File: order_history_reporter.output
---------- ❶
ID| 249-6343103-6413402
注文番号| 249-6343103-6413402
注文日| 2019年12月20日
合計| ￥ 3,080
お届け先| 久保秋　真
明細| [["図解 μITRONによる組込みシステム入門(第2版)―RL78マイコンで学ぶリアルタイム
OS―", "武井　正彦", "販売：アマゾンジャパン合同会社", "返品期間:2020/01/20まで", "￥
 3,080", "", "再度購入"]]
----------
ID| 250-0000102-8619059
注文番号| 250-0000102-8619059


  (……略……)


明細| [["ファンタスティック・ビーストと黒い魔法使いの誕生　映画オリジナル脚本版",
"J.K.ローリング", "販売：アマゾンジャパン合同会社", "返品期間:2019/02/06まで", "￥
1,728", "", "再度購入"]]
=====
---------- ❷
ID| 249-6343103-6413402
注文番号| 249-6343103-6413402
注文日| 2019年12月20日
合計| ￥ 3,080
お届け先| 久保秋　真
明細| [["図解 μITRONによる組込みシステム入門(第2版)―RL78マイコンで学ぶリアルタイム
OS―", "武井　正彦", "販売：アマゾンジャパン合同会社", "返品期間:2020/01/20まで", "￥
 3,080", "", "再度購入"]]
----------
ID| 250-0000102-8619059
注文番号| 250-0000102-8619059


  (……略……)
```

❶ ここからがrun1の実行結果。

❷ ここからがrun2の実行結果。

　これで、注文履歴取得ファイルから注文履歴を1レコードごとに読み込むクラスを作成できました。1レコード分読み込むと、項目名と値の組を格納したハッシュが得られます。また、OrderHistoryReaderクラスは、ブロックつきで呼び出すこともブロックなしで呼び出すこともできます。

　今後、注文履歴ファイルを読み込むときは、OrderHistoryReaderクラスを使うことにしましょう。

5.4.9　詳細画面をERB化する

　注文履歴ファイルから詳細を読み込む準備ができたので、注文履歴の詳細画面をERBファイルに変更しましょう。

　注文履歴の詳細に関連する、これから作成する画面や処理とプログラムファイルの関係を図にしておきます（**図5.36**）。

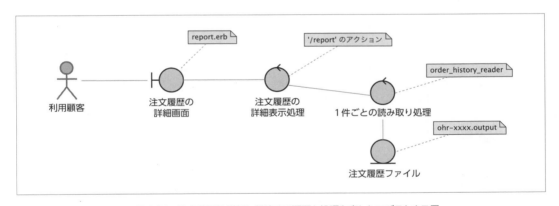

図5.36　注文履歴の詳細に関連する画面と処理を表したロバストネス図

（1）注文履歴の詳細画面を編集する

　注文履歴の一覧画面のHTMLファイルreport02.htmlをコピーして、report.erbを用意します。コピーできたら、ERBファイルを作成しましょう（**リスト5.58**）。

リスト5.58　**ERB**　webapp/report.erb

```
1. <%# encoding: utf-8 %>
2. <% require_relative './term_names' %>
3. <% require_relative '../order_history_reader' %> ❶
```

```
 4. <!DOCTYPE html>
 5. <html lang="ja">
 6.   <head>
 7.     <meta http-equiv="Content-Type" content="text/html; charset=UTF-8" />
 8.     <link rel="stylesheet" type="text/css" href="default.css">
 9.     <title>Amazon注文履歴</title>
10.   </head>
11.   <body>
12.     <h1>Amazon注文履歴</h1>
13.     <h2>注文履歴の詳細</h2>
14.     <p id="links"><a href="list.erb">取得済み注文履歴一覧の表示へ戻る</a> |
15.       <a href="index.html">メニュー画面に戻る</a></p>
16.     <hr>
17.     <table>
18.       <tr>
19.         <th>取得期間</th>
20.         <td><%= $term_names[term] %>(<%= term %>)</td> ❷
21.       </tr>
22.       <tr>
23.         <th>保存ファイル名</th>
24.         <td><%= file %></td> ❸
25.       </tr>
26.     </table>
27.     <hr>
28.     <% reader = OrderHistoryReader.new(file) %> ❹
29.     <% reader.each do |rec| %> ❺
30.       <table class="report">
31.         <% ['注文番号', '注文日', '合計', 'お届け先', '明細'].each do |key| %>
                                                                          ❻
32.           <% value = rec[key] %> ❼
33.           <% if '注文番号' == key || '明細' == key %> ❽
34.             <tr>
35.           <% end %>
36.           <th class="itemname"><%= key %></th> ❾
37.           <% if '明細' == key %> ❿
38.             <td colspan="7"><%= value %></td>
39.           <% else %>
40.             <td><%= value %></td>
41.           <% end %>
42.           <% if 'お届け先' == key || '明細' == key %> ⓫
43.             </tr>
44.           <% end %>
45.         <% end %>
46.       </table>
47.     <% end %>
48.     <% reader.close %>
```

```
49.    <hr>
50.  </body>
51. </html>
```

❶ リスト5.55で作成したorder_history_readerを使うためにrequire_relativeした。このファイルの場所がwebappディレクトリではなく1つ上（..）にあることに注意。

❷ 取得期間と取得期間のセレクタ名を表示した。

❸ 保存する対象となる注文履歴のファイル名を表示した。

❹ 指定した注文履歴ファイルをレコード単位で読み込むOrderHistoryReaderクラスのインスタンスを作成した。

❺ 1レコードずつrecという名前で参照するハッシュに読み込む。

❻ 読み込んだハッシュの内容を指定した項目順に表示したいので、['注文番号', …, '明細']という配列を用意して、配列の要素の順序に従って処理する。

❼ 要素をvalueで参照する。

❽ 表は2行で、各行は「注文番号」と「明細」の項目名のカラムから始まる。

❾ 項目名はitemnameクラスに指定したスタイルで表示する。

❿ 「明細」の要素を表示するときは、7カラムにまたいで表示する。

⓫ 各行は、「お届け先」と「明細」のカラムで終わる。

これで、注文履歴の詳細を表示する画面のERBファイルが作成できました。

5.4.10　注文履歴の詳細を表示する処理を作成する

では、Webサーバー側に、注文履歴の詳細を表示する処理を追加しましょう（**リスト5.59**、**リスト5.60**）。

リスト5.59　**Ruby** webapp/order_history_web.rb (1)

```
22.  def add_procs
23.    add_collect_proc
24.    add_list_proc
25.    add_report_proc ❶
26.  end
```

❶ パスがreportのときの処理をmount_procを使って登録するメソッドを追加した。

リスト5.60　**Ruby** webapp/order_history_web.rb (2)

```
62.  def add_report_proc ❶
63.    @server.mount_proc('/report') do |req, res| ❷
64.      p req.query
65.      term = req.query['term'] ❸
```

```
66.        file = req.query['file'] ④
67.        account = req.query['account']
68.        template = ERB.new(File.read('report.erb')) ⑤
69.        res.body << template.result(binding)
70.      end
71.    end ⑥
72.  end ⑦
```

❶ 注文履歴の詳細を表示する画面の処理をWebサーバーに追加するメソッド。

❷ パスがreportのとき、続くブロックを使って処理する。

❸ テンプレートの中で参照する変数termにフォームから渡されたtermの値を格納した。

❹ テンプレートの中で参照する変数fileにフォームから渡されたfileの値を格納した。

❺ テンプレートとして注文履歴の詳細を表示する画面のERBファイルを使う。

❻ add_report_procメソッドの最後。

❼ OrderHistoryWebAppクラスの最後。

これで、注文履歴の詳細を表示する画面とサーバーの処理が作成できました。

5.4.11　注文履歴の詳細を表示する

それでは、Webサーバーを再起動して、動作を確認してみましょう。起動し直すときに、webappディレクトリへ移動するのを忘れないようにしましょう。

リスト5.61 　端末　order_history_web.rbを実行する

```
C:\Users\kuboaki\rubybook>cd webapp ❶

C:\Users\kuboaki\rubybook\webapp>ruby order_history_web.rb
[2021-01-31 17:46:57] INFO  WEBrick 1.4.2
(……略……)
```

❶ webappディレクトリへ移動した。

起動したら、メニュー画面から「取得済み注文履歴一覧の表示」へ進みます。注文履歴の一覧が表示されたら、一覧から履歴を選んで「詳細を表示」ボタンをクリックします。

すると、選んだ注文履歴の詳細が表示されます（**図5.37**）。

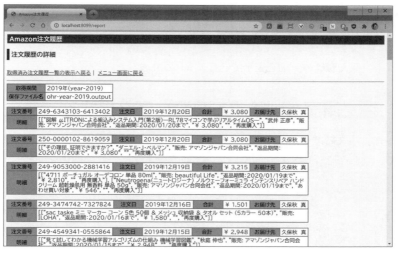

図 5.37　ERB ファイルから生成した「注文履歴の詳細」画面

このとき、ターミナルにログが出力されて、Web サーバーが list.erb から report の処理を実行していることを確認しましょう（**リスト 5.62**）。

リスト 5.62　**端末** Web サーバーが list.erb を実行したときのログ

```
{"term"=>"year-2019", "file"=>"ohr-year-2019.output"} ❶
{"ID"=>"249-6343103-6413402", "注文番号"=>"249-6343103-6413402", "注文日"=>"2019年
12月20日", "合計"=>"￥ 3,080", "お届け先"=>"久保秋　真", "明細"=>"[[\"図解 μITRONに
よる組込みシステム入門(第2版)―RL78マイコンで学ぶリアルタイムOS―\", \"武井 正彦\", \"
販売: アマゾンジャパン合同会社\", \"返品期間:2020/01/20まで\", \"￥ 3,080\", \"\", \"
再度購入\"]]"}
{"ID"=>"250-0000102-8619059", "注文番号"=>"250-0000102-8619059", "注文日"=>"2019年
12月20日", "合計"=>"￥ 3,080", "お届け先"=>"久保秋　真", "明細"=>"[[\"その理屈、証明で
きますか?\", \"ダニエル・J・ベルマン\", \"販売: アマゾンジャパン合同会社\", \"返品期間:
2020/01/20まで\", \"￥ 3,080\", \"\", \"再度購入\"]]"}

(……略……)

{"ID"=>"503-5588516-3214259", "注文番号"=>"503-5588516-3214259", "注文日"=>"2019年
1 月5日", "合計"=>"￥ 1,728", "お届け先"=>"久保秋　真", "明細"=>"[[\"ファンタスティッ
ク・ビーストと黒い魔法使いの誕生 映画オリジナル脚本版\", \"J.K.ローリング\", \"販売: ア
マゾンジャパン合同会社\", \"返品期間:2019/02/06まで\", \"￥ 1,728\", \"\", \"再 度購
入\"]]"}
127.0.0.1 - - [02/Feb/2021:09:47:24 東京 (標準時)] "POST /report HTTP/1.1" 200
56464
http://localhost:8099/list.erb -> /report ❷
```

❶ 詳細のフォームで利用しているハッシュの中身。長いので途中は省略した。

❷ reportを処理していることを示すログ。

これで、注文履歴の詳細を表示できるようになりました。

5.4.12　注文履歴を削除する画面をERB化する

最後に、注文履歴を削除する画面をERBファイルに変更しましょう。注文履歴の削除に関連する、これから作成する画面や処理とプログラムファイルの関係を図にしておきます（図5.38）。

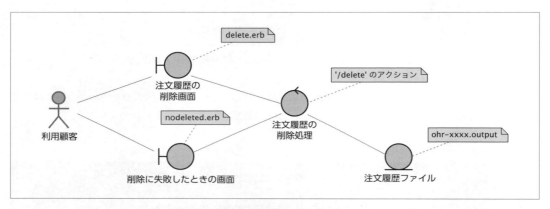

図5.38　注文履歴の削除に関連する画面や処理を表したロバストネス図

(1) 削除する注文履歴を選択する画面を修正する

注文履歴の削除画面のHTMLファイルdelete03.htmlをコピーして、delete.erbを用意します。コピーできたら、編集しましょう。

リスト5.63　ERB　webapp/delete.erb

```
 1. <%# encoding: utf-8 %>
 2. <% require_relative './term_names' %>
 3. <% files = Dir.glob("ohr-*.output") %> ❶
 4. <!DOCTYPE html>
 5. <html lang="ja">
 6.   <head>
 7.     <meta http-equiv="Content-Type" content="text/html; charset=UTF-8" />
 8.     <link rel="stylesheet" type="text/css" href="default.css">
 9.     <script>
10.       function deleting(fn) {
```

```
11.        var msg = '履歴 ' + fn + ' を削除してよろしいですか';
12.        if(window.confirm(msg)) {
13.          return true;
14.        } else {
15.          return false;
16.        }
17.      }
18.    </script>
19.    <title>Amazon注文履歴</title>
20.  </head>
21.  <body>
22.    <h1>Amazon注文履歴</h1>
23.    <h2>取得済み注文履歴を選択して削除</h2>
24.    <p id="links"><a href="collect.erb">注文履歴の取得</a> |
25.      <a href="index.html">メニュー画面に戻る</a></p>
26.    <p id="msg">削除したい注文履歴の「履歴を削除」を押してください</p>
27.    <hr>
28.    <table>
29.      <tr>
30.        <th> </th><th>取得期間</th><th>保存ファイル名</th>
31.      </tr>
32.      <% $term_names.each do |key, val| %> ❷
33.        <% file = "ohr-#{key}.output" %> ❸
34.        <% if FileTest.exist?(file) %> ❹
35.          <tr>
36.            <td>
37.              <form method="post" action="delete" name="delete_form_<%= key
                 %>" onSubmit="return deleting('<%= file %>')"> ❺
38.                <input type="hidden" name="term" value="<%= key %>"> ❻
39.                <input type="hidden" id="file" name="file" value="<%= file
                   %>"> ❼
40.                <button class="exec_btn" type="submit">履歴を削除</button>
41.              </form>
42.            </td>
43.            <td><%= val %></td> ❽
44.            <td><%= file %></td> ❾
45.          </tr>
46.        <% end %>
47.      <% end %>
48.    </table>
49.    <hr>
50.  </body>
51. </html>
```

❶ list.erbと同じようにDir.globを使ってディレクトリ内から取得した注文履歴のファイル名（ohrで始まって.outputで終わるファイル）を収集して、変数filesに格納して

229

いる。

❷ ハッシュ $term_names から each メソッドでキー文字列と表示文字列を取り出して、順番に繰り返し処理する。ローカル変数 key と val で参照する。

❸ key を元に注文履歴のファイル名を合成して file に格納している。

❹ ファイルが存在しているか確認して、存在しているときだけ一覧の行を作成する。

❺ 行ごとにフォームを作成している。また、フォームは<tr>には配置できないので、<td>に配置した。deleting 関数へ渡すファイル名に合成したファイル名 file を参照している。

❻ サーバーへ送信するときに、取得期間を渡すために、タイプが hidden の要素に覚えておく。

❼ サーバーへ送信するときに、取得ファイル名を渡すために、タイプが hidden の要素に覚えておく。

❽ 取得期間を表示した。

❾ 取得ファイル名を表示した。

この一覧も表全体を 1 つのフォームにしないで、行ごとにフォームを作成しています。

▌（2）注文履歴が削除できなかったときの画面を修正する

注文履歴が削除できなかったときの画面も作成しましょう。注文履歴が削除できなかったときの HTML ファイル nodeleted02.html をコピーして、nodeleted.erb を用意します（リスト 5.64）。

リスト 5.64　**ERB**　webapp/nodeleted.erb

```
 1. <%# encoding: utf-8 %>
 2. <% require_relative './term_names' %>
 3. <!DOCTYPE html>
 4. <html lang="ja">
 5.   <head>
 6.     <meta http-equiv="Content-Type" content="text/html; charset=UTF-8" />
 7.     <link rel="stylesheet" type="text/css" href="default.css">
 8.     <title>Amazon注文履歴</title>
 9.   </head>
10.   <body>
11.     <h1>Amazon注文履歴</h1>
12.     <h2 class="alert">注文履歴は削除できませんでした</h2>
13.     <p id="links"><a href="delete.erb">注文履歴を選択して削除に戻る</a> |
14.       <a href="index.html">メニュー画面に戻る</a></p>
15.     <p id="msg">発生したエラー：<%= errormsg %></p> ❶
16.     <hr>
17.     <table>
18.       <tr>
19.         <th>取得期間</th>
```

```
20.        <td><%= $term_names[term] %>(<%=term%>)</td> ❷
21.      </tr>
22.      <tr>
23.       <th>保存ファイル名</th>
24.       <td><%= file %></td> ❸
25.      </tr>
26.     </table>
27.     <hr>
28.    </body>
29.  </html>
```

❶ Webサーバーが返すエラーメッセージを、変数errormsgを参照して表示した。

❷ 取得期間を表示した。

❸ 削除に失敗した保存ファイル名を表示した。

■（3）メニュー画面の注文一覧の表示へのリンクを修正する

こんども忘れないうちに、メニュー画面も**リスト5.63**で作成したERBファイルを呼び出すように修正しておきましょう（**リスト5.65**）。

リスト5.65　`HTML` webapp/index.htmlの注文一覧の削除へのリンクを修正した

```
13.    <table>
14.     <tr><td><a href="collect.erb">注文履歴の取得</a></td></tr>
15.     <tr><td><a href="list.erb">取得済み注文履歴一覧の表示</a></td></tr>
16.     <tr><td><a href="delete.erb">注文履歴を選択して削除</a></td></tr> ❶
17.    </table>
```

❶ ERBファイルdelete.erbを呼び出すように変更した。

これで、注文履歴の削除に必要な画面のERBファイルが作成できました。

5.4.13　注文履歴の削除のサーバー側の処理を作成する

では、作成した画面を使うWebサーバー側の処理を作成しましょう（**リスト5.66**、**リスト5.67**）。

リスト5.66　`Ruby` webapp/order_history_web.rb (1)

```
22.    def add_procs
23.      add_collect_proc
24.      add_list_proc
25.      add_report_proc
26.      add_delete_proc ❶
27.    end
```

❶ パスがdeleteのときの処理をmount_procを使って登録するメソッドを追加した。

リスト5.67　Ruby　webapp/order_history_web.rb (2)

```ruby
74.    def add_delete_proc ❶
75.      @server.mount_proc('/delete') do |req, res| ❷
76.        p req.query
77.        term = req.query['term'] ❸
78.        file = req.query['file'] ❹
79.        begin ❺
80.          File.delete(file) ❻
81.          p "#{file} was deleted."
82.          erb = 'delete.erb' ❼
83.        rescue => e ❽
84.          errormsg = e ❾
85.          erb = 'nodeleted.erb' ❿
86.        end
87.        template = ERB.new(File.read(erb))
88.        res.body << template.result(binding)
89.      end
90.    end ⓫
91.  end ⓬
```

❶ 注文履歴の削除の画面の処理をWebサーバーに追加するメソッド。

❷ パスがdeleteのとき、続くブロックを使って処理する。

❸ テンプレートの中で参照する変数termにフォームから渡されたtermの値を格納した。

❹ テンプレートの中で参照する変数fileにフォームから渡されたfileの値を格納した。

❺ ファイル削除に失敗したときのRuntimeErrorを捕捉したかったので、例外処理のブロックを使った。

❻ ファイルの削除。使っているOSに依存しないよう、Rubyのライブラリを使って削除している。

❼ 削除が成功したら削除の一覧画面へ戻るよう、テンプレートとして同じ画面のERBファイルを使う。

❽ 削除に失敗したら、テンプレートとして削除に失敗したときの画面のERBファイルを使う。

❾ 例外処理のエラーをテンプレートの中で参照する変数errormsgに格納した。

❿ 削除に失敗した場合は、テンプレートとして注文履歴が削除できなかったときの画面のERBファイルを使う。

⓫ add_delete_procメソッドの最後。

⓬ OrderHistoryWebAppクラスの最後。

ファイルの削除に失敗すると、RuntimeError例外を発生します。ここでなにも施さないと、

そこでアプリケーション（ここではWebサーバー）が強制終了します。そのとき、Webブラウザ側では、なにが起きたのか把握できなくなってしまいます。そこで、例外処理を使ってRuntimeError例外を捕捉して、エラーメッセージを変数errormsgに格納して画面に渡しています。例外処理についてわからないときは、「付録D Rubyの復習」を復習しましょう。

　これで、注文履歴を削除する画面とサーバーの処理が作成できました。

5.4.14　注文履歴の削除を実行する

重要

▶取得した注文履歴ファイルをバックアップしておく

取得した注文履歴ファイルを本当に削除してしまうと、もう一度、AmazonのWebサイトから取得し直さなくてはなりません。せっかく取得したファイルを簡単に失ってしまわないよう、削除を試す前に複製を作っておきましょう。

削除したときに一時的に保存するような方法については、後述の「【追加課題B】削除時にバックアップを作成する」で取り上げています。あとで試してみてください。

　それでは、Webサーバーを再起動して、動作を確認してみましょう。まず、メニュー画面の「注文履歴を選択して削除」のリンクがdelete.erbに変わっていることを確認します（**図5.39**）。

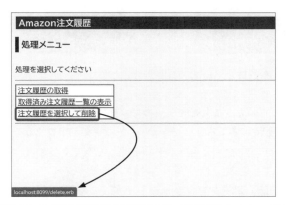

図5.39　注文履歴を選択して削除するリンクを変更したメニュー画面

　メニュー画面から「注文履歴を選択して削除」をクリックすると、「取得済み注文履歴を選択して削除」の画面に遷移します（**図5.40**）。

図5.40　ERBファイルから生成した「取得済み注文履歴を選択して削除」画面

　このとき、ターミナルにログが出力されて、Webサーバーがdelete.erbの処理を実行していることを確認しましょう（**リスト5.68**）。

リスト5.68　端末　Webサーバーがdelete.erbを実行したときのログ

```
127.0.0.1 - - [02/Feb/2021:10:32:26 東京 (標準時)] "GET /delete.erb HTTP/1.1" 200
5544
http://localhost:8099/index.html -> /delete.erb ❶
```

❶ delete.erbを処理していることを示すログ。

　それでは、消してもよい注文履歴を決めて、その履歴の「履歴を削除」ボタンをクリックしてみましょう。「削除してよろしいですか。」というダイアログが表示されます。1度目は、削除を踏みとどまって「キャンセル」ボタンを押してみてください。すると、元の画面に戻ります。

　再び「履歴を削除」ボタンをクリックします。こんどは「OK」ボタンをクリックします。すると、また元の画面に戻ります。ですが、先ほどとは異なり、指定した注文履歴ファイルは削除されています。

　ログを見てみましょう。指定したファイルを削除したときに出力するメッセージが見つかります（**リスト5.69**）。

リスト5.69　端末　Webサーバーが注文履歴を削除したあとのログ

```
{"term"=>"year-2021", "file"=>"ohr-year-2021.output"} ❶
"ohr-year-2021.output was deleted." ❷
127.0.0.1 - - [02/Feb/2021:20:07:45 東京 (標準時)] "POST /delete HTTP/1.1" 200 ↗
```

```
5099
http://localhost:8099/delete.erb -> /delete ❸
```

❶ 削除対象の注文履歴ファイルの期間とファイル名。
❷ 削除に出力していたメッセージ。
❸ delete を処理していることを示すログ。

　次に、削除に失敗した場合を試してみましょう。「取得済み注文履歴を選択して削除」画面
は、残っているファイルを Dir.glob メソッドを使って調べていますから、先に削除やファイ
ル名を変更してもうまくいきません。意図的に失敗させるには、「注文履歴の削除を意図的に
失敗させる手順」のようにするとよいでしょう。

注文履歴の削除を意図的に失敗させる手順
1. 「取得済み注文履歴を選択して削除」画面を表示する。
2. 取得期間の中から削除したい取得期間の「履歴を削除」ボタンをクリックする。
   - 削除の確認ダイアログが表示される。
3. Web ブラウザはダイアログが開いた状態のままにしておき、エクスプローラーやターミ
   ナルを使って削除対象のファイルを移動するか、ファイル名を変えておく。
   - たとえば、ohr-year-2020.output を ohr-year-2020.output- のように変更する。
4. 開いたままにしていたダイアログで「OK」をクリックする。
5. 「注文履歴は削除できませんでした」画面が表示される（**図5.41**）。

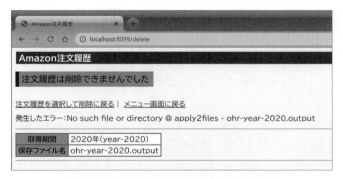

図5.41　注文履歴が削除できなかったときの画面

　これで、注文履歴の削除ができるようになりましたね。

5.5 | Webアプリ版注文履歴取得アプリケーションの完成

やっと、Webアプリ版注文履歴取得アプリケーションが完成しました。

5.5.1 Webアプリ版の構造

アプリケーションの構造をクラス図にしてみましょう（**図5.42**）。図にして気づきましたが、add_xxxxというメソッドはprivateにしておいた方がよかったですね。

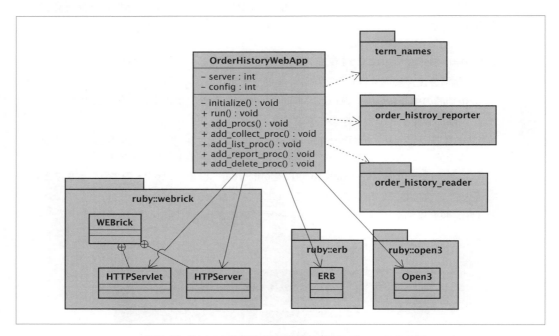

図5.42　Webアプリ版注文履歴取得アプリケーションのクラス図

5.5.2 完成したアプリケーションのプログラム

完成したプログラム全体を確認しましょう（**リスト5.70**、**リスト5.71**）。

リスト5.70　 Ruby webapp/order_history_web.rb

```
1. # frozen_string_literal: true
2.
3. require 'webrick'
4. require 'erb'
5. require 'open3'
```

```ruby
 6. require_relative './term_names'
 7.
 8. class OrderHistoryWebApp
 9.   def initialize
10.     @config = {
11.       DocumentRoot: './',
12.       BindAddress: '127.0.0.1',
13.       Port: 8099
14.     }
15.     @server = WEBrick::HTTPServer.new(@config)
16.     WEBrick::HTTPServlet::FileHandler.add_handler('erb', WEBrick::HTTPServlet::ERBHandler)
17.     @server.config[:MimeTypes]['erb'] = 'text/html'
18.     trap('INT') { @server.shutdown }
19.     add_procs
20.   end
21.
22.   def add_procs
23.     add_collect_proc
24.     add_list_proc
25.     add_report_proc
26.     add_delete_proc # <1>
27.   end
28.
29.   def run
30.     @server.start
31.   end
32.
33.   def add_collect_proc
34.     @server.mount_proc('/collect') do |req, res|
35.       p req.query
36.       term = req.query['term']
37.       account = req.query['account']
38.       script = '../order_history_reporter.rb'
39.       file = "ohr-#{term}.output"
40.       # script = 'long_time_test.rb'
41.       # file = 'ohr-dummy.output'
42.       cmd = "ruby #{script} -t #{term} -a #{account} > #{file}"
43.       stdout, stderr, status = Open3.capture3(cmd)
44.       p stdout, stderr, status
45.       erb =
46.         if /exit 0/ =~ status.to_s
47.           'collected.erb'
48.         else
49.           'nocollected.erb'
50.         end
```

```ruby
51.       template = ERB.new(File.read(erb))
52.       res.body << template.result(binding)
53.     end
54.   end
55.
56.   def add_list_proc
57.     @server.mount_proc('/list') do |req, res|
58.       template = ERB.new(File.read('list.erb'))
59.       res.body << template.result(binding)
60.     end
61.   end
62.
63.   def add_report_proc
64.     @server.mount_proc('/report') do |req, res|
65.       p req.query
66.       term = req.query['term']
67.       file = req.query['file']
68.       account = req.query['account']
69.       template = ERB.new(File.read('report.erb'))
70.       res.body << template.result(binding)
71.     end
72.   end
73.
74.   def add_delete_proc #<1>
75.     @server.mount_proc('/delete') do |req, res| # <2>
76.       p req.query
77.       term = req.query['term'] # <3>
78.       file = req.query['file'] # <4>
79.       begin # <5>
80.         File.delete(file) # <6>
81.         p "#{file} was deleted."
82.         erb = 'delete.erb' # <7>
83.       rescue => e # <8>
84.         errormsg = e # <9>
85.         erb = 'nodeleted.erb' # <10>
86.       end
87.       template = ERB.new(File.read(erb))
88.       res.body << template.result(binding)
89.     end
90.   end # <11>
91. end # <12>
92.
93. if __FILE__ == $PROGRAM_NAME
94.   app = OrderHistoryWebApp.new
95.   app.run
96. end
```

リスト5.71　`Ruby` order_history_reader.rb

```ruby
 1. # frozen_string_literal: true
 2.
 3. # 注文履歴を1レコードずつ読み込むためのクラス
 4. class OrderHistoryReader
 5.   def initialize(filename, mode = 'r')
 6.     @file = File.open(filename, mode)
 7.     return unless block_given?
 8.
 9.     yield self
10.     @file.close
11.   end
12.
13.   def each
14.     until @file.eof
15.       record = {}
16.       @file.each do |line|
17.         if /^(ID|注文番号|注文日|合計|お届け先|明細):\s*(.+)/ =~ line
18.           record[$1] = $2
19.         end
20.         break if record.key?('明細')
21.       end
22.       p record
23.       record['お届け先'] = '指定なし' unless record.key?('お届け先')
24.       yield record
25.     end
26.   end
27.
28.   def close
29.     @file.close
30.   end
31. end
32.
33. # Test class
34. class HistoryFileReadTest
35.   def put_record(rec)
36.     puts '----------'
37.     rec.each do |key, value|
38.       puts "#{key}| #{value}"
39.     end
40.   end
41.
42.   def run1(filename)
43.     OrderHistoryReader.new(filename) do |reader|
44.       reader.each do |rec|
45.         put_record(rec)
```

```
46.       end
47.     end
48.   end
49.
50.   def run2(filename)
51.     reader = OrderHistoryReader.new(filename)
52.     reader.each do |rec|
53.       put_record(rec)
54.     end
55.     reader.close
56.   end
57. end
58.
59. if __FILE__ == $PROGRAM_NAME
60.   puts "Order History File: #{ARGV[0]}"
61.   app = HistoryFileReadTest.new
62.   app.run1(ARGV[0])
63.   puts '=========='
64.   app.run2(ARGV[0])
65. end
```

他のファイルは省略します。

5.5.3　追加課題

もう少し手を入れたい人は、次の課題に取り組んでみてください。

【追加課題A】コマンドライン版をライブラリとして使う

この演習では、Amazonから注文履歴を取得する処理は、コマンドライン版アプリケーションをそのまま呼び出して使いました。そのため、サーバー側で取得処理を実行するときには、Webアプリとは別に新しいシェル（利用者がアプリケーションを実行するための対話プログラム）を起動してRubyコマンドを実行しています。このような作り方は、外部のプログラムを実行する方法としてよく使われています。ですが、この演習の場合は、コマンドライン版とWeb版のどちらもがRubyのプログラムです。もう少し工夫すれば、コマンドライン版アプリケーションをライブラリとして、Webアプリ版のプロセスの中で呼び出せそうです。Webアプリ版のプログラムを、コマンドライン版をライブラリとしてrequireして、コマンドライン版の内部に定義したクラスを使うように修正してみてください。

次の章「第6章 注文履歴からExcelワークシートを作ろう」でも、目的の処理をいったんコマンドライン版として作成します。そして、作成したプログラムを外部コマンドとして起動する代わりに、内部で定義したクラスを使っています。もし、難しいようなら、次の章の演習をやったあとで追加課題を試してみると取り組みやすくなるでしょう。

【追加課題B】削除時にバックアップを作成する

この章の演習では、注文履歴ファイルを削除するときは、該当するファイルを直接削除していました。そこを、WindowsやMacでは、デスクトップの「ゴミ箱」にとっておくように、消さずにとっておく方法に変えてみましょう。

サーバー側に、削除済みの注文履歴を格納するディレクトリを用意します。そして、ファイルは削除する代わりにそのディレクトリへ移動させましょう。本当に削除したいときは、このディレクトリのファイルを削除することにします。このとき、どのような画面や操作が必要になるかも、みなさんが考えてみてください。

【追加課題C】検索機能を追加する

注文履歴の検索は、AmazonのWebサイトにログインして調べた方が楽で便利なので、アプリケーションの機能としては取り上げませんでした。ですが、Webアプリ版に検索機能を追加してみることはよい演習になるでしょう。作成する手順は「検索機能を追加する手順」のようになるでしょう。

検索機能を追加する手順

1. 取得した注文履歴ファイルを検索するコマンドライン版アプリケーション、またはモジュールを作る。
   - 検索ワードを渡したら、取得した注文履歴ファイルを1レコードずつ読み込んで、マッチするレコード（のID）群を返すコマンドを作る。
2. 検索ワードを入力するフォームを持つ検索画面を作る。
3. 検索結果の一覧を表示する画面を作る。
4. メニューに検索処理へのリンクを追加する。

取得期間を決めずに、取得済みのすべてのファイルについてマッチするレコードを検索するように作ってみるのも面白いでしょう。

5.6 | この章の振り返り

この章では、Webアプリ版注文履歴取得アプリケーションを作りました。コマンドライン版と同じ様に、どのような機能を持つアプリケーションを作るのかを検討するためにユースケースを使いました。

学んだこと①——————————

それぞれのユースケースについてユースケース記述を書いて、どのような画面を使ってどのようにやり取りするのかを整理しました。

学んだこと②

　ユースケース記述に登場した画面を HTML ファイルとして作成しました。スタイルシートも作成して、画面の体裁も調整しました。これらの作業は、本来ならデザインの仕事としてページデザイナーなどが担当する領域ですね。

学んだこと③

　ユースケース記述のやり取りに従うよう、HTML ファイルに画面遷移を追加しました。このとき、どの画面でなにが起きたらどの画面へ遷移するのかを、ステートマシン図を使って整理しました。

学んだこと④

　これまでに作成した画面とユースケース記述に書いた処理の流れを組み合わせて、Web アプリに仕立てました。ユースケースごとに、どのような画面や処理を用意すればよいのか、また、それらはどのような関係にあるのかをロバストネス図を使って整理しました。この図に従って、HTML ファイルで作成した静的な Web ページを、ERB ファイルに書き換えました。ERB ファイルを使うことで、実行時に入力した（あるいは取得した）データを埋め込んだ動的な Web ページが作れるようになりました。

学んだこと⑤

　Web サーバーは、ブラウザからリクエストを受け取って取得や削除といった処理を実行します。その結果を ERB ファイルに埋め込み、動的な Web ページをレスポンスとして返しました。

学んだこと⑥

　複数行からなるレコードを 1 回の読み込みで扱えるようなライブラリクラスも作成しました。そこでは、自分で定義したブロックつきメソッドを実現するために、yield を使いました。削除の失敗を取り扱う場面では、例外処理を使いました。

　Web アプリ版では、一見、画面操作と画面遷移の処理をたくさん作ったように感じます。しかしそれは、あらかじめ作ってあったコマンドライン版を呼び出して済ませていたからです。この演習によって、Web アプリであっても、アプリケーションとしての本質的な処理が重要なのは変わらないことがわかったのではないでしょうか。

Column【9】ローディング画像

　Webアプリが時間のかかる処理をしている間、表示しているページに変化がないと処理が進んでいるのかどうかわかりにくくなります。このようなとき、処理が継続していることをユーザーに意識してもらう方法として、動きのある画像を使うことがあります。そのような画像のことを「ローディング画像」といいます。

　ローディング画像には、アニメーションGIFやSVG形式の画像、WebFontとして用意されているもの、CSSの機能を使って構成したものがあります。この章で使ったローディング画像には、次のWebサイトで提供しているアニメーションGIFを使いました。

　フリーで使えるローディング画像各種（アニメーションGIF）
　https://www.benricho.org/loading_images/transparent01.html

第1部　準備編

第2部　実践編

付録

第6章　注文履歴からExcelワークシートを作ろう

みなさんは、データを整理するときにMicrosoft Excelをよく使っているのではないでしょうか。この章では、Excelを操作してAmazonの注文履歴をExcelのワークシートに読み込ませるのではなく、Excelを起動することなしにRubyのプログラムでExcelのワークシートを作成してみましょう。

6.1 Excelを使わずにワークシートを作成したい

Excelのファイル形式は、テキストのように単純ではありません。ブックが複数のワークシートを持ち、ワークシートには複数の行があり、行には複数のセルがあるといった複雑なデータ構造になっています。それだけではなく、体裁を整える書式の設定や計算式、マクロなども含まれています。そのため、テキストエディタを使っても編集できません。一方、取得したAmazonの注文履歴はテキストファイルです。そのままではExcelのワークシートとして使えません。

幸い、Excelには、CSV^{用語}（Comma Separated Values）形式のファイル（CSVファイル）を読み込む機能があります。CSVファイルは、1行が1件のレコードを表し、1件の各項目をカンマで区切って表した形式のテキストファイルです。Amazonの注文履歴もカンマ区切りのデータとして出力すれば、ExcelのCSVファイル読み込み機能を使って読み込めます。しかし、この本ではせっかくRubyのプログラミングを学んでいるのですから、Excelを使わずにRubyを使ってExcelのファイルを作ってみたくはありませんか。そうなれば、実験や調査で収集したデータを加工するときも、毎度Excelを手で操作する代わりにRubyプログラムが処理してくれるようになります。決まった処理を繰り返すときには便利なのではないでしょうか。

6.2 RubyでExcelワークシートを作る方法を知る

まず、RubyプログラムからExcelのワークシートを操作できるようにする方法を調べてみましょう。

6.2.1 Excelワークシートを操作できるライブラリを調べる

RubyからExcelを操作したいと考えている人は、わたしたちの他にもたくさんいるようです。そのため、いくつものライブラリが提供されています。**表6.1**は、わたしが気になったライブラリのリストです。

表6.1 Excelのワークシートを操作できるRubyのライブラリの例

ライブラリ名	概要
Win32OLE [8]	COMという API 群を利用して他のプログラムを操作するライブラリ。このライブラリは Excel をプログラムから操作しているので、Excel がインストールされている Windows 上でなければ利用できない。
Spreadsheet [9]	xls 形式のファイルが操作できる。
Roo [10]	Excelの他に Libre Office や Google Spreadsheet のファイルが操作できる。
rubyXL [11]	xlsx 形式のファイルの読み書き、既存のワークシートの変更もできる。

この章の演習に使うライブラリを選択するために、次の条件を考えました。

Excelを操作するライブラリに期待する条件

- Mac でも Windows でも（できれば Linux でも）使えること。
- 既存の xlsx ファイルを読み込めること。
- 新規の xlsx ファイルを作成できること。
- ワークシートの操作が複雑でないこと。
- ライブラリの開発が継続していること。

これらを勘案した結果、この章の演習には「rubyXL」を使うことに決めました。

6.2.2 rubyXLをインストールする

まず、rubyXLを導入しましょう。rubyXL という名前で gem パッケージになっていますので、これをインストールします（**リスト6.1**）。Mac や Linux の場合、sudo コマンドを使う必要があるでしょう。また、Mac の場合、Xcode コマンドラインツールをインストールしていることを確認しましょう。

リスト6.1　端末　rubyXLをインストールする

```
C:\Users\kuboaki>gem install rubyXL
Fetching rubyXL-3.4.16.gem
Successfully installed rubyXL-3.4.16
Parsing documentation for rubyXL-3.4.16
Installing ri documentation for rubyXL-3.4.16
Done installing documentation for rubyXL after 4 seconds
1 gem installed
```

みなさんの環境によって、同時にインストールされるパッケージやバージョンは異なっている場合があります。最後に出力されているメッセージを読んで、rubyXL がインストールできていることを確認してください。

8　https://docs.ruby-lang.org/ja/2.1.0/class/WIN32OLE.html

9　https://github.com/zdavatz/spreadsheet

10　https://github.com/roo-rb/roo

11　https://github.com/weshatheleopard/rubyXL

6.2.3　rubyXLの動作を確認する

　簡単なサンプルで、rubyXLの動作をテストするプログラム rubyxl_test01.rbを書きましょう（**リスト6.2**）。少し長いですが、似たような項目の繰り返しなので、難しくはないでしょう。

リスト6.2　`Ruby` rubyxl_test01.rb

```ruby
 1. # frozen_string_literal: true
 2.
 3. require 'rubyXL' ❶
 4. require 'rubyXL/convenience_methods/cell' ❷
 5. require 'rubyXL/convenience_methods/workbook' ❸
 6.
 7. book = RubyXL::Workbook.new ❹
 8. sheet = book[0] ❺
 9.
10. sheet.add_cell(0, 0, 'ISBN') ❻
11. sheet.add_cell(0, 1, '書籍名')
12. sheet.add_cell(0, 2, '著者名')
13. sheet.add_cell(0, 3, '発売日')
14. sheet.add_cell(0, 4, '出版社')
15. sheet.add_cell(0, 5, '価格')
16.
17. sheet.add_cell(1, 0, '978-4802611589') ❼
18. sheet.add_cell(1, 1, '作って身につくC言語入門')
19. sheet.add_cell(1, 2, '久保秋 真')
20.
21. pub_date = Date.strptime('2018/5/21', '%Y/%m/%d') ❽
22. cell = sheet.add_cell(1, 3, 0) ❾
23. cell.change_contents(pub_date) ❿
24. cell.set_number_format('yyyy年mm月dd日') ⓫
25.
26. sheet.add_cell(1, 4, 'ソシム')
27.
28. price = '￥2,508' ⓬
29. cell = sheet.add_cell(1, 5, 0)
30. p = price.split(/\D+/).join.to_i ⓭
31. cell.change_contents(p) ⓮
32. cell.set_number_format('#,##0円') ⓯
33.
34. sheet.add_cell(2, 0, '978-4634151048') ⓰
35. sheet.add_cell(2, 1, '和菓子を愛した人たち')
36. sheet.add_cell(2, 2, '虎屋文庫 編著')
37. pub_date = Date.strptime('2017/6/5', '%Y/%m/%d')
38. cell = sheet.add_cell(2, 3, 0)
```

```
39. cell.change_contents(pub_date)
40. cell.set_number_format('yyyy年mm月dd日')
41.
42. sheet.add_cell(2, 4, '山川出版社')
43.
44. price = '￥1,980'
45. cell = sheet.add_cell(2, 5, 0)
46. p = price.split(/\D+/).join.to_i
47. cell.change_contents(p)
48. cell.set_number_format('#,##0円')
49.
50. book.write('bookinfo.xlsx')  ⑰
```

❶ rubyXL を使うための宣言。

❷ セルを操作するためのメソッドを使うときには、このライブラリを require する。

❸ ブックやワークシートを操作するためのメソッドを使うときには、このライブラリを require する。

❹ 新しいブックを作り、book という名前で参照する。

❺ 新しいブックの最初のワークシートを sheet という名前で参照する。

❻ (0, 0) で指定した1行目の1列目に ISBN という文字列を入力したセルを追加した。以下の項目名も同じ要領で追加する。

❼ (1, 0) で指定した2行目の1列目に1冊目の本の ISBN 番号を入力したセルを追加した。

❽ yyyy/mm/dd 表示の日付文字列を Date クラスのインスタンスに変換した。

❾ (1, 3) で指定した2行目の4列目を数値のセルにするために0を置いた。

❿ セルデータを変換した日付形式の数値と置き換えた。

⓫ セルのフォーマットを yyyy 年 mm 月 dd 日形式に変更した。

⓬ 文字列形式の価格。

⓭ 価格表示の文字列を数値形式に変換した。

⓮ 得られた数値でセルデータを置き換えた。

⓯ セルのフォーマットを #,##0 円形式に変更した。

⓰ ここから2行目のデータ。

⓱ bookinfo.xlsx という名前のファイルに書き出した。

　必要なライブラリを require したら、Workbook モジュールを使って新しい Excel ブックを作ります。作成したブックの最初のワークシート（book[0]）にセルを追加（指定したセルを入力）し、データをセットしていきます。Excel は、数値セルに日付や通貨といった書式を指定できます。そこで、日付と価格のデータについては、文字列から書式つきの数値に変換しています。

　price を数値に変換するところは、もう少し説明が必要でしょう。まず split メソッド

は、引数で与えた文字列や正規表現を区切り文字として文字列を配列に変換します。split_
test01.rbを作成して、ちょっと実験してみましょう（**リスト6.3**）。

リスト6.3　`Ruby` split_test01.rb

```
1. # frozen_string_literal: true
2.
3. price0 = '合計: ￥ 123,456,789'
4. price1 = '\123'
5. p price0.split ❶
6. p price1.split
```

❶ splitメソッドで分割した。区切り文字を指定していない場合、空白文字を区切として
分割する。実行結果を確認するためにpメソッドを使った。

実行してみます（**リスト6.4**）。

リスト6.4　`端末` split_test01.rbを実行する

```
C:\Users\kuboaki\rubybook>ruby split_test01.rb
["合計:", "￥", "123,456,789"]
["\\123"]
```

次は、splitメソッドの引数に区切り文字を指定してみます。ここでは、/\D+/ という正規
表現を使ってみます。\Dは0から9の数字以外にマッチするパターンですから、数字以外が区
切りになり、数字の並びが要素の配列ができます。
split_test01.rbを元にsplit_test02.rbを作成して、これも実験してみましょう（**リス
ト6.5**）。

リスト6.5　`Ruby` split_test02.rb

```
1. # frozen_string_literal: true
2.
3. price0 = '合計: ￥ 123,456,789'
4. price1 = '\123'
5. p price0.split(/\D+/) ❶
6. p price1.split(/\D+/)
```

❶ splitメソッドの区切り文字に、数字以外の並びを区切り文字とする正規表現を指定した。

実行してみます（**リスト6.6**）。

リスト6.6　`端末` split_test02.rbを実行する

```
C:\Users\kuboaki\rubybook>ruby split_test02.rb
```

```
["", "123", "456", "789"]
["", "123"]
```

　こんどは、数字の並びだけが抽出できましたね。あとは、この配列の要素をそのまま join メソッドで結合すれば、数字だけの並ぶ文字列が得られます。split_test02.rb を元に split_test03.rb を作成して実験してみましょう。（**リスト6.7**）。

リスト6.7　**Ruby**　split_test03.rb

```
1. # frozen_string_literal: true
2.
3. price0 = '合計: ¥ 123,456,789'
4. price1 = '\123'
5. p price0.split(/\D+/).join ❶
6. p price1.split(/\D+/).join
```

❶ join メソッドで数字の並びに変換した。

　実行してみます（**リスト6.8**）。

リスト6.8　**端末**　split_test03.rb を実行する

```
C:\Users\kuboaki\rubybook>ruby split_test03.rb
"123456789"
"123"
```

　あとは to_i メソッドで数値に変換すればよいですね。
　では、rubyxl_test01.rb を実行してみましょう（**リスト6.9**）。

リスト6.9　**端末**　rubyxl_test01.rb を実行する

```
C:\Users\kuboaki\rubybook>ruby rubyxl_test01.rb
```

　実行すると Excel ファイル bookinfo.xlsx ができています。Excel を起動して、このファイルを開いてみましょう（**図6.1**）。

図6.1　生成された bookinfo.xlsx を確認する

249

　指定したセルに、指定したデータが格納できているのがわかります。また、発売日のデータは 2018/5/21 という日付形式の数値になっていますが、セル内の表示は指定した書式に従っているのがわかります。価格のデータも 2508 という数値になっていますが、セル内の表示は通貨形式になっています。

　rubyXL には、他にも「rubyXL が提供しているその他の機能」に挙げたような機能があります。興味がある人は試してみるとよいでしょう。

rubyXL が提供しているその他の機能

- 既存のファイルを読み込む。
- セルの書式（フォント、色、サイズ、罫線など）を設定する。
- 行、列を対象とした操作（行や列に追加、削除、書式の設定）。
- セル単位の追加、削除。
- ドロップダウンリストを使う。

6.3 ┃ 注文履歴から Excel ワークシートを作成する

　rubyXL を使って Excel のワークシートを作成できるようになりましたので、Amazon の注文履歴を Excel のワークシートに読み込んでみましょう。

6.3.1　注文履歴を Excel のセルに割り当てる

　わたしたちは、Web アプリ版の開発の中で「5.4.8（2）注文履歴をファイルから 1 レコードずつ読み込む」で作成した order_history_reader を使って、注文履歴を 1 レコードずつ読み込めるようになりました。注文履歴のレコードを Excel の 1 行のセルに割り当てる処理は、この機能を使えばできそうですね。

　それでは、注文履歴取得ファイルを読み込んで Excel のワークシートを作成するプログラム order_history_excel_writer.rb を書いてみましょう。このプログラムも分けて説明します。最初は、OrderHistoryExcelWriter クラスのコンストラクタと、表のヘッダ行を書き込む部分です（**リスト 6.10**）。

リスト 6.10　`Ruby` order_history_excel_writer.rb (1)

```ruby
1. # frozen_string_literal: true
2.
3. require 'rubyXL'
4. require 'rubyXL/convenience_methods/cell'
5. require 'rubyXL/convenience_methods/workbook'
6.
7. require_relative './order_history_reader.rb'
```

```
 8.
 9. class OrderHistoryExcelWriter ❶
10.   def initialize(order_filename, excel_filename) ❷
11.     @order_filename = order_filename
12.     @excel_filename = excel_filename
13.     @book = RubyXL::Workbook.new ❸
14.     @sheet = @book[0] ❹
15.   end
16.
17.   def write_header ❺
18.     @sheet.add_cell(0, 0, 'ID') ❻
19.     @sheet.add_cell(0, 1, '注文番号')
20.     @sheet.add_cell(0, 2, '注文日')
21.     @sheet.add_cell(0, 3, '合計')
22.     @sheet.add_cell(0, 4, 'お届け先')
23.     @sheet.add_cell(0, 5, '明細')
24.   end
```

❶ 注文履歴を Excel のワークシートに書き込むためのクラスの定義。

❷ コンストラクタの定義。引数で注文履歴取得ファイルと Excel ファイルのファイル名を受け取る。

❸ 新しいブック用の Workbook を作成し、@book で参照できるようにした。

❹ ブックの先頭のワークシートを @sheet で参照できるようにした。

❺ ワークシートのヘッダ行を書き込むメソッド。

❻ プログラムでは 0 行目、Excel では 1 行目に項目名のセルを追加している。以下も同じ要領で追加する。

　次は、OrderHistoryExcelWriter クラスのうち、セルを追加して日付書式や通貨書式に整えるメソッドです（**リスト 6.11**）。

リスト 6.11　`Ruby` order_history_excel_writer.rb (2)

```
26.   def add_cell_with_date_format(row, column, order_date) ❶
27.     cell = @sheet.add_cell(row, column, 0)
28.     od = Date.strptime(order_date, '%Y年 %m月 %d日') ❷
29.     cell.change_contents(od)
30.     cell.set_number_format('yyyy年mm月dd日')
31.   end
32.
33.   def add_cell_with_price_format(row, column, price) ❸
34.     cell = @sheet.add_cell(row, column, 0)
35.     p = price.split(/\D+/).join.to_i ❹
36.     cell.change_contents(p)
37.     cell.set_number_format('#,##0円') ❺
38.   end
```

❶ 日付文字列を数値にして指定したセルに追加し、日付形式の書式を設定するメソッドの
定義。

❷ Amazon の注文履歴の日付文字列の書式（%Y 年 %m 月 %d 日）を Ruby の Date オブ
ジェクトに変換した。あとの処理は**リスト 6.2** と同じ。

❸ 金額を表している文字列を数値にして、指定したセルに追加するメソッドの定義。

❹ Amazon の注文履歴の合計金額の文字列を正規表現を使って数値に変換した。変換の手
順は**リスト 6.2** と同じ。

❺ セルに追加した数値に通貨型の書式を設定した。

そして、上記のメソッドを使って各データ行を書き込むメソッドと、ワークシート全体を処
理するメソッドです（**リスト 6.12**）。

リスト 6.12　`Ruby` order_history_excel_writer.rb (3)

```
40.    def write_records ❶
41.      row = 1 ❷
42.      OrderHistoryReader.new(@order_filename) do |reader| ❸
43.        reader.each do |rec| ❹
44.          @sheet.add_cell(row, 0, rec['ID']) ❺
45.          @sheet.add_cell(row, 1, rec['注文番号'])
46.          add_cell_with_date_format(row, 2, rec['注文日'])
47.          add_cell_with_price_format(row, 3, rec['合計'])
48.          @sheet.add_cell(row, 4, rec['お届け先'])
49.          @sheet.add_cell(row, 5, rec['明細'])
50.          row += 1 ❻
51.        end
52.      end
53.    end
54.
55.    def write_order_history ❼
56.      write_header
57.      write_records
58.      @book.write(@excel_filename) ❽
59.    end
60. end
```

❶ 注文履歴の項目データを Excel のセルに追加するメソッドの定義。

❷ 行のカウンタを初期化した（Excel の 2 行目が 1）。

❸ `OrderHistoryReader` クラスのインスタンスを作成して、続くブロックで注文履歴の項
目データセルを追加する。

❹ 注文履歴 1 レコードごとに処理する。

❺ ID の行のセルを追加した。以下同じようにして各列へ追加する。

❻ 行のカウンタを 1 増やした。

❼ 注文履歴取得ファイルから項目名と項目データを読み込み、Excelのワークシートのセル
に追加するメソッドの定義。

❽ ヘッダのセル、項目データのセルの追加が終わったら、コンストラクタの引数で指定し
た Excel ブックへ書き込む。

残りは、上記のプログラムを呼び出して実行するためのコードですね（**リスト6.13**）。

リスト6.13　**Ruby** order_history_excel_writer.rb (4)

```ruby
62. if __FILE__ == $PROGRAM_NAME
63.   puts "Order History File:  #{ARGV[0]}"
64.   puts "Order History Excel: #{ARGV[1]}"
65.   app = OrderHistoryExcelWriter.new(ARGV[0], ARGV[1]) ❶
66.   app.write_order_history ❷
67. end
```

❶ コマンドライン引数で指定したファイル名を使って OrderHistoryExcelWriter クラス
のインスタンスを作成する。

❷ 注文履歴の入った Excel ファイルを作成する。

作成したら実行してみましょう（**リスト6.14**）。

リスト6.14　**端末** order_history_excel_writer.rbを実行する

```
C:\Users\kuboaki\rubybook>ruby order_history_excel_writer.rb order_history_
reporter.output order_history.xlsx ❶
```

❶ 注文履歴取得ファイルとして order_history_reporter.output を、出力する Excel
ファイルとして order_history.xlsx を指定して実行した。

実行するとExcelファイル order_history.xlsx ができています。Excelを起動して、この
ファイルを開いてみましょう（**図6.2**）。

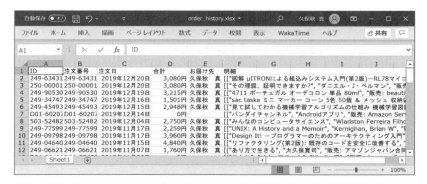

図6.2　生成された order_history.xlsx を確認する

253

　指定したセルに、指定したデータが格納できているのがわかります。注文日や合計のデータが文字列ではなく数値データになっていて、セルの書式設定で通貨や日付の表示になっていることを確認しましょう。

　作成したExcelワークシートの「明細」のデータが、注文履歴取得ファイルの取得データのままで、商品名などの明細が整理できていないことに気づいたでしょう。この明細のデータを処理するプログラムを作るのには、もうひと手間かかります。ですが、ここでは注文履歴取得アプリケーションをExcel対応に仕立てることを優先して、明細の対応はあえて後回しとしましょう。
　この明細の扱いの改善方法については、後述する「【追加課題A】複数明細に対応する」で取り上げています。気になる人は、チャレンジしてみてください。

6.3.2　アプリケーションへの組込み方を決める

　先に、注文履歴アプリケーションにExcelのワークシートを作成する処理を組み込む方式について整理しておきましょう。
　1つ目の方法は、これまで作成しているコマンドライン版の注文履歴取得アプリケーションに、Excelのワークシートを作成する機能を追加する方法です（**図6.3**）。

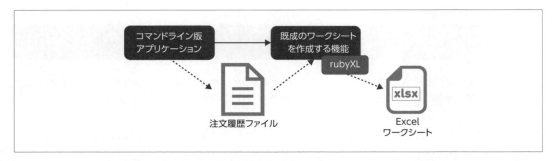

図6.3　方法1：コマンドライン版注文履歴取得アプリケーションを拡張する

　この方法のよいところは、追加する機能も、利用者がこれまでのコマンドライン版を使っているのと同じように利用できることです。その代わり、コマンドライン版のアプリケーションに追加修正が必要になります。また、注文履歴の取得と、注文履歴をExcelワークシートに変換するのは、別のユースケースです。ユースケースごとに別々のプログラムにしておくほうが、プログラムの見通しはよくなるでしょう。
　2つ目の方法は、内部で、コマンドライン版に含まれている注文履歴を取得する機能とExcelのワークシートを作成する機能を分けて構成する方法です（**図6.4**）。

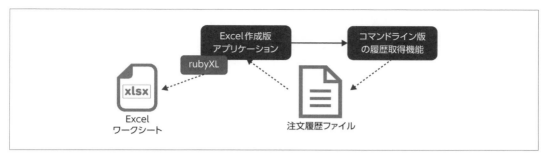

図6.4　方法2：コマンドライン版の機能を利用してExcel作成版を構成する

　この方法の良いところは、これまでのコマンドライン版の注文履歴取得アプリケーションを
変更なしでそのまま使えることです。注文履歴ファイルを入力としてExcelのワークシートを
作る機能だけで構成できるともいえるでしょう。しかも、Excelのワークシートを作る機能は、
「6.3.1 注文履歴をExcelのセルに割り当てる」のプログラムがそのまま使えそうです。

　今回は、2つ目の方法で作成することに決めましょう。追加する機能の検討を始めるにあ
たって、Webアプリ版の構造を思い出してみましょう。たとえば、注文履歴を取得する処理の
ロバストネス図は**図6.5**のようなものでした。

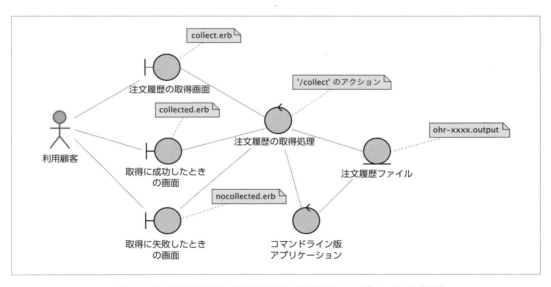

図6.5　注文履歴の取得に関連する画面と処理を表したロバストネス図（再掲）

　ここで、コントロール「コマンドライン版アプリケーション」を「コマンドライン版Excel
ワークシート作成アプリケーション」に置き換えます。画面を「変換する注文履歴の選択画
面」に変え、他の要素も同じようにして置き換えてみます。そして、変換後のExcelワーク

シートを追加すると、**図6.6**のようなロバストネス図が得られます。

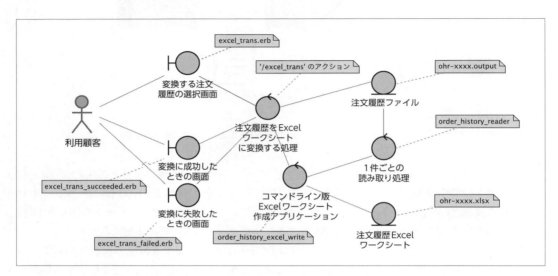

図6.6　注文履歴の Excel ワークシートを作る処理を表したロバストネス図

　いかがでしょう。ここまでロバストネス図ができてしまえば、あとは Web アプリ版で取得や削除といった機能を作成したときと同じようにして機能が追加できそうですね。

　Web アプリ版にこの機能を追加したユースケース図は、**図6.7**のようになるでしょう。このユースケース図には、Excel ワークシートに変換する機能の他に、Web アプリ版で作成した注文履歴の詳細を表示する機能と、1件（1レコード）ごとの読み取り処理を追加してあります。

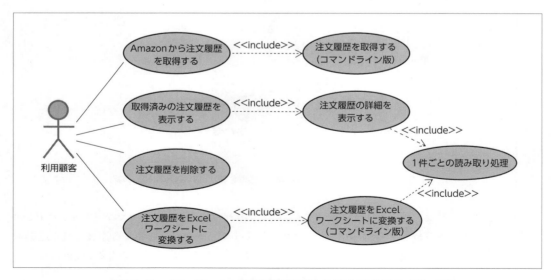

図6.7　Excel ワークシートへの変換機能を追加した Web アプリのユースケース図

また、クラス図は**図6.8**のようになるでしょう。コマンドライン版の Excel ワークシートに変換するライブラリ order_history_excel_writer が追加されています。

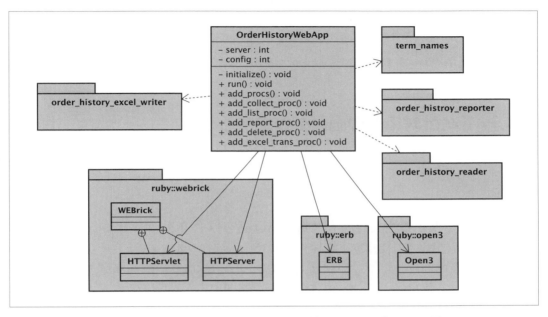

図6.8　Excelワークシートへの変換機能を追加したWebアプリのクラス図

ステートマシン図は**図6.9**のようになるでしょう。

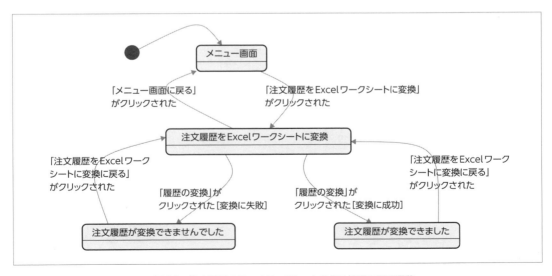

図6.9　注文履歴のExcelワークシートを作る処理の画面遷移

これで、どのような画面を用意し、どのような振舞いによって動作する機能を作成すればよいか整理できました。

6.4 | Excel ワークシートへの変換機能を追加する

作成したロバストネス図やその他の図を参照しながら、Web アプリ版注文履歴取得アプリケーションに、Excel ワークシートへの変換機能を追加しましょう。

6.4.1 Excel 対応版の画面を作成する

先に、処理に必要となる画面を作成しましょう。今回は、いきなり ERB ファイルを作ります。もし、ページのレイアウトやデザインを検討したいなら、HTML ファイルを作成して検討してから ERB ファイルに書き換えてもよいでしょう。

▍（1）変換する注文履歴を選択する画面を作成する

まず、変換する注文履歴の選択画面の ERB ファイルを作成しましょう。注文履歴の削除の画面が似ているので、これを元にしましょう。注文履歴の削除の画面の ERB ファイル delete.erb をコピーして、excel_trans.erb を用意します。コピーできたら修正しましょう（**リスト6.15**）。

リスト6.15 　**ERB** 　webapp/excel_trans.erb

```
 1. <%# encoding: utf-8 %>
 2. <% require_relative './term_names' %>
 3. <% files = Dir.glob("ohr-*.output") %>
 4. <!DOCTYPE html>
 5. <html lang="ja">
 6.   <head>
 7.     <meta http-equiv="Content-Type" content="text/html; charset=UTF-8" />
 8.     <link rel="stylesheet" type="text/css" href="default.css">
 9.     <script> ❶
10.       function translating(fn,en) {
11.         var msg = '履歴 ' + fn + ' から ' + en + ' に変換します。よろしいですか。';
12.         if(window.confirm(msg)) {
13.           return true;
14.         } else {
15.           return false;
16.         }
17.       }
18.     </script>
19.     <title>Amazon注文履歴</title>
```

```
20.    </head>
21.    <body>
22.      <h1>Amazon注文履歴</h1>
23.      <h2>注文履歴をExcelワークシートに変換</h2> ❷
24.      <p id="links"><a href="collect.erb">注文履歴の取得</a> |
25.        <a href="index.html">メニュー画面に戻る</a></p>
26.      <p id="msg">変換したい注文履歴の「履歴を変換」を押してください</p> ❸
27.      <hr>
28.      <table>
29.        <tr>
30.          <th> </th><th>取得期間</th><th>保存ファイル名</th>
31.        </tr>
32.        <% $term_names.each do |key, val| %>
33.          <% file = "ohr-#{key}.output" %>
34.          <% exfile = "ohr-#{key}.xlsx" %> ❹
35.          <% if FileTest.exist?(file) %>
36.            <tr>
37.              <td>
38.                <form method="post" action="excel_trans" name="trans_form_<%=
                   key %>"
39.                      onSubmit="return translating('<%= file %>','<%= exfile
                   %>')"> ❺
40.                  <input type="hidden" name="term" value="<%= key %>">
41.                  <input type="hidden" id="file" name="file" value="<%= file
                   %>">
42.                  <input type="hidden" id="exfile" name="exfile" value="<%=
                   exfile %>"> ❻
43.                  <button class="exec_btn" type="submit">履歴を変換</button> ❼
44.                </form>
45.              </td>
46.              <td><%= val %></td>
47.              <td><%= file %></td>
48.            </tr>
49.          <% end %>
50.        <% end %>
51.      </table>
52.      <hr>
53.    </body>
54.  </html>
```

❶ 実行確認のJavaScriptの関数をtranslatingに変更した。ダイアログに出すメッセージ
　を変更した。

❷ 画面のタイトルを変更した。

❸ 処理を促すメッセージを変更した。

❹ Excelファイル名を生成した。

❺ フォームの action を excel_trans に変更した。onSubmit で呼び出す関数を translating に変更した。注文履歴ファイル名と Excel ファイル名を渡している。

❻ サーバーへ送信するとき、Excel ファイル名を渡すために、タイプが hidden の要素に覚えておく。

❼ ボタンの名前を変更した。

▌（2）注文履歴の変換に成功したときの画面を作成する

　次に、注文履歴の変換に成功したときの画面の ERB ファイルを作成しましょう。これの元には、注文履歴の取得に成功したときの画面を使いましょう。collected.erb を元に、excel_trans_succeeded.erb を作成します（**リスト 6.16**）。

リスト 6.16　 **ERB** 　webapp/excel_trans_succeeded.erb

```
 1.  <%# -*- coding: utf-8 -*-%>
 2.  <html>
 3.   <head>
 4.    <meta http-equiv="Content-Type" content="text/html; charset=UTF-8" />
 5.    <link rel="stylesheet" type="text/css" href="default.css">
 6.    <title>Amazon注文履歴</title>
 7.   </head>
 8.   <body>
 9.    <h1>Amazon注文履歴</h1>
10.    <h2>注文履歴が変換できました</h2> ❶
11.    <p id="links"><a href="excel_trans.erb">注文履歴をExcelワークシートに変換に
       戻る</a> | ❷
12.     <a href="index.html">メニュー画面に戻る</a></p>
13.    <p id="msg">下記の注文履歴を変換しました</p> ❸
14.    <hr>
15.    <table>
16.     <tr>
17.      <th>取得期間</th>
18.      <td><%= $term_names[term] %>(<%= term %>)</td>
19.     </tr>
20.     <tr>
21.      <th>保存ファイル名</th>
22.      <td><%= file %></td>
23.     </tr>
24.     <tr>
25.      <th>Excelファイル名</th>
26.      <td><%= exfile %></td> ❹
27.     </tr>
28.    </table>
29.    <hr>
30.   </body>
31. </html>
```

❶ 画面のタイトルを変更した。

❷ 戻り先の画面のERBファイルを処理を促すメッセージを変更した。

❸ 処理を結果を示すメッセージを変更した。

❹ Excelファイル名の表示を追加した。

▍(3) 注文履歴の変換に失敗したときの画面を作成する

　次に、注文履歴の変換に失敗したときの画面のERBファイルを作成しましょう。これの元には、注文履歴の削除に失敗したときの画面を使いましょう。nodeleted.erbを元に、excel_trans_failed.erbを作成します（**リスト6.17**）。

リスト6.17 　**ERB** 　webapp/excel_trans_failed.erb

```
 1. <%# encoding: utf-8 %>
 2. <% require_relative './term_names' %>
 3. <!DOCTYPE html>
 4. <html lang="ja">
 5.   <head>
 6.     <meta http-equiv="Content-Type" content="text/html; charset=UTF-8" />
 7.     <link rel="stylesheet" type="text/css" href="default.css">
 8.     <title>Amazon注文履歴</title>
 9.   </head>
10.   <body>
11.     <h1>Amazon注文履歴</h1>
12.     <h2 class="alert">注文履歴は変換できませんでした</h2> ❶
13.     <p id="links"><a href="excel_trans.erb">注文履歴をExcelワークシートに変換に
        戻る</a> | ❷
14.       <a href="index.html">メニュー画面に戻る</a></p>
15.     <p id="msg">発生したエラー:<%= errormsg %></p>
16.     <hr>
17.     <table>
18.       <tr>
19.         <th>取得期間</th>
20.         <td><%= $term_names[term] %>(<%=term%>)</td>
21.       </tr>
22.       <tr>
23.         <th>保存ファイル名</th>
24.         <td><%= file %></td>
25.       </tr>
26.       <tr>
27.         <th>Excelファイル名</th>
28.         <td><%= exfile %></td> ❸
29.       </tr>
30.     </table>
31.     <hr>
```

```
32.    </body>
33. </html>
```

❶ 画面のタイトルを変更した。

❷ 処理を促すメッセージを変更した。

❸ Excel ファイル名の表示を追加した。

▌（4）メニュー画面に注文履歴の変換処理へのリンクを追加する

メニュー画面に、変換する注文履歴の選択画面へのリンクを追加します（**リスト6.18**）。

リスト6.18　 HTML　webapp/index.html に注文履歴の変換処理へのリンクを追加する

```
13.    <table>
14.      <tr><td><a href="collect.erb">注文履歴の取得</a></td></tr>
15.      <tr><td><a href="list.erb">取得済み注文履歴一覧の表示</a></td></tr>
16.      <tr><td><a href="delete.erb">注文履歴を選択して削除</a></td></tr>
17.      <tr><td><a href="excel_trans.erb">注文履歴をExcelワークシートに変換</a>
         </td></tr> ❶
18.    </table>
```

❶ 注文履歴を Excel ワークシートに変換へのリンクを追加した

これで必要な画面は作成できました。

6.4.2　Excel に変換するサーバー側の処理を作成する

あとは、Web サーバー側に、注文履歴を Excel ワークシートに変換する処理を追加すればよいですね。さっそく order_history_web.rb に追加してみましょう（**リスト6.19**、**リスト6.20**、**リスト6.21**）。

今回は、Ruby を起動して order_history_excel_writer.rb を動かす方法は使わずに、プログラム中で OrderHistoryExcelWriter クラスを使ってみます。

リスト6.19　 Ruby　webapp/order_history_web.rb (1)

```
1. # frozen_string_literal: true
2.
3. require 'webrick'
4. require 'erb'
5. require 'open3'
6. require_relative './term_names'
7. require_relative '../order_history_excel_writer' ❶
8.
9. class OrderHistoryWebApp
```

❶ `OrderHistoryExcelWriter` ク ラ ス を 使 う た め に `order_history_excel_writer` を requireした。

リスト6.20　`Ruby` webapp/order_history_web.rb (2)

```
23.   def add_procs
24.     add_collect_proc
25.     add_list_proc
26.     add_report_proc
27.     add_delete_proc
28.     add_excel_trans_proc ❶
29.   end
```

❶ パスが excel_trans のときの処理を mount_proc を使って登録するメソッドを追加した。

リスト6.21　`Ruby` webapp/order_history_web.rb (3)

```
 94.   def add_excel_trans_proc ❶
 95.     @server.mount_proc('/excel_trans') do |req, res|
 96.       p req.query
 97.       term = req.query['term']
 98.       file = req.query['file']
 99.       exfile = req.query['exfile'] ❷
100.       begin
101.         app = OrderHistoryExcelWriter.new(file, exfile) ❸
102.         app.write_order_history ❹
103.         erb = 'excel_trans_succeeded.erb' ❺
104.       rescue => e
105.         errormsg = e
106.         erb = 'excel_trans_failed.erb' ❻
107.       end
108.       template = ERB.new(File.read(erb))
109.       res.body << template.result(binding)
110.     end
111.   end ❼
112. end ❽
```

❶ 注文履歴を Excel ワークシートに変換する処理を Web サーバーに追加するメソッド。

❷ 変換して作成する Excel のファイル名を変数に格納した。

❸ コマンドライン版の内部で定義したクラスを使うことにして、インスタンスを作成した。

❹ 作成したインスタンスの Excel ファイルに変換して書き出すメソッドの呼び出し。

❺ 次の画面のテンプレートに、変換に成功したときの画面の ERB ファイルを指定した。

❻ 次の画面のテンプレートに、変換に失敗したときの画面の ERB ファイルを指定した。

❼ add_excel_trans_proc メソッドの最後。

❽ OrderHistoryWebApp クラスの最後。

これで、注文履歴を Excel ワークシートに変換する画面とサーバーの処理が作成できました。

6.4.3　注文履歴をワークシートに変換する動作を確認する

それでは、Web サーバーを再起動して、動作を確認してみましょう。まず、メニュー画面に「注文履歴を Excel ワークシートに変換」が追加されていて、リンクが excel_trans.erb に変わっていることを確認します（**図6.10**）。

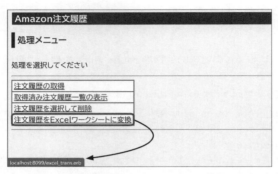

図6.10　注文履歴を Excel ワークシートに変換するリンクを追加したメニュー画面

メニュー画面から「注文履歴を Excel ワークシートに変換」をクリックすると、「注文履歴を Excel ワークシートに変換」の画面に遷移します（**図6.11**）。

図6.11　ERB ファイルから生成した「注文履歴を Excel ワークシートに変換」画面

　このとき、ターミナルにログが出力されて、Webサーバーがexcel_trans.erbの処理を実行していることを確認しましょう（**リスト6.22**）。

リスト6.22　**端末**　Webサーバーがexcel_trans.erbを実行したときのログ

```
127.0.0.1 - - [07/Feb/2021:13:09:05 東京 (標準時)] "GET /excel_trans.erb HTTP/1.1"
200 7381
http://localhost:8099/index.html -> /excel_trans.erb ❶
```

❶ excel_trans.erbを処理していることを示すログ。

　それでは、変換したい注文履歴を決めて、その履歴の「履歴を変換」ボタンをクリックしてみましょう。すると、変換元の注文履歴ファイル名と変換して作成するExcelファイル名が表示された「…変換します。よろしいですか」というダイアログが表示されます。

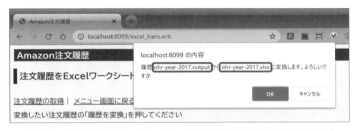

図6.12　注文履歴をExcelワークシートに変換するか確認するダイアログ

　1度目は「キャンセル」ボタンをクリックしてみましょう。この場合は元の画面に戻ります。
　再び「履歴を変換」ボタンをクリックします。こんどは「OK」ボタンをクリックします。そして、注文履歴の変換が実行されます。
　ログを見てみましょう。指定したファイルを変換するときの対象レコードがログに出力されています（**リスト6.23**）。

リスト6.23　**端末**　Webサーバーが/excel_transを実行したときのログ

```
{"term"=>"year-2017", "file"=>"ohr-year-2017.output", "exfile"=>"ohr-year-2017.
xlsx"} ❶
{"ID"=>"D01-1634858-5225037", "注文番号"=>"D01-1634858-5225037", "注文日"=>"2017
年11月3日", "合計"=>"￥ 1,600", "明細"=>"[[\"Eclipse Modeling Tools 入門: モデリン
グプラットフォームとしてのEclipse\", \"田中　明, Mike Milinkovich\", \"Kindle 版\",
\"\"]]"}
{"ID"=>"249-5370211-3080639", "注文番号"=>"249-5370211-3080639", "注文日"=>"2017年
10月15日", "合計"=>"￥ 2,061", "お届け先"=>"久保秋　真", "明細"=>"[[\"ワークショップ
デザイン──知をつむぐ対話の場づくり(ファシリテーション・スキルズ)\", \"堀 公俊\", \"返品
期間:2017/11/15まで\", \"\", \"再度購入\"]]"}

(……略……)
```

{"ID"=>"250-6072894-1448660", "注文番号"=>"250-6072894-1448660", "注文日"=>"2017年
1 月16日", "合計"=>"￥ 3,132", "お届け先"=>"久保秋　真", "明細"=>"[[\"ソフトウェア設
計論\", \"松浦 佐江子\", \"返品期間:2017/02/17まで\", \"\", \"再度購入\"]]"}

127.0.0.1 - - [07/Feb/2021:13:56:02 東京 (標準時)] "POST /excel_trans HTTP/1.1"
200 779
http://localhost:8099/excel_trans.erb -> /excel_trans ❷

❶ フォームから渡ってきた入力を表すハッシュ。

❷ Web サーバーで/excel_trans の処理が実行された。

この結果、「注文履歴が変換できました」画面が表示されます（**図6.13**）。

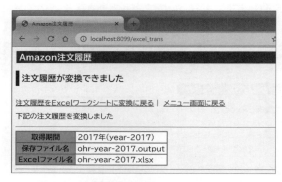

図6.13　注文履歴の変換に成功しきたときの画面

　再び、注文履歴の変換画面に戻ります。こんどは、変換が失敗したときの動作を確認しましょう。Excel を起動して、先ほど変換して作成した Excel ファイルを開いておきます。その状態で再び「履歴を変換」ボタンをクリックして、ダイアログで「OK」をクリックしてみてください。すると、変換に失敗して、**図6.14**のような画面になります。

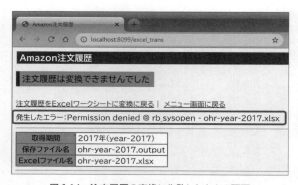

図6.14　注文履歴の変換に失敗したときの画面

　画面の「発生したエラー」のところに、エラーメッセージが表示されています。このエラーメッセージの意味は、「oht-year-2017.xlsx は書き込み権限が得られなかった」ことを表しています。Excel が同じファイルを書き込み可能なファイルとして開いているからですね。Excel を終了してから再び「履歴を変換」ボタンをクリックすると、今度は変換できるはずです。

　これで、Excel のワークシートに変換する機能が追加できましたね。

6.4.4　完成したアプリケーションのプログラム

　完成したアプリケーションを確認しましょう（**リスト6.24**）。

リスト6.24　`Ruby`　webapp/order_history_web.rb

```ruby
 1. # frozen_string_literal: true
 2.
 3. require 'webrick'
 4. require 'erb'
 5. require 'open3'
 6. require_relative './term_names'
 7. require_relative '../order_history_excel_writer'
 8.
 9. class OrderHistoryWebApp
10.   def initialize
11.     @config = {
12.       DocumentRoot: './',
13.       BindAddress: '127.0.0.1',
14.       Port: 8099
15.     }
16.     @server = WEBrick::HTTPServer.new(@config)
17.     WEBrick::HTTPServlet::FileHandler.add_handler('erb', WEBrick::HTTPServlet::ERBHandler)
18.     @server.config[:MimeTypes]['erb'] = 'text/html'
19.     trap('INT') { @server.shutdown }
20.     add_procs
21.   end
22.
23.   def add_procs
24.     add_collect_proc
25.     add_list_proc
26.     add_report_proc
27.     add_delete_proc
28.     add_excel_trans_proc
29.   end
30.
31.   def run
```

```ruby
32.     @server.start
33.   end
34.
35.   def add_collect_proc
36.     @server.mount_proc('/collect') do |req, res|
37.       p req.query
38.       term = req.query['term']
39.       account = req.query['account']
40.       # script = '../order_history_reporter.rb'
41.       # file = "ohr-#{term}.output"
42.       script = 'long_time_test.rb'
43.       file = 'ohr-dummy.output'
44.       cmd = "ruby #{script} -t #{term} -a #{account} > #{file}"
45.       stdout, stderr, status = Open3.capture3(cmd)
46.       p stdout, stderr, status
47.       erb =
48.         if /exit 0/ =~ status.to_s
49.           'collected.erb'
50.         else
51.           'nocollected.erb'
52.         end
53.       template = ERB.new(File.read(erb))
54.       res.body << template.result(binding)
55.     end
56.   end
57.
58.   def add_list_proc
59.     @server.mount_proc('/list') do |req, res|
60.       template = ERB.new(File.read('list.erb'))
61.       res.body << template.result(binding)
62.     end
63.   end
64.
65.   def add_report_proc
66.     @server.mount_proc('/report') do |req, res|
67.       p req.query
68.       term = req.query['term']
69.       file = req.query['file']
70.       account = req.query['account']
71.       template = ERB.new(File.read('report.erb'))
72.       res.body << template.result(binding)
73.     end
74.   end
75.
76.   def add_delete_proc
77.     @server.mount_proc('/delete') do |req, res|
```

```
 78.         p req.query
 79.         term = req.query['term']
 80.         file = req.query['file']
 81.         begin
 82.           File.delete(file)
 83.           p "#{file} was deleted."
 84.           erb = 'delete.erb'
 85.         rescue => e
 86.           errormsg = e
 87.           erb = 'nodeleted.erb'
 88.         end
 89.         template = ERB.new(File.read(erb))
 90.         res.body << template.result(binding)
 91.       end
 92.     end
 93.
 94.     def add_excel_trans_proc
 95.       @server.mount_proc('/excel_trans') do |req, res|
 96.         p req.query
 97.         term = req.query['term']
 98.         file = req.query['file']
 99.         exfile = req.query['exfile'
100.         begin
101.           app = OrderHistoryExcelWriter.new(file, exfile)
102.           app.write_order_history
103.           erb = 'excel_trans_succeeded.erb'
104.         rescue => e
105.           errormsg = e
106.           erb = 'excel_trans_failed.erb'
107.         end
108.         template = ERB.new(File.read(erb))
109.         res.body << template.result(binding)
110.       end
111.     end
112.   end
113.
114.   if __FILE__ == $PROGRAM_NAME
115.     app = OrderHistoryWebApp.new
116.     app.run
117.   end
```

6.4.5　追加課題

もう少しチャレンジしたい人は、次の課題に取り組んでみてください。

【追加課題A】複数明細に対応する

これまで作成してきた演習のプログラムは、複数の商品を一度に購入した場合でも1行の購入履歴になっています。1度の注文で1つの商品を購入している場合は、これでも問題ありません。しかし、複数種あるいは複数個の商品を一度に購入している場合には、その購入全体の合計しかわかりません。そこで、明細の中の商品名や金額を取り出して、明細1件について1行になるようワークシートを作ってください。

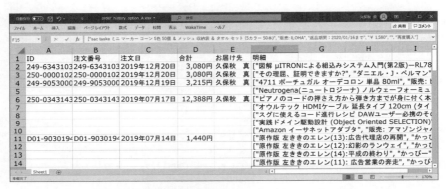

図6.15　明細行を項目ごとに分けたorder_history.xlsxの例

【追加課題B】Excel作成版の方式で構成する

演習では、これまで作成しているコマンドライン版の注文履歴取得アプリケーションに、Excelのワークシートを作成する機能を追加する方法で作成しました（**図6.3　方法1**）。こんどは、内部でコマンドライン版の中の注文履歴取得する機能とExcelのワークシートを作成する機能を使って構成する方法で作ってみましょう（**図6.4　方法2**）。

ヒント

▶ **他のアプリケーションから呼び出して使うには**

方法2で作成するには、注文履歴取得機能を別のアプリケーションで再利用できるように作り変えます。コードを他のアプリケーションで再利用するにはどのようなことが必要か考えてみましょう。

【特別課題】Excelから使えるようにする

演習のプログラムは、注文履歴取得アプリケーションがExcelのワークシートを作るという方法で作成しました。これをExcelを操作すると、バックグラウンドで注文履歴取得アプリ

ケーションが履歴を取得し、Excelのワークシートに流し込むようなアプリケーションに仕立て直してみてください。

ヒント

▶ **Excelのマクロや VBAを使う**

このようなアプリケーションを作るには、Excelのマクロや VBA（Visual Basic for Applications）を使います。その中でも、外部プログラムの呼び出し機能を使う必要があるでしょう。

6.5 この章の振り返り

この章では、Webアプリ版注文履歴取得アプリケーションに、Excelワークシートへの変換機能を追加しました。

学んだこと①────────

Excelを起動しなくても済むよう、Rubyのプログラムから Excelのワークシートを操作できるライブラリを調べて、rubyXLというライブラリを使ってみることにしました。rubyXLをインストールして、テストプログラムで使い方やプログラムの書き方を確認しました。

学んだこと②────────

注文履歴を読み込んで、Excelワークシートを作成するためのプログラムを作りました。コマンドラインから注文履歴ファイルと結果を出力する Excelファイル名を指定すれば、注文履歴の Excelのワークシートが作成できるようになりました。

学んだこと③────────

Webアプリ版注文履歴取得アプリケーションに追加する方法で、Excelワークシートを作成する機能を組み込むことに決めました。このとき、ユースケース図、ロバストネス図、クラス図、ステートマシン図を描き、どのような画面や処理を追加すればよいか整理しました。

学んだこと④────────

作成した図に従って ERBファイルを追加し、Webサーバーにメソッドを追加しました。Webサーバー側の変換の処理は、コマンドラインで動かしたプログラムをそのまま外部コマンドとして動かすのではなく、定義したクラスを使って書きました。

　このようにして、注文履歴を Excel のワークシートにする機能が完成しました。

　サーバー側の処理を、アプリケーション固有の処理と Web ページの操作とに分けて作ることが、アプリケーションをわかりやすく構成する上で有用なことが実感できたのではないでしょうか。また、ユースケース図やロバストネス図が、アプリケーションを作るときに役に立つことも実感できたのではないでしょうか。

> **Column【10】　アプリケーション作成にはドメイン知識の獲得が欠かせない**
>
> 　プログラムは Ruby で書くとして、Ruby の知識が豊富であればアプリケーションを作成できるでしょうか。実際には、処理する対象となる分野の業務や、開発に使おうとしている技術の把握は欠かせません。たとえば、物流のシステムを作ろうとしているのに、物流分野の用語知識がないまま作るのは難しいでしょう。図書館の貸し出しシステムならば、書誌情報や貸与規則についての知識のない人には作れないでしょう。複合機を作るのであるなら、複合機の機能や、複合機の内部で使うデバイスの制御に関する知識も必要でしょう。このような、開発対象となる分野に関する知識のことを「アプリケーション領域の知識」といいます。短く「ドメイン知識」と呼ぶことが多いです。
>
> 　「ドメイン^{用語}」は「領域」の意味ですが、アプリケーション開発においては、作る対象になる業務や適用技術の領域を指してドメインと呼ぶことが多いです。また、開発対象となる業務分野の知識ではないですが、システムに使おうとしているデータベースに関する知識なども欠かせないでしょう。このような知識も「システムに適用する技術に関する」ドメイン知識とみなせます。
>
> 　この本で作ろうとしているアプリケーションにも同じことが言えます。CSS のセレクタのような HTML 文書を書くときに必要なことは、プログラミング言語としての Ruby を学ぶ上では関係のない知識です。これは、Amazon の注文履歴の操作（アプリケーション側の知識）にも当てはまりません。しかし、「表示要素を特定する」働きをするプログラムを作るには、HTML 文書がどのような要素で構成されているか分解して調べる必要があります。つまり、CSS のセレクタについての知識は、適用技術のドメイン知識にあたるというわけです。

第7章　まとめ

　ここまで演習を続けてきたみなさん、お疲れさまでした。みなさんはこの本を通じて、知りたかったことや学びたかったことにたどりつけたでしょうか。この章では、演習全体をまとめ、次のステップについて考えてみましょう。

7.1 | できあがったアプリケーションの振り返り

　この本の演習で作成したアプリケーションと演習でやったことを振り返っておきましょう。

7.1.1　コマンドライン版注文履歴取得アプリケーション

　コマンドラインから実行して、Amazonの注文履歴を取得するアプリケーションを作成しました。次のようなことを演習しました。

コマンドライン版注文履歴取得アプリケーションの開発で演習したこと

- Selenium WebDriverを使って、Webサイトを操作しました。
- アプリケーションの処理を、ユースケース図とユースケース記述で整理しました。
- プログラムの構造をクラス図で表しました。肥大化したクラスが見つかりました。
- クラス図を使ってプログラムの構造を見直し、階層化して責務に応じてクラスを分割しました。
- 見直した構造に合わせてプログラムを修正しました。
- コマンドライン用のライブラリを使ってオプションを追加しました。
- 個々のクラスを分けて利用できるよう、複数のファイルに分割しました。
- 注文履歴のページが複数あってもたどれるようにしました。
- アプリケーション実行中にWebブラウザの画面を表示しないように変更しました。

　かなりいろいろなことをやっていましたね。

7.1.2　Webアプリ版注文履歴取得アプリケーション

　WEBrickを使ったWebサーバーとして動作し、ERBを使ってWebページを動的に生成するWebアプリを作成しました。次のようなことを演習しました。

Webアプリ版注文履歴取得アプリケーションの開発で演習したこと

- WEBrickを使って、Webサーバーを作ってみました。
- Webページを作成して、Webサーバーに配置してみました。
- コマンドライン版との違いを、ユースケース図とユースケース記述で整理しました。
- 個々の画面をHTMLで（静的なWebページとして）作りました。
- ステートマシン図を使って、画面の動作と画面遷移を検討しました。
- ロバストネス図を使って、画面とデータと処理の関係を整理しました。
- ERBを使って、画面を動的に生成するよう変更しました。
- 最終的に「注文履歴の取得」「取得済み注文履歴一覧の表示」「詳細を表示」「注文履歴を選択して削除」の4つの機能が実現できました。

　Webアプリの開発においても、中心的な機能はコマンドライン版の機能と同じものでした。コマンドライン版をそのまま利用しつつ、Webアプリとしての動作を実現できましたね。

7.1.3　Excel対応版注文履歴取得アプリケーション

　最後に作成したのは、取得した注文履歴をExcelのワークシートに変換する機能でした。演習では、Webアプリの追加機能として実現しました。次のようなことを演習しました。

Excel対応版注文履歴取得アプリケーションの開発で演習したこと

- Rubyから利用できるExcelワークシートを操作できるライブラリを調査しました。
- rubyXLの使い方を調べ、ワークシートを作成してみました。
- 作成したワークシートがExcelで利用できることを確認しました。
- 注文履歴の項目をExcelのセルに割り当てる方法を検討しました。
- 日付や金額については、Excelの書式に対応するようデータを加工しました。
- Excelワークシートへの変換処理をWebアプリに組み込む方法を検討しました。
- ステートマシン図を使って、画面の動作と画面遷移を検討しました。
- ロバストネス図を使って、画面とデータと処理の関係を整理しました。
- ERBを使って、画面を動的に生成するよう変更しました。
- 最終的にWebアプリに「注文履歴をExcelワークシートに変換」する機能を追加できました。

　終盤の進め方が、Webアプリ版のときと同じような進め方になっていることに注目しましょう。ここから、本質的な機能の開発は前半の方にあったことがわかります。Excel対応版における機能の追加においても、まず中心となる機能を開発し、それをWebアプリの中に組み込むという形になっていたということですね。

7.2 ┃ この本の次のステップ

この本の演習をやり遂げたみなさんへ、次のステップを提案しておきます。

7.2.1　本格的なWebアプリの開発：Ruby on Rails

みなさんの中には、まだRailsについてよくわかってない人も多いでしょう。しかし、「7.1 できあがったアプリケーションの振り返り」でわかったように、Webアプリの中心的な機能はWebアプリの仕組みの外側にあります。

ということは、みなさんが注文履歴取得アプリケーションのRails版を作るには、いったんアプリケーションの開発を脇へ置いて、Railsの仕組みやRailsアプリケーションの作り方を学べばよいということになります。そうすれば、Webアプリの重要な側面（中心的な機能の開発とWebアプリの仕組みを活用する）を2つともカバーできるようになれるわけです。

次のステップでは、Railsにチャレンジしてみてください。そして、みなさんが注文履歴取得アプリケーションのRails版を開発できるようなることを期待しています。

> **Column【11】Ruby on Rails**
>
> Ruby on Rails（ルビー・オン・レイルズ）は、Rubyで書かれたオープンソースのWebアプリフレームワークです。短くRails（レイルズ）と呼ばれることが多いです。「RoR」いう書き方もよく使われます。
>
> Railsは、モデル・ビュー・コントローラー（MVC：Model-View-Controller）と呼ばれるアーキテクチャに基づいています。モデルとしてActiveRecord、ビューとしてActionView、コントローラーとしてActionControllerというパッケージ（ライブラリ）が提供されています。
>
> Webアプリ開発者は、これらのパッケージを使うことでWebアプリに固有の作業負担を減らし、本来のアプリケーションの処理に注力できるのです。
>
> Ruby on Rails公式サイト（英語）　`https://rubyonrails.org/`
> Ruby on Railsガイド（日本語）　`https://railsguides.jp/`

7.2.2　アプリケーションの開発、設計の発展

この本の演習では、アプリケーションの開発にプログラムを書く以外の方法も使いました。たとえば、クラス図やステートマシン図などです。

演習で利用した分析や設計の記法

ユースケース図、ユースケース記述　アプリケーションを利用する人は誰か、その人に提供

する機能やサービスはなにかという視点でアプリケーションへの要求を分析し、機能を整理する。

ロバストネス図　アプリケーションがある処理を実行するときの処理を分析するときに使う図。外界とのやり取りが起きると、そこには「外部とのやり取り（バウンダリ）」「内部でのデータの保持や参照（エンティティ）」「処理の手順（コントロール）」の3つの要素が関わっていると想定して、クラス候補などを探す。

クラス図　アプリケーションを構成する要素にはどんなもの（クラス、パッケージ、ライブラリ）があって、それらはどのように関連しているのかを整理する。

ステートマシン図　アプリケーションの振舞いを状態を中心として整理する。状態は「なにかが起きるのを待っているところ」。そして、「起きるのを待っているできごと（イベント）」「起きたときに実行したい処理（アクション）」を使って振舞いを整理する。

　これらの図は、UML用語として標準化されていて、システムの開発プロセスによってよく用いられている図です。次のステップでは、みなさんもシステム（ソフトウェア、アプリケーション）の分析、設計について学んでみてください。大規模なシステムや、他の人と作るシステムの開発できっと役に立つことがあるでしょう。

　また、UMLを扱えるツールは、オープンで無料のものや商業用のものなどたくさんあります。この本で使ってみたことをきっかけに、他の場面でも使ってみてはいかがでしょう。

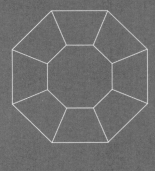
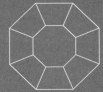
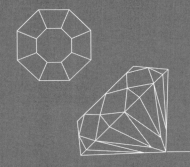

付　録

付録 A　サンプルコード

A.1 サンプルコードの配布

この本の演習で作成するプログラムのサンプルは、本書のサポートサイトから入手できます。

サポートサイト　`https://kuboaki.gitlab.io/rubybook3/`

サポートサイトからは、次のような名前の配布サンプルファイルがダウンロードできます。

配布ファイルの名前　`rubybook3-samples-yyyymmdd.zip`

ファイル名のyyyymmddの部分は配布した年月日で、更新された年月日によって変わります。

A.2 配布ファイルの構成

配布サンプルファイルをダウンロードしたら展開します。**リストA.1**は、展開した様子です。

リストA.1　配布サンプルの構成

```
rubybook3-sample-yyyymmdd.
        appendix-c
            └── test01.rb
        appendix-d
            ├── ex0201.rb
            ├── ex0202.rb
     ⋮       ⋮
        chap02
            ├── account_reader.rb
            ├── amazon01.rb
     ⋮       ⋮
        chap05
            ├── order_history_reader.rb
            ├── order_history_reader01.rb
            └── webapp
                    ├── collect.erb
                    ⋮
        chap06
            └── webapp
                    ├── order_history_web.rb
                    ⋮
```

配布しているサンプルは、章ごとにディレクトリを分けてあります。実際に試す際は、演習用ワークスペースへコピーしましょう。また、章の途中で同じファイルを更新する場合があるので、その場合にはファイル名を index01.html のように変えてあります。必要に応じてファイル名を変えるなどしてから使ってください。

A.3 | サンプルの使い方

配布サンプルは、次のようにして使うとよいでしょう。

A.3.1　自分の書いたコードと比較する

演習では、自分でコードを書いてみることがとても大切です。うまく動いたときも、なにか問題が起きたときも、サンプルのコードと自分の書いたコードを比較してみると間違いや差異が見つけられるでしょう。

ほとんど同じようなコードであっても、ほんの少しの違いで実行時にエラーの原因になります。また、動作しても、結果が異なってしまうこともあります。よく比べてみて、小さな違いでも見逃さないようにしましょう。どんな違いがエラーの原因や動作結果の違いにつながったのか突き止められるようになることは、プログラムを作成するちからの中でも重要なものの1つです。

A.3.2　うまくいかないところを入れ替えて試す

自分の書いたプログラムがうまく動かないときや動作結果が異なるときは、サンプルと入れ替えて試してみましょう。このとき、まず自分が編集したファイルをどこかに控えておきます。それから、代わりにサンプルのファイルを置きます。

もし、入れ替えた結果がこの本に載っている動作結果と違いがなければ、自分のファイルの中に間違いがありそうだと推測できます。ファイルを入れ替えてもエラーがなくならなければ、別の原因が考えられます（入れ替えたのとは別のファイルに問題があるなど）。また、気づかないうちに、実行しているファイルではなく別の場所にある同じ名前のファイルを編集していたといったことも考えられます。自分がテキストエディタで編集しているファイルと実行しているファイルの場所を確認してみましょう。

A.3.3　問い合わせのときに使う

どうしてもうまくいかないときは、この本のサポートサイトを見て、同じような問題についての解消策がないか調べてみましょう。それでも解決できないときは、遠慮なく直接相談してください。サポートサイトへメールするには、次のアドレスを使ってください。

サポートサイトのメールアドレス
contact-project+kuboaki-rubybook3-support@incoming.gitlab.com

　問い合わせは大歓迎なのですが、「自分のコードがうまく動かないのはなぜか？」という問いかけだけですと、わたしも困ります。それだけでは、みなさんのコードのどこに問題があるのかが調べられないからです。

　そこで、1つだけお願いがあります。問い合わせるときには次の情報も一緒に送ってください。

- 作成しているコード
- エラーメッセージ
- おかしい表示の画面の画像

　できれば、自分の書いたコードを配布サンプルを入れ替えたとき、どのようなエラーや動作の違いが生じるのかも確かめてみてください。その違いがわかれば、より早く問題を解決できるでしょう。

付録 B 参考文献

B.1 | Web 上の情報源

[w01]『プログラミング言語 Ruby』

http://www.ruby-lang.org/ja/

Ruby のオフィシャルサイトです。最新の Ruby の入手、リリースや障害などのニュースの発信、インストールガイドやチュートリアルなどが入手できます。Ruby に関する情報の源泉です。

[w02]『プログラミング言語 Ruby リファレンスマニュアル』

https://docs.ruby-lang.org/ja/

Ruby のオンラインリファレンスマニュアルです。言語仕様や標準的なライブラリの説明があります。

入門や環境についての文書が必要な場合は、https://www.ruby-lang.org/ja/documentation/ に掲載されているリンクが参考になるでしょう。

[w03]『Rubyist Magazine』

https://magazine.rubyist.net/

略称「るびま」。日本 Ruby の会の有志による Ruby に関する話題を提供する Web マガジンです。インタビューや解説、実践的なチュートリアルなど、参考になる記事が多いサイトです。

[w04]『まつもとゆきひろ氏が語るプログラミング言語サバイバルと Ruby の未来』

Part1：https://logmi.jp/tech/articles/320750

Part2：https://logmi.jp/tech/articles/320752

「Ruby Business Users Conference 2018 Winter」において、Ruby の開発者であるまつもと氏が話したことをまとめた記事です。Ruby の今後について語っています。

[w05]『Selenium ブラウザー自動化プロジェクト』

https://www.selenium.dev/ja/documentation/

WebDriver を使う人向けのチュートリアルです。日本語版もあります。

[w06]『Selenium WebDriverリファレンス（Ruby版）』
https://www.selenium.dev/selenium/docs/api/rb/
Selenium WebDriverのRuby向けライブラリのオンラインリファレンスです。

B.2 | 書籍

[b01]『作りながら学ぶRuby入門 第2版』
久保秋 真　SBクリエイティブ／2012年11月
わたしが書いたプログラミングをRubyで学ぶという本の第2版です。この本と同じように、作りながら学ぶという考え方に基づいて書かれています。単行本は売り切れていますが、中古や電子版が購入できます。

[b02]『オブジェクト指向スクリプト言語 Ruby』
まつもとゆきひろ／石塚 圭樹　アスキー／1999年10月
Rubyの作者がRubyについて書いた原典です。Rubyのことだけでなく、プログラム設計や設計書としてのモデル図の使い方、オブジェクト指向プログラミングや正規表現のことなど、プログラミングの考え方についても多くのことが学べる1冊です。店頭での入手は難しいようですが、古本や図書館をあたってみるとよいでしょう。

[b03]『プログラミング言語 Ruby』
まつもと ゆきひろ／David Flanagan　オライリージャパン／2009年1月
Rubyの言語としての解説が充実しています。字句構造、データ型、式、演算子、条件分岐、関数プログラミング、クラスとモジュール、メタプログラミングなど、Rubyの守備範囲の広さを知ることがでます。プログラミング言語としてのRubyについて詳しく知るにはこの1冊があるとよいでしょう。

[b04]『Rubyによるデザインパターン』
Russ Olsen　ピアソンエデュケーション／2009年4月
プログラムを作るときによく登場する一定のパターンをデザインパターンと呼びます。解説にJavaやC++を使っている本が多いのですが、この本はRubyを使って解説しています。デザインパターンそのものを学ぶ際にも、他の言語よりもすっきりしたコードで解説できるため、わかりやすく学びやすい1冊になっています。

[b05]『改訂2版 Ruby逆引きハンドブック』
卜部 昌平ら　シーアンドアール研究所／2018年8月
Rubyを本格的に使うには、言語としての知識だけではなく、多くのライブラリの使い方

やよく使うプログラムの書き方（イディオム）などを知ることが欠かせません。この本は、そういったことを「やりたいこと」から調べる逆引きリファレンスになっています。Rubyでプログラムを作りながら「あぁ、こういうことがしたいのに……」と考えたときは、この本を使うと解決方法が早く見つかるでしょう。

[b06]『プログラミングRuby 第2版 言語編』
Dave Thomasら　オーム社／2006年8月
言語編となっていますが、エキスパートの作成した、計算されたチュートリアルがこの本の本質でしょう。Rubyやスクリプト言語一般にも通じる基礎的な考え方や用語も解説されています。よく使われるライブラリの使い方やプログラムの書き方なども充実していて、Rubyを詳しく学ぶには手放せない1冊となるでしょう。

[b07]『プログラミングRuby 第2版 ライブラリ編』
Dave Thomasら　オーム社／2006年8月
言語編と並ぶライブラリリファレンスです。Rubyの配布パッケージには、たくさんの組み込みクラスや組み込みモジュールが添付されています。またそれぞれが多くの機能を備え、たくさんのメソッドを持っています。Webから調べるのも1つの方法ですが、周辺のメソッドや似たようなライブラリにまで視野を広げて調べるのには、このようなリファレンスが本として1冊あるとたいへん重宝します。

[b08]『たのしいRuby 第6版』
高橋 征義ら　ソフトバンククリエイティブ／2019年3月
初めてRubyについて学ぶ人向けに、スクリプト的な使い方、クラスを使う方法、テーマのある課題などに分けて構成されています。意識的に平易で小さな課題を使っているので、試しやすいでしょう。

[b09]『情報科学入門―Rubyを使って学ぶ』
増原 英彦ら　東京大学出版会／2010年6月
この本は、情報以外の理工系の学部生など、情報科学が専門ではない人に計算の仕組みやプログラミングの基礎を教えるために書かれています。プログラミング演習にはRubyを使っています。

B.3 | その他

この本の説明やプログラム中で使われた書籍などです。

[x01]『数学と語学』
　https://www.aozora.gr.jp/cards/000042/files/2364_13805.html
　寺田寅彦　青空文庫

[x02]『数の女王』
　https://www.amazon.co.jp/gp/product/4487812534/
　川添 愛　東京書籍／ 2019年7月

[x03]『The JavaScript Object Notation（JSON）Data Interchange Format』
　https://tools.ietf.org/html/std90

[x04]『The JSON data interchange syntax』
　https://www.ecma-international.org/publications/files/ECMA-ST/ECMA-404.pdf

開発環境を準備しよう

Rubyのプログラムを作って動かすには、まずはRubyを使える環境を用意しなくてはなりません。まずテキストエディタを用意し、Rubyをインストールしたら、動作を確認しましょう。

C.1 | テキストエディタを設定する

プログラミングは、多くの文字を打ち込む作業です。プログラマーにとって、プログラムを入力するために使う道具は、料理人の包丁、美容師のハサミにも匹敵する重要な道具です。そのため、ほとんどのプログラマーは、プログラムを書くのに便利な機能を持ったお気に入りのアプリケーションを使います。そのようなアプリケーションは、「テキストエディタ」や「プログラミングエディタ」と呼ばれています（短くエディタと呼ぶことが多いです）。みなさんが、まだプログラミング用のテキストエディタを用意していないようなら、ここで準備しておきましょう。

C.1.1 テキストエディタはプログラミングに必須

プログラミングは、通常の文章入力に比べてたくさんのカーソルの移動、テキストの一部の切り貼り（カット＆ペースト）、検索や置換を使います。そのため、入力や操作の軽快さが重要になってきます。文字列の入力やカーソルの移動がスムーズにできないと、プログラムを作っているときに思考のリズムが乱れてしまうからです。

Windowsのメモ帳やMacのテキストエディットでも、プログラムを編集しようと思えばできます。しかし、プログラムの予約語の誤りや構文の小さなミスを発見するのにも、テキストエディタを使うときよりも時間がかかってしまうでしょう。つまり、プログラムの編集にはあまり適していないのです。

一方、テキストエディタは、プログラミング向けに**リストC.1**のような機能を提供しています。

リストC.1　プログラム開発に使うテキストエディタの機能

- プログラム言語の種類による予約語の色分け（シンタックスハイライト）。
- 入力の補完（コンプリーション）。
- 外部アプリケーションとの連携。
- 自動的に字下げを支援する（オートインデント）。
- 多数のキーボードショートカットによるマウス利用の回避。

　この他にも、プログラマーの作業に向くよう、軽快な入力とよく使う操作を簡便に利用する工夫を数多く提供しています。

C.1.2　自分が使うテキストエディタを決めよう

　もし、すでにインストールされていたり使っているエディタがある人はそれを使うとよいでしょう。まだテキストエディタを持っていない人は、この機会にインストールして、使えるようになってしまいましょう。

　決まったエディタを使っていない人は、身近な友人や同僚が使っているものを選ぶとよいでしょう。無料で使えるものから、私がおすすめするエディタを表C.1に挙げておきます。

表C.1　おすすめのテキストエディタ

Windows、Mac用、Linux用	
Visual Studio Code	https://azure.microsoft.com/ja-jp/products/visual-studio-code/
Vim	https://www.vim.org/
Emacs	https://www.gnu.org/software/emacs/
Atom	https://atom.io/
Windows用	
Notepad++	https://notepad-plus-plus.org/
xyzzy	https://xyzzy-022.github.io/
Mac用	
CotEditor	https://coteditor.com/

　それぞれのエディタの導入方法、機能、使い方については、Webサイトやその他のページを参照してください。

　ところで、WindowsでもMacでも使えるエディタが多いのに気づいたでしょうか。こういうエディタならば、PCからMacに乗り換えたときでも同じものが使えますね。

C.2 ┃ テキストエディタに慣れておこう

　このあとのRubyのインストール作業でもプログラミングでも、テキストファイルを編集することが基本になります。そのときは、みなさんが選んだテキストエディタを使って編集することになるでしょう。

　みなさんがどのエディタを選ぶとしても、最初に注意しておくことがあります。それは、テキストエディタは「GUIアプリケーションではない」ということです。基本的にキーボードからのキー操作によって使うものです。普段はアプリケーションをマウスで操作している人、とりわけタイピングに慣れていない人にってとっては、最初は煩わしいと感じるでしょう。それだけに、普段から使って慣れておくことが大切です。

C.2.1　タイピングに慣れておこう

　ある大学の講義でプログラミング演習をやったときのことです。演習についてこれない学生のほとんどは、やっている内容がわからないのではなく、それ以前に入力が遅くてついてこれないのだということがわかりました。

　そこで、タイピングが不得手な人は、並行してタイピングを練習することを強くお勧めします。タイピングの練習についてはWebサイトやアプリケーションがたくさんあるので、探してみましょう。コツは一時期にまとまった時間で練習するのではなく「10分だけでも毎日練習する」「指導方法を守ってゆっくりでよいから確実に」「早く打とうとしないで、遅くても正しく打つ」です。だいたい、10日から2週間くらい続けると、タイピングできるようになってきているという自覚が湧いてきます。

C.2.2　記号の入力や表示に注意する

　プログラミングの世界でよく使う文字の入力に注意しましょう。プログラムを書くときは、空白文字や英数字には半角を使います。また、円記号（¥、使用するフォントによっては\）、チルダ（~）、サーカムフレックス（^）、アクセント（`）といった記号も使います。こういった記号のキーの位置や、名前などを覚えておきましょう。

　文字の表示では、たとえば半角の円記号（半角の「¥」）には注意が必要です。多くの人の利用環境ではそのまま半角の円記号が表示されているでしょうが、使っているフォントによってはバックスラッシュ（半角の「\」）（スラッシュとは傾きが逆の斜め線）になっていることがあります。みなさんが画面に表示した文字を見たときに半角の円記号になっていても、半角のバックスラッシュになっていても、それらは同じ文字だと思って扱ってください。テキストエディタによっては、バックスラッシュを半角の円記号に表示し直す（あるいはその逆）設定もあるので、みなさんの使うエディタの設定方法を確認してみるとよいでしょう。

C.2.3　毎日使ってエディタの操作に慣れる

　慣れないうちは「効率よく使えない、めんどう」という気持ちになるでしょう。でも、それは慣れるまでの少しの間です。いったん慣れたら「マウスはいらないくらい軽快」になります。

　使い方を学ぶときは、直感に頼らず提供されているチュートリアルを順番にやってみることです。どのエディタもチュートリアルや動画を提供していますし、多くの人がWebサイトで使い方について解説しています。とくに、入力、削除、カーソルキーに頼らないカーソルの移動、ページの操作、検索、置換、カット＆ペーストといった操作について慣れておくことが、プログラムを作ることに注力する上で大きな違いになってきます。

　テキストエディタも道具ですから、使えるようになるにも便利な使い方を覚えるにも、慣れが肝心です。どんなことでもよいので、テキストエディタを使って毎日なにか書いてみましょう。毎日使って慣れることが、道具を使いこなせるようになる早道なのです。テキストエディ

タの設定を調べて、行番号を表示するように設定しておきましょう。

ヒント

▶ **テキストエディタは行番号を表示して使う**

プログラムにエラーが見つかると、行番号つきのエラーメッセージが出力されます。テキストエディタの設定を調べて、行番号を表示するように設定しておきましょう。エラーの発生箇所を調べやすくなります。

C.3 | 演習用ワークスペースを作成する

この本の演習で使うディレクトリを用意しましょう。演習用のディレクトリを、この本では「ワークスペース」と呼ぶことにします。

C.3.1 ホームディレクトリを確認する

エクスプローラーを操作するときには、ファイルを格納する場所を「フォルダ」と呼んでいました。コマンドプロンプトを使うときは「ディレクトリ^{用語}」と呼びます。

みなさんのログイン名がついたディレクトリを「ホームディレクトリ」と呼びます。ホームディレクトリは、C:\Usersの中にあります。たとえばわたしのログイン名はkuboakiですので、ホームディレクトリはC:\Users\kuboakiになります。

あるディレクトリから別のディレクトリやファイルまでを区切り文字（Windowsでは \、Macでは /）でつなぐと、目的とするディレクトリやファイルの位置を、ディレクトリ名のつながりで表現できます。このような表現の方法をパス名（PATH名）^{用語}と呼んでいます。たとえば、C:\Users\kuboakiは、ルートディレクトリからわたしのホームディレクトリまでのパス名による表現です。

ヒント

▶ **エクスプローラー上でのディレクトリ表記の違い**

Windowsのエクスプローラー（File Explorer）を使ってフォルダを表示すると、Usersはユーザーという名前で表示されます。MacやLinuxでも、日本語環境では一部のフォルダ名が日本語になっています。これらも、ターミナルから見える名前は英語表記のままですので注意してください。

C.3.2 ワークスペースを作成する

ワークスペースをホームディレクトリの中に作りましょう。

コマンドプロンプトを起動したとき、特別な設定をしていなければ現在のディレクトリ（カレントディレクトリ^{用語}）は、ホームディレクトリになっています。わたしの場合はC:\

Users\kuboakiです。

　ホームディレクトリに移動するにはcdコマンドを使います。cdは、カレントディレクトリから別のディレクトリへ移動するコマンドです。コマンド名のあとにスペースを空け、続いて移動したいディレクトリ名やパス名を指定します（**リストC.2**）。このようにコマンドに対して処理の対象や設定する値を渡すことを、「引数_{ひきすう}用語に指定する（渡す）」などといいます。また、Windowsのドライブを変更したいときはドライブ名を入力します。

リストC.2 　端末 　ホームディレクトリへ移動する

```
Z:\documents>C:                      ❶
C:\Windows>cd \Users\kuboaki  ❷
c:\Users\kuboaki
```

❶ Zドライブのdocumentsディレクトリにいて、ドライブをCドライブに変更した。

❷ CドライブではWindowsディレクトリにいたので、\Users\kuboaki（ログイン名kuboakiのホームディレクトリ）へ移動した。

　ヒント
▶ **引数なしのcdコマンドの働き**
MacやLinuxのターミナルで使われているシェル（Bashやzsh）では、引数なしでcdコマンドを実行するとホームディレクトリへ移動します。

　次に、ワークスペースとなるディレクトリを作成しましょう。ディレクトリの作成にはmkdirコマンドを使います。rubybookをワークスペースの名前として、引数に指定します（**リストC.3**）。

リストC.3 　端末 　ワークスペースに使うディレクトリを作成する

```
C:\Users\kuboaki>mkdir rubybook  ❶
```

❶ ワークスペースに使うディレクトリrubybookを作成した。

　ヒント
ワークスペースの場所や名前は別のものでもかまいませんが、コマンドプロンプトを使うときに、自分が移動しやすい場所や入力しやすい名前にしておきましょう。

　重要
ワークスペースには、パス名に空白文字（スペース）や日本語を使っていないディレクトリを選ぶようにしましょう。ルートディレクトリからワークスペースまでのパス名のどこかに空白文字や日本語が含まれていると、ディレクトリ名をうまく入力できなかったり、プログラムが動かなくなることがあります。

　ワークスペースが作成できているか確認しましょう。dirコマンドは、指定したディレクトリ内のファイルやディレクトリのリストを表示するコマンドです。コマンド名のあとに、調べたいディレクトリ名やパス名を指定します。

Macの人は、dirコマンドの代わりにlsコマンドを使います。

では、引数に、いま作成したディレクトリ名を指定して実行してみましょう（**リストC.4**）。

リストC.4　端末　ワークスペースの中身を確認する

```
C:\Users\kuboaki>dir rubybook
 ドライブ C のボリューム ラベルがありません。
 ボリューム シリアル番号は 1808-7211 です

 C:\Users\kuboaki\rubybook のディレクトリ　❶

2020/04/21  17:01    <DIR>          .
2020/04/21  17:01    <DIR>          ..
               0 個のファイル                 0 バイト
               2 個のディレクトリ  205,166,583,808 バイトの空き領域

C:\Users\kuboaki>
```

❶ 表示しているディレクトリのパス名が表示されている。

まだなにも作成していないので、このディレクトリにはファイルがありませんね。
dirコマンドの引数を省略すると、現在のディレクトリの中身を表示します（**リストC.5**）。

リストC.5　端末　dirコマンドを引数なしで実行する

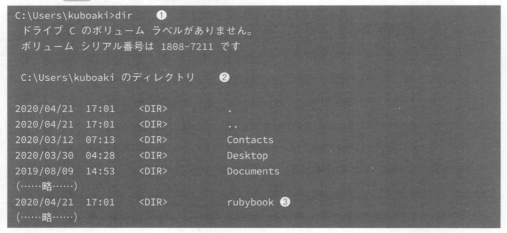

```
C:\Users\kuboaki>dir ❶
 ドライブ C のボリューム ラベルがありません。
 ボリューム シリアル番号は 1808-7211 です

 C:\Users\kuboaki のディレクトリ　❷

2020/04/21  17:01    <DIR>          .
2020/04/21  17:01    <DIR>          ..
2020/03/12  07:13    <DIR>          Contacts
2020/03/30  04:28    <DIR>          Desktop
2019/08/09  14:53    <DIR>          Documents
(……略……)
2020/04/21  17:01    <DIR>          rubybook ❸
(……略……)
```

❶ dirコマンドの引数を省略して実行した。

❷ 現在のディレクトリ名前になっている。

❸ 作成したワークスペースが確認できる。

これで、演習用のディレクトリが作成できました。

C.4 | 自分のPCの環境を確認する（Windows）

Macを使っている人は、「C.6 自分のPCの環境を確認する（Mac）」へ進みましょう。
Linuxを使っている人は、「C.8 自分のPCの環境を確認する（Linux）」へ進みましょう。
まず、演習に使うコマンドプロンプトの設定を調整しておきます。

C.4.1　コマンドプロンプトを開く

この本では、Windows PCのターミナル（コンソールともいいます）として「コマンドプロンプト」を使います。コマンドプロンプトとは別に、Unixのターミナルに似た「PowerShell」もあります。使い方を知ってる人はこちらを使ってもよいでしょう。

では、コマンドプロンプトを開いてみましょう。図C.1にあるように、タスクバーの端にある「スタートボタン」をクリックして「スタートメニュー」を開きます。

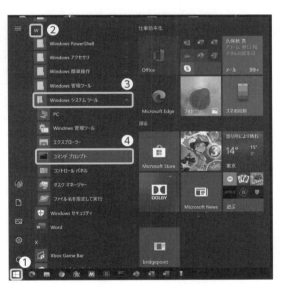

図C.1　スタートメニューからコマンドプロンプトを開く

メニュー内の項目をスクロールして、「W」の項目から「Windows システムツール＞コマンドプロンプト」をたどると、コマンドプロンプトが開きます（図C.2）。

図C.2　コマンドプロンプトのウィンドウ

　または、スタートメニューで右クリックしてポップアップメニューを開き、「ファイル名を指定して実行」を選びます（図C.3）。

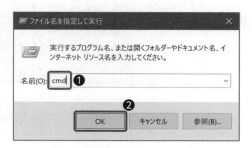

図C.3　ポップアップメニューから「ファイル名を指定して実行」を開く

　「ファイル名を指定して実行」ダイアログが開きます（図C.4）。

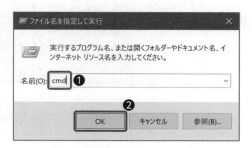

図C.4　「ファイル名を指定して実行」ダイアログ

　「名前」フィールドに「cmd」と入力して「OK」をクリックするとコマンドプロンプトが開きます。

C.4.2　コマンドプロンプトをタスクバーに登録する

　コマンドプロンプトはよく使うので、タスクバーに追加しておくと便利でしょう。タスクバーの中の「コマンドプロンプト」の表示を右クリックして、ポップアップメニューから「タスクバーにピン留めする」を選びます（**図C.5**）。

図C.5　タスクバーに登録する

　すると、タスクバーにコマンドプロンプトのアイコンが登録されます（**図C.6**）。

図C.6　タスクバーに登録されたコマンドプロンプトのアイコン

C.4.3　コマンドプロンプトのプロパティを調整する

　タスクバーに登録したアイコンをクリックしてコマンドプロンプトを開きます。
　ウィンドウの左上をクリックして、ポップアップメニューを開き、プロパティをクリックします（**図C.7**）。

図C.7　コマンドプロンプトのプロパティを開く

293

わたしのプロパティの設定を紹介しておきます（**図C.8**）。みなさんも自分が見やすいように、フォントや背景色などを調整しておくとよいでしょう（**図C.9**）。

図C.8　コマンドプロンプトのプロパティの設定

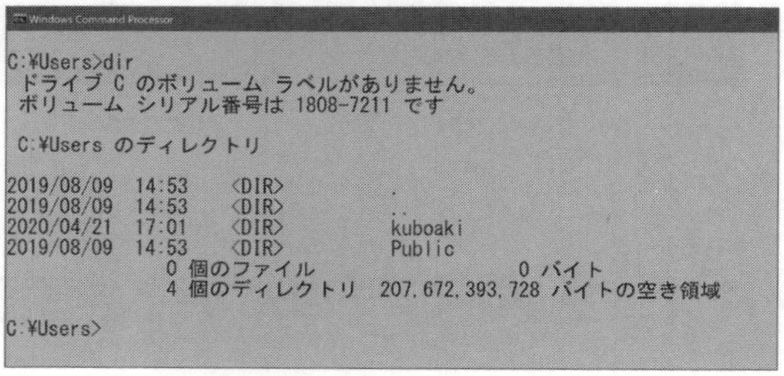

```
Windows Command Processor
C:¥Users>dir
 ドライブ C のボリューム ラベルがありません。
 ボリューム シリアル番号は 1808-7211 です

 C:¥Users のディレクトリ

2019/08/09  14:53    <DIR>          .
2019/08/09  14:53    <DIR>          ..
2020/04/21  17:01    <DIR>          kuboaki
2019/08/09  14:53    <DIR>          Public
               0 個のファイル               0 バイト
               4 個のディレクトリ  207,672,393,728 バイトの空き領域

C:¥Users>
```

図C.9　調整したコマンドプロンプトの画面

C.4.4　Rubyが使えるかどうか調べる

Rubyが使える状態か判断するために、一度Rubyを起動してみましょう。

コマンドプロンプトを開いて、**リストC.6**のように、Rubyコマンドにバージョン番号表示のオプションを指定して起動します。

言語の名前は「Ruby」ですが、プログラムの名前は小文字でrubyと入力します。その後ろに空白を入れて、「--（ハイフンを2つ）」に続けてversionと入力します。

リストC.6　**端末** Rubyを起動する

```
C:\Users\kuboaki>ruby --version ❶
ruby 2.6.4p104 (2019-08-28 revision 67798) [x64-mingw32]
```

❶ Rubyを--versionオプションをつけて起動して、バージョン番号を表示した。

　この表示を見ると、バージョンが2.6.4p104のRubyがインストールされているのがわかります。

　もし、**リストC.7**のような表示になった場合には、Rubyがインストールできていないか、起動できない状態になっています。

リストC.7　端末　Rubyが起動できなかったとき

```
C:\Users\kuboaki>ruby --version
'ruby' は、内部コマンドまたは外部コマンド、
操作可能なプログラムまたはバッチ ファイルとして認識されていません。
```

　Rubyの動作が確認できた人は「C.10 簡単なスクリプトの作成と実行」へ進みましょう。インストールできていない場合には「C.5 自分のPCにRubyを追加する（Windows）」へ進みましょう。また、インストールされていても、バージョンが古すぎるとこの本の演習を期待通りに実行できないことがあります。確認したバージョンが2.4あるいはそれ以前の場合は、この機会に新しいバージョンをインストールしましょう。

C.5 | 自分のPCにRubyを追加する（Windows）

　Windowsには、Rubyはあらかじめインストールされていません。別途、自分でインストールします。みなさんがこの本の演習に使おうと思っているPCが、Rubyを使えるようになっているか確かめましょう。もし、Rubyを使えることが確認できれば、インストール手順を省いてそのまま使ってもよいでしょう。

 警告 ｜ インストールには少し時間がかかります。安定して長時間ネットワークが使える状態で作業しましょう。また、ノートPCならば、電源を確保しておきましょう。

C.5.1　Rubyを入手する

　RubyInstallerのダウンロードページからインストーラーをダウンロードします（**図C.10**）。

RubyInstallerのダウンロードページ　https://rubyinstaller.org/downloads/

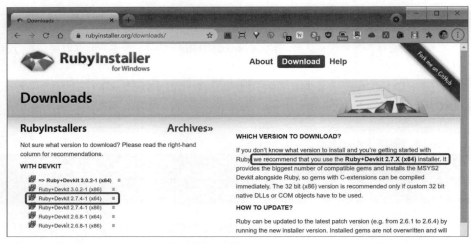

図 C.10　RubyInstallerをダウンロードする

　ページの右の方に、その時点で推奨しているバージョンが書いてあります。執筆時点では、「2.7.Xの64bit版」を推奨しているのがわかります。みなさん自身がこのページを見たときに推奨しているバージョンを選んでください。

C.5.2　Rubyをインストールする

　ダウンロードしたインストーラーをエクスプローラーで探します（図C.11）。

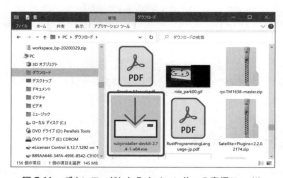

図 C.11　ダウンロードしたRubyInstallerの実行ファイル

　見つけたら、ダブルクリックして起動します。すると、ライセンス合意のダイアログが開きます（図C.12）。

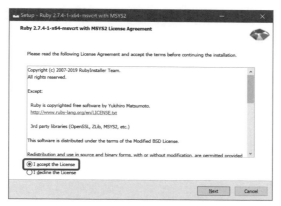

図C.12　ライセンス合意のダイアログ

「I accept the License」をチェックして「Next」ボタンをクリックします。

すると、インストール先を指定するダイアログが開きます（**図C.13**）。インストールする
ディレクトリの初期値が入っているはずですので、そのままでよいでしょう。そして、3つあ
るチェックボックスのすべてをチェックします。

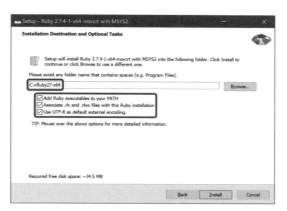

図C.13　インストール先指定のダイアログ

「Install」ボタンをクリックすると、追加コンポーネントを選択するダイアログが開きます
（**図C.14**）。「`MSYS2 development toolchain`」をチェックします。

重要

MSYS2は、UNIX用に作られたプログラムをWindowsで使えるようにする開発用ツール群
（ツールチェイン）です。
Ruby用ライブラリのインストールの際に使いますので、必ず「`MSYS2 development
toolchain`」をチェックしてインストールしておきましょう。

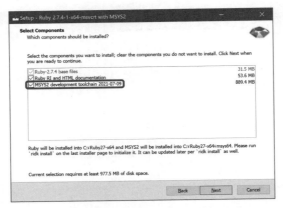

図 C.14　追加コンポーネント選択のダイアログ

「Next」ボタンをクリックします。インストールが終わるまで、しばらく待ちます。

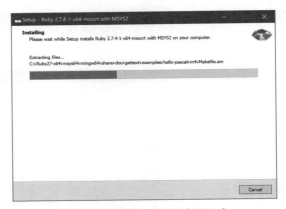

図 C.15　インストール中のダイアログ

Rubyのインストールが完了すると、完了のメッセージと共にMSYS2のセットアップのために「ridk install」を実行するためのチェックボックスが表示されます（**図C.16**）。

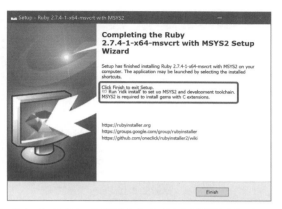

図C.16　Rubyのインストールが完了した（このあとMSYS2のセットアップあり）

　チェックボックスがチェックされていることを確認して「Finish」をクリックします。コマンドプロンプトが開いて、MSYS2のセットアッププログラムが起動します（**図C.17**）。

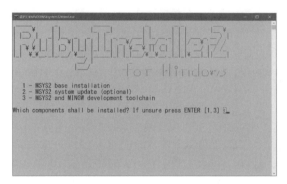

図C.17　MSYS2のセットアップ開始画面

　「3」を入力し、エンターキーを押します。MSYS2のセットアッププログラムが処理を始め、パッケージの取得やインストールが始まります。
　図C.18のように「Install MYSY2 and MINGW development toolchain succeeded」というメッセージが表示されれば、MSYS2のセットアップも完了です。

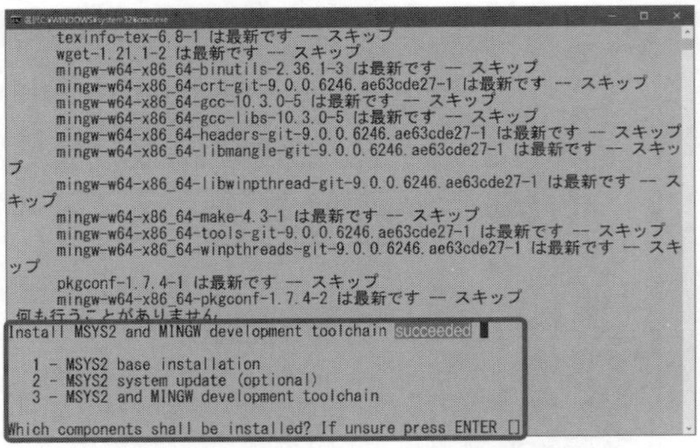

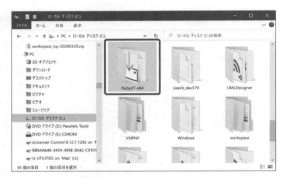

図C.18　MSYS2のセットアップ完了画面

セットアップに使ったコマンドプロンプトはいったん閉じておきましょう。

インストールしたRubyの入っているディレクトリ（フォルダ）を確認しておきましょう（**図C.19**）。

図C.19　Rubyのインストール先ディレクトリのチェック

C.5.3　インストールできたか確認する

Rubyを起動してみましょう。

新たにコマンドプロンプトを開きます（開いているコマンドプロンプトがあったら、閉じて開き直します）。**リストC.8**のように、Rubyコマンドにバージョン番号表示のオプションを指定して起動します。プログラム名の場合は小文字でrubyと入力します。その後ろに空白を入れて、「--（ハイフンを2つ）」に続けてversionと入力します。

リストC.8　　端末　Rubyを起動する

```
C:\Users\kuboaki>ruby --version
ruby 2.7.4p191 (2021-07-07 revision a21a3b7d23) [x64-mingw32]
```

この表示からは、バージョンが2.7.4p191のRubyが動作していることが確認できます。

もし**リストC.9**のような表示になった場合には、Rubyのインストールで問題が起きているか、起動できない状態になっています。

リストC.9　　端末　Rubyが起動できなかったとき

```
C:\Users\kuboaki>ruby --version
'ruby' は、内部コマンドまたは外部コマンド、
操作可能なプログラムまたはバッチ ファイルとして認識されていません。
```

この場合は、インストールのどこかで問題が起きています。インストールした手順を見直してみましょう。

これで、Rubyが使えるようになりました。「C.10 簡単なスクリプトの作成と実行」へ進みましょう。問題が見つかった場合には、これまでの手順を見直してみましょう。

C.6 自分のPCの環境を確認する（Mac）

Macの場合、macOSと共にRubyが提供されていますので、そのまま使ってもよいでしょう。あるいは、他の仕事や演習でRubyを使っていて、別のRubyがインストールしてある場合もあるでしょう。そこでまず、自分のMacで使えるRubyのバージョンを確認しましょう。

C.6.1 ターミナルを開く

ターミナルを開きます（**図C.20**）。ターミナルを起動するには、Finderで「アプリケーション」フォルダ内の「ユーティリティ」フォルダから「ターミナル」を探すか、Launchpadを開いて「ターミナル」を検索します。

図C.20　ターミナルのウィンドウ

ウィンドウに表示されている「~（チルダ）」は、現在のディレクトリがホームディレクトリであることを示しています。ウィンドウの色やフォントは、みなさんのターミナルの設定で異なっているでしょう。また、表示されるプロンプトは、みなさんが使っているシェルの設定によって異なる場合があります。

ヒント　このあとは「ターミナル」をよく使います。Dockに追加しておくとよいでしょう。

C.6.2　Rubyを起動してみる

　最近のMacには、あらかじめRubyがインストールされています。システムにインストールされているRubyを起動してみましょう。わたしが試している環境は、バージョンアップして使っているmacOS Big Sur（11.4）です。

　プログラム名の場合は小文字で/usr/bin/rubyと入力します。その後ろに空白を入れて、「--（ハイフンを2つ）」に続けてversionと入力します（**リストC.10**）。

リストC.10　　端末　Rubyを起動する

```
~ ls -l /usr/bin/ruby ❶
-r-xr-xr-x  1 root  wheel  138352  1  1  2020 /usr/bin/ruby
~ /usr/bin/ruby --version ❷
ruby 2.6.3p62 (2019-04-16 revision 67580) [universal.x86_64-darwin20]
```

❶ システムにあらかじめインストールされているRubyの所在を確認した。

❷ Rubyを--versionオプションをつけて起動して、バージョン番号を表示した。

　この表示を見ると、バージョンがruby 2.6.3p62のRubyがインストールされているのがわかります。

　インストールできていない場合には「C.7 自分のPCにRubyを追加する（Mac）」へ進みましょう。なお、インストールされているバージョンが古すぎると、この本の期待した通りに演習できないことがあります。確認したバージョンが2.4やそれより前の場合も「C.7 自分のPCにRubyを追加する（Mac）」へ進み、この機会に新しいバージョンをインストールしましょう。

　Rubyが使えるようになっている人は、「C.10 簡単なスクリプトの作成と実行」へ進みましょう。

C.7 | 自分のPCにRubyを追加する（Mac）

　MacにRubyをインストールする方法はいくつかあります。そのうち、HomeBrew使う方法とrbenvを使う方法を紹介しておきます。

警告　HomeBrewやrbenvを使ってインストールする場合、インストール作業中にネットワーク上のサーバーからファイルをダウンロードします。また、ダウンロードするファイルも、ファイルサイズが大きくファイル数も多いです。必ず、長時間安定して接続できて、大量にダウンロードできるネットワークに接続した状態で作業しましょう。

C.7.1　HomeBrewを使って追加する方法

HomeBrewは、パッケージの導入や保守をするパッケージマネージャと呼ばれるツールの一種です。Rubyだけではなく、多くのパッケージを提供しています。

プロジェクトやディレクトリに依らず、同じバージョンのRubyを使いたい人は、HomeBrewの提供するRubyのパッケージを使うとよいでしょう。そうではなく、プロジェクトやディレクトリによって異なるバージョンを切り替えて使いたい場合は、「C.7.2 rbenvを使って追加する方法」を参照してください。

HomeBrewを導入するには、HomeBrewのWebサイトを訪問して、トップページの指示に従います。

HomeBrewのWebサイト　https://brew.sh/index_ja

ヒント　HomeBrewを使うにはApple社が提供している「Command Line Tools for Xcode」が必要です。以前は先にインストールしておく必要がありましたが、最近のHomeBrewには「Command Line Tools for Xcode」を導入するスクリプトが含まれているようです。
もしHomeBrewのインストールでつまずくようなら、「Command Line Tools for Xcode」を先にインストールしておくとHomeBrewのインストールがスムーズに進むでしょう。

HomeBrewが導入できたら、Rubyのパッケージをインストールします（**リストC.11**）。

リストC.11　**端末**　HomeBrewでRubyをインストールする

```
~ brew install ruby
```

特定のバージョンを指定してインストールする方法もあります（**リストC.12**）。

リストC.12　**端末**　HomeBrewでバージョンを指定してRubyをインストールする（2.7を指定した例）

```
~ brew install ruby@2.7
```

これでRubyが使えるようになりました。「C.10 簡単なスクリプトの作成と実行」へ進みましょう。問題が見つかった場合には、これまでの手順を見直してみましょう。

C.7.2　rbenvを使って追加する方法

作業するディレクトリごとにRubyのバージョンを切り替えて使いたいときは、rbenv[1]を使います。

1　https://github.com/rbenv/rbenv

　この方法でもHomeBrewを使うので、「C.7.1 HomeBrewを使って追加する方法」を参照してインストールしてください。ただし、HomeBrewのRubyパッケージはインストールしません。代わりに、rbenvパッケージとruby-buildパッケージをインストールして、複数のRubyを切り替えて使える仕組みを用意します。

　まず、rbenvとruby-buildをインストールします（**リストC.13**）。

リストC.13　**端末**　HomeBrewを使ってrbenvとruby-buildをインストールする

```
~ brew upgrade rbenv ruby-build ❶
```

❶ brewコマンドは、インストールしたい複数のパッケージを列挙すれば、まとめてインストールできる。

　次に、rbenvを使うための初期処理を、ターミナル起動時に読み込まれるシェルスクリプトに追加します。dsclコマンドを使って、あらかじめ自分がターミナルで使っているシェルを確認しておきます（**リストC.14**）。

リストC.14　**端末**　ターミナル起動時に読み込まれるシェルの種類を調べる

```
~ dscl . -read /Users/$USER UserShell
UserShell: /usr/local/bin/zsh ❶
```

❶ zshを使っている場合の例

　自分が使っているシェルに応じて、ターミナル起動時に読み込まれるシェルスクリプトを編集します。編集にはテキストエディタを使います。
　bashの場合は、~/.bashrcに初期処理を追記します（**リストC.15**）。

リストC.15　**エディタ**　~/.bashrcの末尾に追記する

```
PATH="$HOME/.rbenv/bin:$PATH"
if which rbenv > /dev/null; then eval "$(rbenv init -)"; fi
```

　zshの場合は、~/.zshrcと~/.zshenvに初期処理を追記します（**リストC.16**、**リストC.17**）。~/.zshenvがないときは、新しく作成します。

リストC.16　**エディタ**　~/.zshrcの末尾に追記する

```
export PATH="$HOME/.rbenv/bin:$HOME/.rbenv/shims:$PATH"
```

リストC.17　**エディタ**　~/.zshenvの末尾に追記する

```
eval "$(rbenv init - zsh)"
```

bashの場合もzshの場合も、編集が済んだらターミナルを開き直します[2]。

利用可能なRubyバージョンの一覧を表示してみましょう（**リストC.18**）。

リストC.18　端末　利用可能なRubyバージョンの一覧を調べる

```
~ rbenv install --list
2.5.8
2.6.6
2.7.2
3.0.0
（……略……）
```

ここから使いたいバージョンを選びます。この本の演習では、2.5以降であれば使えます。調べた中から、比較的新しいバージョンを使うようにしましょう。

ここでは、2.7.2をインストールしてみます（**リストC.19**）。少し時間がかかりますが、待ちましょう。

リストC.19　端末　Ruby 2.7.2をインストールする

```
~ rbenv install 2.7.2
Downloading ruby-2.7.2.tar.bz2...
-> https://cache.ruby-lang.org/pub/ruby/2.7/ruby-2.7.2.tar.bz2
Installing ruby-2.7.2...
ruby-build: using readline from homebrew

（インストールが終わるまで待つ）

Installed ruby-2.7.2 to /Users/kuboaki/.rbenv/versions/2.7.2
```

インストールが終わったら、演習用のワークスペース（演習用に作成したディレクトリ）へ移動します（**リストC.20**）。

◆重要　rbenvを使うと、利用するディレクトリに応じてRubyのバージョンを選択できるようになります。rbenvを使ったRubyを使うときは、自分が使いたいディレクトリへ移動してから使用するバージョンを設定しましょう。

リストC.20　端末　演習用ワークスペースへ移動する

```
~ mkdir rubybook ❶
~ cd rubybook ❷
rubybook ❸
```

2　わかる人は source コマンドを使ってもかまいません。

第1部 準備編

第2部 実践編

付録

❶ もしワークスペース用ディレクトリを作っていなかったら、作成する。
❷ 作成したワークスペース用ディレクトリへ移動した。
❸ このrubybookはプロンプト（入力促進記号）として表示されているディレクトリ名。

rbenvコマンドを使って、ワークスペースで使うRubyを2.7.2に設定します（**リストC.21**）。リスト中、行頭のrubybookは、プロンプトとして表示している現在のディレクトリ名であることに注意してください。

リストC.21　　端末　ワークスペースのRubyを2.7.2に設定する

```
rubybook rbenv local 2.7.2 ❶
rubybook rbenv versions ❷
  system
  2.7.1
* 2.7.2 (set by /Users/kuboaki/rubybook/.ruby-version) ❸
  3.0.0
```

❶ localコマンドで、現在のディレクトリで使うRubyのバージョンを設定している。
❷ versionsコマンドでrbenvでインストールしたRubyのバージョンを表示した。
❸ *がついているのが、現在のディレクトリが設定しているRubyのバージョン。

C.7.3　インストールできたか確認する

Rubyを起動してみましょう。ターミナルを開きます。**リストC.22**のように、Rubyコマンドにバージョン番号表示のオプションを指定して起動します。

リストC.22　　端末　Rubyを起動する（ホームディレクトリ）

```
~ ruby --version
ruby 2.6.3p62 (2019-04-16 revision 67580) [x86_64-darwin19]
```

この表示では、ホームディレクトリでは、バージョンが2.6.3p62のRubyが使われていることがわかります。
では、ワークスペースの場合はどうでしょう（**リストC.23**）。

リストC.23　　端末　Rubyを起動する（ワークスペース）

```
~ cd rubybook
rubybook ruby --version
ruby 2.7.2p137 (2020-10-01 revision 5445e04352) [x86_64-darwin19]
```

この表示では、ワークスペースでは、バージョンが2.7.2p137のRubyが使われていること

がわかります。

　もし、**リストC.24**のような表示になった場合には、Rubyのインストールで問題が起きているか、起動できない状態になっています。

リストC.24　`端末`　Rubyが起動できなかったとき

```
~ ruby --version
zsh: command not found: ruby
```

　この場合は、インストールのどこかに問題があった可能性があります。インストールした手順を見直してみましょう。

　これで、Rubyが使えるようになりました。「C.10 簡単なスクリプトの作成と実行」へ進みましょう。問題が見つかった場合には、これまでの手順を見直してみましょう。

C.8 ｜ 自分のPCの環境を確認する（Linux）

　Linuxには、多数のディストリビューションがあります。すべての環境について説明するわけにもいかないので、ここではUbuntu 20.04を使って説明します。

C.8.1　ターミナルを開く

　ターミナルを開きます（**図C.24**）。ターミナルを開くには、画面左下の「Show Applications」アイコン（**図C.21**）をクリックして、表示されるアプリケーションリストから「Terminal」を選びます（**図C.22**）。または、デスクトップでマウスの右クリックでポップアップメニューを開いて「Terminal」を選びます（**図C.23**）。

図C.21　「Show Applications」アイコンからアプリケーションリストを開く

図C.22　アプリケーションリストから「Terminal」を開く

図C.23　デスクトップのポップアップメニューからターミナルを開く

図C.24　ターミナルのウィンドウ

　ウィンドウに表示されている「~（チルダ）」は、現在のディレクトリがホームディレクトリであることを示しています。ウィンドウの色やフォントは、みなさんのターミナルの設定で異なっているでしょう。また、表示されるプロンプトは、みなさんが使っているシェルの設定によって異なる場合があります。

C.8.2　Rubyを起動してみる

　Rubyが使える状態か判断するために、Rubyを起動してみましょう。ターミナルから**リストC.25**のように、Rubyコマンドにバージョン番号表示のオプションを指定して起動します。言語の名前は「Ruby」ですが、プログラムの名前は小文字でrubyと入力します。その後ろに空白を入れて、「--（ハイフンを2つ）」に続けてversionと入力します。

リスト C.25 （端末）Ruby を起動する

```
$ ruby --version ❶
ruby 2.7.0p0 (2019-12-25 revision 647ee6f091) [x86_64-linux-gnu]
```

❶ Ruby を --version オプションをつけて起動して、バージョン番号を表示した。

　この表示を見ると、バージョンが 2.7.0p0 の Ruby がインストールされていることがわかります。

　もし、**リスト C.26** のような表示になった場合には、Ruby はインストールされていません。

リスト C.26 （端末）Ruby が起動できなかったとき

```
$ ruby --version

kuboaki@elwood ~ $ ruby --version

Command 'ruby' not found, but can be installed with:

sudo apt install ruby ❶
```

❶ ruby コマンドが見つからないので、インストールする方法を示唆している。sudo は、スーパーユーザー（root）権限が必要なときに使うコマンド。

　Ruby の動作が確認できた人は「C.10 簡単なスクリプトの作成と実行」へ進みましょう。インストールされていない場合には「C.9 自分の PC に Ruby を追加する（Linux）」へ進みましょう。また、インストールされていても、バージョンが古すぎるとこの本の演習が期待通りに動作しないことがあります。確認したバージョンが 2.4 あるいはそれ以前の場合は、この機会に新しいバージョンをインストールしましょう。

C.9 ｜ 自分の PC に Ruby を追加する（Linux）

　Ruby がインストールされていないときは、パッケージマネージャを使ってインストールしましょう。

C.9.1　Ruby パッケージを追加する方法

　Ubuntu の場合は、パッケージマネージャ用コマンドの apt を使ってインストールします（**リスト C.27**）。

リスト C.27 （端末）apt で Ruby をインストールする

```
$ sudo apt install ruby ❶
```

```
[sudo] password for kuboaki: ❷
Reading package lists... Done
Building dependency tree
Reading state information... Done
The following additional packages will be installed:
  fonts-lato javascript-common libjs-jquery libruby2.5 libssl1.1 rake
(……略……)
Setting up libruby2.5:amd64 (2.5.1-1ubuntu1.7) ...
Processing triggers for libc-bin (2.27-3ubuntu1.2) ...
```

❶ sudoで管理者権限を使ってインストールする。ログインユーザーのパスワードを入力する。

❷ 管理者権限を使おうとしている人（自分）のパスワードを入力する。

C.9.2　rbenvを使って追加する方法

　作業するディレクトリでRubyのバージョンを切り替えて使いたいときは、rbenv[3]を使います。

　まず、rbenvをインストールします（**リストC.28**）。

リスト C.28　 端末 　aptを使ってrbenvをインストールする

```
kuboaki@elwood ~ $ sudo apt install rbenv ❶
[sudo] password for kuboaki: ❷
Reading package lists... Done
Building dependency tree
Reading state information... Done
(……略……)
Do you want to continue? [Y/n] ❸
(……略……)
```

❶ aptコマンドは、インストールしたい複数のパッケージを列挙すれば、まとめてインストールできる。

❷ 管理者権限を使おうとしている人（自分）のパスワードを入力する。

❸ Yを入力する。

　次に、rbenvを使うための初期処理を、ターミナル起動時に読み込まれるシェルスクリプトに追加します。ターミナルで使っているシェルは変更可能ですが、ここではbashの場合について説明します。

　編集にはテキストエディタを使います。

　bashの場合は、~/.bashrcに初期処理を追記します（**リストC.29**）。

3　https://github.com/rbenv/rbenv

リストC.29　**エディタ**　~/.bashrcの末尾に追記する

```
PATH="$HOME/.rbenv/bin:$PATH"
if which rbenv > /dev/null; then eval "$(rbenv init -)"; fi
```

編集が済んだらターミナルを開き直します[4]。

　もし、まだGitをインストールしていない場合には、インストールしてから実行します（**リストC.30**）。

リストC.30　**端末**　Gitをインストールする（まだインストールしていない場合）

```
kuboaki@elwood ~ $ sudo apt install git
[sudo] password for kuboaki:
Reading package lists... Done
（……略……）
```

　Gitを使い始めるときにはいくつか設定が必要ですが、最低限、次の項目を設定しておきましょう（**リストC.31**）。GitHubにアカウントを持っている人は、合わせておくとよいでしょう。

リストC.31　**端末**　Gitにユーザー名とメールアドレスを登録する

```
$ git config --global user.name ユーザー名 ❶
$ git config --global user.email メールアドレス ❷
```

❶ Gitで使うユーザー名を設定する。
❷ Gitで使うメールアドレスを設定する。

　次に、ruby-buildをインストールします（**リストC.32**）。これでrbenvが参照するRubyのバージョンリストが最新になります。

リストC.32　**端末**　aptを使ってruby-buildをインストールする

```
kuboaki@elwood ~ $ git clone https://github.com/sstephenson/ruby-build.git
~/.rbenv/plugins/ruby-build
```

　利用可能なRubyバージョンの一覧を表示してみましょう（**リストC.33**）。

リストC.33　**端末**　利用可能なRubyバージョンの一覧を調べる

```
kuboaki@elwood ~ $ rbenv install --list
Available versions:
  1.8.5-p52
  1.8.5-p113
（……略……）
```

4　わかる人は source コマンドを使ってもかまいません。

```
   2.7.1
   2.7.2
(……略……)
   3.0.0
(……略……)
```

　ここから使いたいバージョンを選びます。この本の演習では、2.5以降であれば使えます。調べた中から、比較的新しいバージョンを使うようにしましょう。

　ここでは、2.7.1をインストールしてみます（**リストC.34**）。少し時間がかかりますが、待ちましょう。

リストC.34　　**端末**　Ruby 2.7.1をインストールする

```
kuboaki@elwood ~ $ rbenv install 2.7.1
Downloading ruby-2.7.1.tar.bz2...
-> https://cache.ruby-lang.org/pub/ruby/2.7/ruby-2.7.1.tar.bz2
Installing ruby-2.7.1...

（インストールが終わるまで待つ）

Installed ruby-2.7.1 to /Users/kuboaki/.rbenv/versions/2.7.2
```

　インストールが終わったら、演習用のワークスペース（演習用に作成したディレクトリ）へ移動します（**リストC.35**）。

重要　rbenvを使うと、利用するディレクトリに応じてRubyのバージョンを選択できるようになります。rbenvを使ったRubyを使うときは、自分が使いたいディレクトリへ移動して、使用するバージョンを設定しましょう。

リストC.35　　**端末**　演習用ワークスペースへ移動する

```
kuboaki@elwood ~ $ mkdir rubybook ❶
kuboaki@elwood ~ $ cd rubybook ❷
kuboaki@elwood ~/rubybook $ ❸
```

❶ もしワークスペース用ディレクトリを作っていなかったら、作成する。
❷ 作成したワークスペース用ディレクトリへ移動した。
❸ $の前のrubybookはプロンプト（入力促進記号）として表示しているディレクトリ名。

　ワークスペースで使うRubyを2.7.1に設定します（**リストC.36**）。リスト中、$の前のrubybookはプロンプトとして表示している現在のディレクトリ名であることに注意してください。

リストC.36　　端末　ワークスペースの Ruby を 2.7.1 に設定する

```
kuboaki@elwood ~/rubybook $ rbenv local 2.7.1 ❶
kuboaki@elwood ~/rubybook $ rbenv versions ❷
  system
* 2.7.1 (set by /home/kuboaki/rubybook/.ruby-version) ❸
```

❶ local コマンドで、現在のディレクトリで使う Ruby のバージョンを設定している。

❷ versions コマンドで rbenv でインストールした Ruby のバージョンを表示した。

❸ * がついているのが、現在のディレクトリが設定している Ruby のバージョン。

C.9.3　インストールできたか確認する

Ruby を起動してみましょう（リストC.37）。

リストC.37　　端末　Ruby を起動する（ワークスペース）

```
kuboaki@elwood ~ $ cd rubybook
kuboaki@elwood ~/rubybook $ ruby --version
ruby 2.7.1p83 (2020-03-31 revision a0c7c23c9c) [x86_64-linux]
```

この表示では、ワークスペースでは、バージョンが 2.7.1p83 の Ruby が使われていることがわかります。

これで、Ruby が使えるようになりました。「C.10 簡単なスクリプトの作成と実行」へ進みましょう。問題が見つかった場合には、これまでの手順を見直してみましょう。

C.10 ┃ 簡単なスクリプトの作成と実行

Ruby のインストールが済み、演習に使うワークスペースも準備できましたので、簡単なプログラムを作成して動作を確認しましょう。

C.10.1　テキストエディタで Ruby のプログラムを書く

まず、リストC.38 に従って簡単なプログラムを作成しましょう。

リストC.38　プログラムを書く手順

1. みなさんが用意したテキストエディタを起動します。
2. 新規ファイルを作成します。ファイル名を test01.rb としましょう。
3. リストC.39 のように入力してみましょう。
   - 各行の左端の数字は行番号です（入力しません）。入力するプログラムの一部ではな

313

　　　　いので入力しないよう注意しましょう

- ● #から始まる行はコメントです。面倒なら今回は省略してもかまいません。

4. 入力できたら、ワークスペース（わたしの場合C:\Users\kuboaki\rubybook）に保存します。

リストC.39　Ruby　test01.rb

```
1. # Rubyが動作するかテストする
2. puts "Hello World"        ❶
3. puts __FILE__             ❷
4. puts "これが日本語の表示"   ❸
```

❶ 文字列Hello Worldを表示する。

❷ __FILE__という予約語は、実行するときに、このファイルの名前（test01.rb）に置き換えられる。

❸ 日本語の文字列を表示する。

　最初なので、細かい注意も書いておきます。1行目のように、行のどこか（行頭でなくてもかまいません）に#が見つかると、そこから行末までがコメントとして扱われます。コメントは、プログラムの動作に影響を与えません。❶❷❸の数字は、あとに続く説明の番号に対応づけるためのものです。これも入力しなくてかまいません。

　2行目のputsは、後ろに続く引数を文字列にして出力します。ここでは、引数は"Hello World"という文字列です。"で囲まれた文字の並びは「文字列」なので、ここはそのままHello Worldが出力されます。putsと引数の間を空白で区切るのを忘れないようにしましょう。

　3行目も文字列を出力しますが、引数が__FILE__となっています。入力するには、FILEの前に「_（アンダースコア）2つ」、あとにも2つ書きます。Rubyが、実行中のファイル名を表すために用意した特別な名前です。

　4行目は日本語の文字列の出力です。文字列を囲む"（ダブルクォーテーション）は半角ですので注意しましょう。

重要　テキストエディタの設定を調べて、Rubyのソースコードをファイルに保存するときの文字コードと改行コードを確認しましょう。Rubyのソースコードを書くときには、文字コードはUTF-8（BOMなし）、改行コードはLFだけという設定が推奨されています。

C.10.2　作成したプログラムを確認する

　コマンドプロンプトを開いて、ワークスペースのディレクトリへ移動します（**リストC.40**）。このような操作を「カレントディレクトリをrubybookへ変更（移動）する」といいます。

リストC.40 　端末　ワークスペースへ移動する

```
C:\Users\kuboaki>cd rubybook
C:\Users\kuboaki\rubybook>
```

　移動できたらdirコマンドを使って、作成したファイルがこのディレクトリに保存できていることを確認します（**リストC.41**）。見つからないようなら、テキストエディタで保存したときに保存した場所を確認してみましょう。

リストC.41 　端末　test01.rbが保存できていることを確認する

```
C:\Users\kuboaki\rubybook>dir
 ドライブ C のボリューム ラベルがありません。
 ボリューム シリアル番号は 1808-7211 です

 C:\Users\kuboaki\rubybook のディレクトリ

2020/04/22  13:42    <DIR>              .
2020/04/22  13:42    <DIR>              ..
2020/04/22  13:42                 149 test01.rb
               1 個のファイル                 149 バイト
               2 個のディレクトリ  207,987,175,424 バイトの空き領域
```

　これで、作成したプログラムファイルをワークスペースに保存できていることが確認できました。

C.10.3　Rubyのプログラムを動かす

　作成したプログラムを実行してみましょう。コマンド名rubyに続けて作成したプログラムのファイル名を書きます（**リストC.42**）。

リストC.42 　端末　test01.rbを実行する

```
C:\Users\kuboaki\rubybook>ruby test01.rb
```

　実行すると、**リストC.43**のような出力が得られます。

リストC.43 　端末　test01.rbの実行結果

```
Hello World
test01.rb
これが日本語の表示
```

　出力の2行目の表示が、作成したファイルの名前test01.rbになっていますね。これは、プログラム中の__FILE__という予約語が、実行時にこのファイルの名前に置き換えられた結

果です。3行目の日本語も正常に表示されていますか？

> **Column【12】MacやLinuxを使っている人へ**
>
> 　実行する手順や実行結果を開発環境ごとに書くと、説明が煩雑になり、読みにくくなってしまいます。そこで、この本の演習では、Windowsを使っている人の場合を想定して説明しています[5]。
> 　といっても、入力促進符号（プロンプト）とパス名に使う区切り記号以外、あまり大きな違いはありません。表C.2を参考に、説明を読み替えて演習してください。
>
> 表C.2　Windowsと他の環境の対応
>
> | 項目 | Windows | Mac / Linux |
> | --- | --- | --- |
> | 端末の名前 | コマンドプロンプト | ターミナル |
> | ドライブ名 | C:など | ドライブ名は使わない |
> | パス名の区切り記号 | \（バックスラッシュ、日本語フォントでは円記号） | /（スラッシュ） |
> | プロンプトの例 | C:\Users\kuboaki> | jake:~ kuboaki$（~チルダはホームディレクトリの略号） |
>
> 　プロンプトは環境によっても変わりますし、自分でもカスタマイズできます。表C.2で例示したプロンプトがみなさんの使う環境のプロンプトと異なっている場合には、読み替えてください。

C.10.4　うまくいかないときの対処法リスト

　リストC.44のようなメッセージが出力されたら、ファイルの文字コードがUTF-8になっていないのが原因です。

リストC.44　 端末 ファイルの文字コードがUTF-8でないとき

```
C:\Users\kuboaki\rubybook>ruby test01.rb
test01.rb:4: invalid multibyte char (UTF-8)
test01.rb:4: invalid multibyte char (UTF-8)
(……略……)
test01.rb:4: invalid multibyte char (UTF-8)
```

　このような場合は、作成したプログラムファイルをもう一度テキストエディタで開いて、文字コードがUTF-8になっているか確認してください。異なっていたら、UTF-8に変更して保存し直しましょう。
　リストC.45のようなメッセージが出力されたら、文字列が半角のダブルクォーテーションで囲めていないのが原因です。

5　他の環境の人ゴメンナサイ……。

リストC.45　**端末**　文字列が閉じていないと指摘されたとき

```
C:\Users\kuboaki\rubybook>ruby test01.rb
test01.rb:4: unterminated string meets end of file
...れが日本語の表示”
```

　ちょっとわかりにくいですが、メッセージ中の「日本語の表示”」の部分、文字列の終わりに「全角のダブルクォーテーション」が出力されていますね。そのせいで、ここが文字列の終わりとは認識されなかったわけです。これを半角に直します。

　他にもエラーメッセージが表示されて、期待通りに動かないことがあるでしょう。入力したファイルをよく見直して、ささいな違いも見逃さないよう、よく確かめてみてください。

C.11 | まとめ

　この章では、テキストエディタを導入し、Ruby の利用環境を整備しました。

　文章を書くときに文字の入力や修正に手間取っていては、文章を書くのに手間取ってしまい、効率が上がらないでしょう。プログラミングも文章の作成と似ています。プログラムの入力や修正に手間取っていては、作るプログラムに集中できません。プログラムを書けるようになるには、タイピングとテキストエディタの操作に慣れることは重要なことなのです。

　Ruby のインストールは、ちょっと手間がかかりましたね。ですが、一度インストールしてしまえば、あとは使うだけです。これからは、プログラムを作ることに集中できますね。

付録 D　Rubyの復習

　具体的なアプリケーションを作る前に、Rubyプログラムの書き方を復習しておきましょう。ただし、わたしたちの目的は言語の仕様を学ぶことではないので、ここではよく使う書き方だけを演習します。

　もし、詳しい文法が知りたいなら、『プログラミング言語Ruby』[b03]『プログラミングRuby 第2版 言語編』[b06] などを参考にするとよいでしょう。言語仕様や標準的なライブラリの説明が必要な場合は、『プログラミング言語Ruby リファレンスマニュアル』[w02] のWebページから最新の情報を入手できます。

D.1 ┃ Rubyはオブジェクト指向スクリプト言語

　Rubyは「まつもと ゆきひろ」さん（ネットではMatzが通名です）が、手軽にオブジェクト指向でプログラミングするための言語として、個人で開発を始めたプログラミング言語です。Rubyが生まれたのは1993年だそうです（最初のリリースは1995年）。この本を書いているのは2021年なので、Rubyはもうすぐ30歳。現在は、世界中の非常にたくさんの人が利用している、よく知られた言語の1つとなっています。日本発のソフトウェアということもあって、書籍やインターネット上に日本語の情報がたくさんあります。いまはもう、プログラミング言語の老舗の1つに数えてもよいでしょう。

　いまでも、「手軽にプログラミングするための言語」という売り文句は変わっていません。Rubyは文字列を加工したり、他のプログラムと一緒に仕事をするのが得意です。また、標準的なライブラリだけでなく世界中の人が作った豊富なライブラリもあります。これらを使えば、短いプログラムを書くだけで、やりたいことが容易に実現できます。このようなプログラムは、求められた演技を台本（スクリプト）どおりにやってみせる経験豊富な役者さんや、細かいことは「お任せ」でオッケーな凄腕の職人さんのような働きをします。このようなプログラミング言語は、一般に「スクリプト言語」と呼ばれています。

　Rubyがプログラムを作るときの考え方の基本としているのは「オブジェクト指向」です。他のプログラミング言語を使ったことがある人には、オブジェクト指向の考え方や、オブジェクト指向プログラミングについてすでに知っている人もいるでしょう。Rubyを使うときにも、その知識や経験はとても役に立ちます。

　一方でまつもとさんは、Rubyの原典とも呼べる書籍『オブジェクト指向スクリプト言語Ruby』[b02] の中で、「オブジェクト指向をあまり意識しなくてもプログラミングできる」ということも特徴に挙げています。同書の前半は、Rubyの文法やライブラリの解説ではなく「Rubyでできること」のショーケースのようになっています。そこでは、オブジェクト指向の

考え方について詳しい説明をするということは避けて、「Rubyではこのように書きます」といった、動かすためのプログラムの書き方を説明し、必要ならそこでオブジェクト指向に関連することがらを説明するという方法を使っています。このようにしておけば、みなさんがオブジェクト指向についてあまりわかっていなくても、必要になるときに「ああ、こういう考えが必要だからこうなっているんだね」と実感しながら読み進めることができます。少し古い本ですが、古書や図書館にあたってみるとよいでしょう。

Column 【13】 お気に入りの「Rubyとは」のページ

Googleで「Rubyとは」と入力して検索すると、とてもたくさんのページがヒットします。多くのページが初学者向けの説明になっていますが、その中でわたしが気に入っているのが、Rubyの本家とも言えるruby-lang.orgにある説明です。

Rubyとは　https://www.ruby-lang.org/ja/about/

このページでは、「作者（Matzの理念）」「Rubyの柔軟性」をはじめ、Rubyの特徴、機能、いろいろな処理系について紹介しています。ぜひ、一度読んでおくとよいでしょう。

D.2 | 商品名や購入日を表示してみよう

Amazonの注文履歴には、書籍名や商品名、金額や個数などが含まれています。書籍名や商品名は文字列、金額や個数は数値ですよね。プログラムの中でも文字列や数値はたくさん使います。そこで、Rubyの復習の最初は、文字列や数値あるいは日付などを扱う方法を確認しましょう。

D.2.1　商品名を表す（Stringクラス）

Rubyで文字列を扱うときにはStringクラスを使います。Stringクラスは、操作対象の文字列の保持と、その文字列を操作するための処理をひとまとめにしたものです。また、文字列を修正するには、StringIOクラスを使います。

▌【練習1】商品名を表示する（文字列リテラル）

文字列リテラルを使って商品名を表示するプログラムを動かしてみましょう。テキストエディタを使ってex0201.rbのようなプログラムを作成します（**リストD.1**）。

リストD.1　　Ruby　ex0201.rb

```ruby
1. # frozen_string_literal: true ❶
2.
3. puts '製品名: AS-2' ❷
4. puts '製品種別: Bluetoothスピーカー'
5.
6. mybook1 = '作って身につくC言語入門' ❸
7. mybook2 = 'Raspberry Pi "もっと食べたい" レシピ集'
8.
9. puts '書籍名: 「' + mybook1 + '」、「' +  mybook2 + '」' ❹
```

❶ このコメントの意味や役割はColumn 14（P.321）を参照する。

❷ 文字列リテラルを作成して表示した。

❸ 文字列リテラルを変数に割り当てた。

❹ 変数に割り当てた文字列リテラルを結合して作成した文字列を表示した。シングルクォーテーション（'）や（+）には、半角を使うことに注意。

　入力できたでしょうか。ここで使っている「puts」は文字列を表示するメソッドで、あらかじめRubyに組み込まれています。putsメソッドやその他の表示用メソッドについては、あとでまた使い方を学びましょう。

　ファイルを作成したら、実行してみましょう。カレントディレクトリが、ワークスペース「rubybook」でない場合は、まず「rubybook」に移動して、それから実行します（リストD.2）。

リストD.2　　端末　ex0201.rbを実行する (Windows)

```
C:\Users\kuboaki>cd rubybook ❶
C:\Users\kuboaki\rubybook>ruby ex0201.rb ❷
```

❶ カレントディレクトリがC:\Users\kuboakiだったので、ワークスペースに移動した。

❷ プログラムを実行した。

　MacやLinuxを使っている人は、ターミナル.appに起動しているシェルのプロンプトが表示されているでしょう。表示に多少の違いはありますが、プログラムの実行方法は同じです（リストD.3）。

リストD.3　　端末　ex0201.rbを実行する (Mac/Linux)

```
jake:~ kuboaki$ pwd        ❶
/Users/kuboaki/
jake:~ kuboaki$ cd rubybook ❷
jake:rubybook kuboaki$ ruby ex0201.rb ❸
```

❶ pwdコマンドを使って、現在のディレクトリ（カレントディレクトリ）を確認した。

❷ カレントディレクトリがホームディレクトリ（~）だったので、ワークスペースに移動した。

❸ プログラムを実行した。

実行した結果は、**リストD.4**のようになるでしょう。

リストD.4 端末 ex0201.rbの実行結果

```
製品名： AS-2
製品種別： Bluetoothスピーカー
書籍名：「作って身につくC言語入門」、「Raspberry Pi "もっと食べたい" レシピ集」
```

どうでしょう。みなさんにとって最初のプログラムですが、うまく動いたでしょうか。この練習で表示されたような「Welcome」や「ようこそ」のように、1文字以上の文字が連続しているデータが「文字列」です。

> **Column【14】# frozen_string_literal: true の役割**
>
> プログラム中で文字列を定義するとき、その文字列が知らないうちに変更されてしまう可能性があることをわたしたちはあまり意識できていません。書き換えるつもりがない文字列が不用意に書き換えられると、想定できない障害の原因につながります。そこで、文字列を作成したらそのあとは変更できないようにしようという考え方が出てきます。このような考え方を「破壊的変更を不可にする」といいます。また、「immutable^{用語}にする」「freezeする」ともいいます。変更したくない値は、変更できない方が安全ですね。
>
> Ruby 2.xでは、文字列はimmutableなデータではありません。ですが上記の問題があることから、Ruby 3.0以降では、文字列をimmutableなデータとして扱うことを検討しています。この仕様を取り入れた状況を確認するために、ファイルの冒頭にfrozen_string_literalという「マジックコメント^{用語}」を書いておきます。なお、このマジックコメントは、Ruby 2.3以降で使えます。
>
> ファイルの冒頭に、パラメータをtrueとしたfrozen_string_literalというマジックコメントが書いてあるプログラムの中では、文字列は破壊的に変更できなくなります。
>
> 簡単なサンプルfrozen_sample01.rbで働きを確認してみましょう（リストD.5）。
>
> **リストD.5** Ruby frozen_sample01.rb
>
> ```ruby
> 1. # frozen_string_literal: true
> 2.
> 3. str1 = '私の好物は' ❶
> 4. str2 = str1 + 'りんごです。' ❷
> 5. puts str1 ❸
> 6. puts str2
> 7. str3 = str1 << 'みかんです。' ❹
> 8. puts str3
> ```

❶ frozen_string_literal: trueなので、str1は「freeze」されて（変更不可になって）いる。

❷ +メソッドを使ってstr1を文字列を接続しているように見える。しかしこの場合は、2つの文字列から新しい文字列str2が作られている。

❸ +メソッドが新しい文字列を作っているので、str1は変化していない。

❹ <<メソッドは、str1に文字列を追加しようとしている。しかし、str1はfreezeされているのでエラーになる。

実行してみましょう（リストD.6）。

リストD.6　　端末　frozen_sample01.rbを実行する

```
C:\Users\kuboaki\rubybook>ruby frozen_sample01.rb
私の好物は
私の好物はりんごです。
Traceback (most recent call last):
frozen_sample01.rb:7:in `<main>': can't modify frozen String: "私の好物は"
(FrozenError) ❶
```

❶ 文字列str1はfrozenなので（freezeされているので）、文字列を変更するような処理はエラーになっている。

この制約を無効にしたい場合にはfrozen_sample02.rbのようにtrueをfalseに変えます（リストD.7）。

リストD.7　　Ruby　frozen_sample02.rb

```
1. # frozen_string_literal: false ❶
2.
3. str1 = '私の好物は'
4. str2 = str1 + 'りんごです。'
5. puts str1
6. puts str2
7. str3 = str1 << 'みかんです。'
8. puts str3
```

❶ frozen_string_literalのパラメータをfalseに変更した。

実行してみましょう（リストD.8）。

リストD.8　　端末　frozen_sample02.rbを実行する

```
C:\Users\kuboaki\rubybook>ruby frozen_sample02.rb
私の好物はりんごです。
私の好物はみかんです。
```

こんどは実行できましたね。

frozen_string_literalにtrueを指定しているプログラム中で文字列を編集したいときには、Stringクラスの代わりにStringIOクラスを使うfrozen_sample03.rbのような方法もあります（リストD.9）。

リストD.9　**Ruby**　frozen_sample03.rb

```
1. # frozen_string_literal: true
2.
3. require 'stringio'  ❶
4.
5. str = StringIO.new  ❷
6. str << '私の好物は'
7. str << 'りんごです。'
8. puts str.string  ❸
```

❶ StringIOクラスを使うためにstringioライブラリをrequireした。
❷ StringIOクラスのインスタンスstrを作成した。
❸ StringIOクラスのインスタンスからStringクラスの文字列を得るには、stringメソッドを使う。

実行してみましょう（リストD.10）。

リストD.10　**端末**　frozen_sample03.rbを実行する

```
C:\Users\kuboaki\rubybook>ruby frozen_sample03.rb
私の好物はりんごです。
```

文字列が詰め込まれたデータを読み書きしたい場合には便利なクラスなので、覚えておくとよいでしょう。

D.2.2　金額を表す（数値の文字列化）

プログラムの中では、いろいろなデータを文字列に変換して出力する機会が多いです。そのようなとき役に立つのが「数値の文字列化」のためのメソッドです。

「【練習1】商品名を表示する（文字列リテラル）」では、単純な文字列を表示するのにputsメソッドを使いました。ここでは、printfメソッドの仲間と「式展開」を使って、文字列ではないデータも文字列として表示する方法を紹介します。

▌【練習2】書式を使って文字列を作る（sprintf、formatメソッド）

ときには数値に「円」や「km」といった単位や項目名をつけて表示したいときもあるでしょう。このようなとき、C言語を知っている人なら、printf関数のように書式を指定できると便

利だと考えるでしょう。Rubyにも、C言語のものと同じようなsprintfメソッドがKernelモジュールの組込みメソッドとして用意されています。また、sprintfメソッドと同じ働きをするformatメソッドもあります。

　これらのメソッドを試してみましょう。テキストエディタを使ってex0202.rbのようなプログラムを作成します（**リストD.11**）。

リストD.11　**Ruby** ex0202.rb

```
 1. # frozen_string_literal: true
 2.
 3. n = 2
 4. m = 5
 5. price_socks = 520
 6. price_stickies = 890
 7.
 8. puts '1足' + price_socks.to_s + '円のソックスが' + n.to_s + '足あります。' ❶
 9. printf "1足%d円のソックスが%d足あります。\n", price_socks, n ❷
10. puts sprintf '1個%d円のふせん紙が%d個あります。', price_stickies, m ❸
11. fmt = '1個%d円のふせん紙が%d個あります。' ❹
12. puts format fmt, price_stickies, m ❺
```

❶ 文字列やto_sメソッドで文字列に直した数値を+演算子で接続した。

❷ printfメソッドの%dという書式を（フォーマット）使って、引数の数値を文字列に埋め込んだ。

❸ sprintfメソッドは、引数の数値を書式にしたがって文字列化して埋め込まれた文字列を返す。

❹ 書式を文字列として変数に割り当てておいた。こうしておくと、同じ書式を使う出力がたくさんあるときに書式を統一できる。

❺ あらかじめ割り当てられている書式を使って、引数の値を文字列に埋め込んだ。

　printfメソッドやsprintfメソッドには、整数を埋め込む%dの他に、文字列を埋め込む%s、浮動小数点数を埋め込む%fなど、多様な型の値を文字列に埋め込む書式があります。
　実行した結果は、**リストD.12**のようになるでしょう。

リストD.12　**端末** ex0202.rbを実行する

```
C:\Users\kuboaki\rubybook>ruby ex0202.rb
1足520円のソックスが2足あります。
1足520円のソックスが2足あります。
1個890円のふせん紙が5個あります。
1個890円のふせん紙が5個あります。
```

　数値を文字列に埋め込むための、いろいろな方法を確かめられました。

Column【15】シングルクォーテーションとダブルクォーテーション

CやJavaなど、プログラミング言語によっては、文字と文字列の区切り文字を区別している場合があります。Rubyでは、シングルクォーテーション（'）もダブルクォーテーション（"）も文字列リテラルの区切り文字に使います。

ダブルクォーテーションで囲まれた文字列では、バックスラッシュ記法（改行文字の\nやタブ文字の\tなど）が置換されます。また、#{ ... }の中を実行結果で置き換える「式展開」が実行されます。式展開については、後述の「【練習3】文字列中で式展開を使う」を参照してください。

シングルクォーテーションで囲まれた文字列では、バックスラッシュそのもの（\\）とシングルクォーテーション自身を表す\'だけが置換の対象になり、他はそのまま扱われます。

プログラムを書くときにどちらを使うのか、自分なりの書き方のルールを決めておくとよいでしょう。たとえば、書き換える見込みがない固定された文字列はシングルクォーテーションで囲み、式展開などで書き換える見込みがある文字列はダブルクォーテーションで囲むといったルールです。

【練習3】文字列中で式展開を使う

ダブルクォーテーション（"）で囲まれた文字列式の中に「#{式}」という形式で式や変数が書いてあると、式の結果や変数の値を文字列に埋め込んでくれます。これをRubyでは「式展開」と呼びます。式展開では、参照している式が文字列を表していなくても、埋め込むときに処理の中でto_sメソッドなどで文字列化してから埋め込んでくれます。

式展開を試してみましょう。テキストエディタを使ってex0203.rbのようなプログラムを作成します（リストD.13）。

リストD.13　Ruby　ex0203.rb

```
 1. # frozen_string_literal: true
 2.
 3. n = 2
 4. m = 5
 5. price_socks = 520
 6. price_stickies = 890
 7.
 8. puts "1個#{price_stickies}円のふせん紙が#{m}個あります。" ❶
 9. str = "1足#{price_socks}円のソックスが#{n}足あります。" ❷
10. puts str
```

❶ #{price_stickies}で変数price_stickiesの値を文字列の間に展開している。式展開を含む文字列は"で囲んでいることに注意。

❷ 式展開して得られた文字列を変数strに割り当てている。

実行してみましょう（リストD.14）。

リストD.14　　端末　ex0203.rbを実行する

```
C:\Users\kuboaki\rubybook>ruby ex0203.rb
1個890円のふせん紙が5個あります。
1足520円のソックスが2足あります。
```

【練習4】文字列を編集する（StringIO クラス）

　プログラムの中では、文字列を次々につないで1つの文字列を作りたいことがよくあります。たとえば、プログラムが計算を繰り返しながら、求めた結果全体を1つの長い文字列にまとめたいときなどです。このような場合、プログラムの中でもこれまでの結果に次の結果を継ぎ足すような書き方が使えると便利ですよね。

　前の文字列に新しい文字列を継ぎ足す方法に、String クラスの << メソッドを使う書き方があります。演算子のように見えますが、これは << という文字並びをメソッド名としたメソッドです[6]。**リストD.13**を << メソッドを使って ex0204.rb のように書き直してみましょう（**リストD.15**）。

リストD.15　　Ruby　ex0204.rb

```
 1. # frozen_string_literal: true
 2.
 3. n = 2
 4. m = 5
 5. price_socks = 520
 6. price_stickies = 890
 7.
 8. puts "1個#{price_stickies}円のふせん紙が#{m}個あります。"
 9. str = '1足' << price_socks.to_s << '円のソックスが' << n.to_s << '足あります。'   ❶
10. puts str
```

❶ << メソッドを使って書き直してみた。

　実行してみましょう（**リストD.16**）。

リストD.16　　端末　ex0204.rbを実行する

```
C:\Users\kuboaki\rubybook>ruby ex0204.rb
1個890円のふせん紙が5個あります。
Traceback (most recent call last):
ex0204.rb:9:in `<main>': can't modify frozen String: "1足" (FrozenError)   ❶
```

❶ 1足という文字列は変更できないというエラーによってプログラムが終了している。

6　concat というメソッドも使えます。

Column 14（P.321）でも紹介したように、frozen_string_literal: trueを指定しているプログラムでは、文字列を変更しようとするとエラーになります。このプログラムでは、<<メソッドを使おうとした対象が"1足"という文字列ですから、ここでエラーになったわけです。

そこでex0204_2.rbのように、Stringクラスの代わりにStringIOクラスを使ってみましょう（リストD.17）。

リストD.17　Ruby　ex0204_2.rb

```ruby
 1. # frozen_string_literal: true
 2.
 3. require 'stringio'  ❶
 4.
 5. n = 2
 6. m = 5
 7. price_socks = 520
 8. price_stickies = 890
 9.
10. puts "1個#{price_stickies}円のふせん紙が#{m}個あります。"
11. str = StringIO.new  ❷
12. str << '1足' << price_socks.to_s << '円のソックスが' << n.to_s << '足あります。'  ❸
13. puts str.string  ❹
```

❶ StringIOクラスを使うためにstringioライブラリをrequireした。

❷ StringIOクラスのインスタンスstrを作成した。

❸ <<メソッドを使って文字列を結合した。

❹ stringメソッドでStringクラスの文字列に変換した。

実行してみましょう（リストD.18）。

リストD.18　端末　ex0204_2.rbを実行する

```
C:\Users\kuboaki\rubybook>ruby ex0204_2.rb
1個890円のふせん紙が5個あります。
1足520円のソックスが2足あります。
```

文字列を修正、追加するときには、StringIOクラスを使えることがわかりました。

D.2.3　購入額を計算する（Numericクラス）

これまでの練習でも、50円や2個というかたちですでに整数を使っていました。このように、プログラム中に数値を記述するとき、実は新しい数値を作成しています。これらを「数値リテラル」といいます。

Rubyでは、数値を扱うクラスは、Numericクラスとその仲間として定義されています。数

値はリテラルとして扱うだけでなく、計算にも使えます。

【練習 5】 整数の計算 （Integer クラス）

　買い物の購入額を計算するために、整数を扱う Integer クラスを使って ex0205.rb のような プログラムを作ってみましょう（**リスト D.19**）。

リスト D.19　　Ruby　ex0205.rb

```
 1. # frozen_string_literal: true
 2.
 3. n = 2
 4. m = 5
 5. price_socks = 520
 6. price_stickies = 890
 7.
 8. subtotal_socks = price_socks * m ❶
 9. subtotal_stickies = price_stickies * n
10. total = subtotal_socks + subtotal_stickies ❷
11. printf "合計%d円です。\n", total
```

❶ 整数を割り当てた変数を使って小計を計算した。

❷ 小計を足し算して、合計を求めた。

　実行してみましょう（**リスト D.20**）。

リスト D.20　　端末　ex0205.rb を実行する

```
C:\Users\kuboaki\rubybook>ruby ex0205.rb
合計4380円です。
```

【練習 6】 浮動小数点数の計算 （Float クラス）

　数値クラスの仲間には、浮動小数点数を扱う Float クラスがあります。Float クラスを使って ex0206.rb のようなプログラムを作ってみましょう（**リスト D.21**）。

リスト D.21　　Ruby　ex0206.rb

```
 1. # frozen_string_literal: true
 2.
 3. weight = 2.45253e03 ❶
 4. price_chicken_100g = 136 ❷
 5.
 6. printf "鶏肉 100グラム: %d円です。\n", price_chicken_100g
 7. total = price_chicken_100g * weight / 100 ❸
 8. puts total ❹
```

```
 9. total = total.ceil ❺
10. printf "鶏肉 %.2fグラム買ったので %d円です。\n", weight, total ❻
```

❶ 浮動小数点数を変数に割り当てた。表記は2.45253×10^3の意味で、2452.53グラム。

❷ 100グラムあたりの単価を変数に割り当てた。

❸ 単価と量り売りの重さをかけ、それを（単価が100グラムあたりなので）100で割って合計を求めた。

❹ 計算結果をそのまま表示した。puts メソッドが内部的に to_s メソッドを呼び出して文字越化している。

❺ ceil メソッドで合計額の端数を切り上げた[7]。

❻ 浮動小数点数用の書式で、表示精度として小数点以下2桁を指定（%.2f）した。

実行してみましょう（**リスト D.22**）。

リスト D.22 端末 ex0206.rb を実行する

```
C:\Users\kuboaki\rubybook>ruby ex0206.rb
鶏肉 100グラム: 136円です。
3335.4408000000003
鶏肉 2452.53グラム買ったので 3336円です。❶
```

❶ 小数以下が、切り上げになっている。

D.2.4 購入日を表示する（Date クラス）

購入日や配達日は、2019-10-24 や 2020年3月12日のように年月日を使って表します。Ruby で日付を扱うときは、Date クラスを使います。仲間のクラスに、時刻を表す Time クラスや、日付と時間を扱える DateTime クラスがあります。

■【練習7】現在の日付を求める（today メソッド）

購入日を表示するために、Date クラスの today メソッドを使って ex0207.rb のようなプログラムを作ってみましょう（**リスト D.23**）。

リスト D.23 Ruby ex0207.rb

```
1. # frozen_string_literal: true
2.
3. require 'date' ❶
4.
5. honjitsu = Date.today ❷
```

---

[7] 切り捨てには floor メソッドを使います。

```
 6. puts honjitsu ❸
 7.
 8. puts honjitsu.strftime('%D') ❹
 9. puts honjitsu.strftime('%Y年%m月%d日') ❺
```

❶ Date クラスを require した。

❷ today メソッドで今日の日付を得て、honjitsu という変数に割り当てた。

❸ そのままを puts メソッドで表示した。

❹ strftime メソッドで、書式%D を指定して表示した。

❺ strftime メソッドで、書式指定を使って年月日をつけて表示した。

実行してみましょう（**リスト D.24**）。

リスト D.24 　端末 　ex0207.rb を実行する

```
C:\Users\kuboaki\rubybook>ruby ex0207.rb
2021-02-26
02/26/21
2021年02月26日
```

■【練習8】日付を作成する（new メソッド）

　new メソッドは、クラスからインスタンスを作成するのに使います。Date クラスの new メソッドの場合、数値から日付を作成できます。ex0208.rb のようなプログラムを作って確かめてみましょう（**リスト D.25**）。

リスト D.25 　Ruby 　ex0208.rb

```
 1. # frozen_string_literal: true
 2.
 3. require 'date'
 4.
 5. hinamaturi = Date.new( 2020, 3, 3 ) ❶
 6. kodomonohi = Date.new( 2020, 5, 5 ) ❷
 7. p hinamaturi ❸
 8. p kodomonohi
 9. puts hinamaturi ❹
10. puts kodomonohi
```

❶ コンストラクタを使って、ひな祭りの日の Date クラスのインスタンスを作成した。

❷ こどもの日のインスタンスを作成した。

❸ デバッグに使う p メソッドで、Date クラスのインスタンスであることを確認した。

❹ puts メソッドを使うと文字列で表示される（内部で to_s メソッドが使われている）。

実行してみましょう（**リストD.26**）。

リストD.26　端末　ex0208.rbを実行する

```
C:\Users\kuboaki\rubybook>ruby ex0208.rb
#<Date: 2020-03-03 ((2458912j,0s,0n),+0s,2299161j)> ❶
#<Date: 2020-05-05 ((2458975j,0s,0n),+0s,2299161j)>
2020-03-03
2020-05-05
```

❶ Dateクラスのインスタンスであることを確認した。

Column 【16】Rubyの変数の命名スタイルはなぜスネークケースなのか？

　Rubyでは、変数の名前には「スネークケース」と呼ばれているスタイルが使われています。スネークケースは、variable_nameのように単語の間をアンダースコア（_）で接続して1つの単語のように表すスタイルです。一方、クラス名や定数名にはキャメルケースが使われています。キャメルケースはclassNameのように、単語の先頭文字を大文字とし間を詰めて1つの単語のように表すスタイルです。ClassNameのように、最初の単語の先頭を大文字で表記するパスカルケースもキャメルケースの一種です。

　Quora[8]に出された同じ質問に対する、まつもとゆきひろさん（Matz）の回答[9]からの抜粋です。

　　　複数の単語からなる用語、たとえば「format message」を単一の識別子にまとめる方法には

　　スネークケース (format_message)
　　キャメルケース (formatMessage)

　などがありますが、個人的にはスネークケースのほうが、もとの単語の並びに外見が近く読みやすいと思います。Eiffelの作者Bertrand Meyerも同じことを述べてました。もちろん、「読みやすい」は主観なので、慣れなどによって異なる意見を持つ人もいることでしょう。

　　Rubyの場合、クラス名などの定数名にはキャメルケースを用いており、一貫していないわけですが、この理由は、定数名とメソッド名やローカル変数名に異なるルールを採用することにより、外見で役割を区別しやすくすることを「読みやすさ」より優先したからです。

――Yukihiro Matsumoto（プログラミング言語「Ruby」の作者）

8　クオーラ。ユーザーコミュニティの質疑によるQ and Aサイト。https://jp.quora.com/
9　https://qr.ae/pNy7SU

D.3 履歴データのまとまりを操作しよう

　Amazonの注文履歴は、複数の履歴が含まれています。また、それぞれの履歴にも、金額や個数が繰り返し現れます。そのような繰り返しのあるデータを操作する方法を確認しましょう。

D.3.1 明細の項目を表示しよう（Arrayクラス）

　注文履歴は何件も続きます。どんな注文が何件あったのかは取得するまでわかりませんので、1件ずつの注文履歴をいちいち並べることはできないでしょう。それに、同じことを何度も繰り返して書くのは、無駄な感じがします。

　たいていのオブジェクト指向プログラミング言語では、複数のインスタンスの集まりを処理するためのクラスが用意されています。そのようなクラス群を「コレクションクラス」あるいは「コレクション」と呼んでいることが多いようです。Rubyにも、「ハッシュ（Hash）」「集合（Set）」などのコレクションクラスが用意されています。「配列（Array）」もそのようなコレクションクラスの1つです。

　配列は、複数のデータをまとめて扱うときに使うデータ構造の1つで、同じようなデータが繰り返されているときに向いています。注文履歴のデータにも配列が使われています。ここで、配列の使い方を復習しておきましょう。

▌【練習9】明細を表示する

　たとえば、書籍の注文履歴を取得すると、明細部分は書籍名や著者名など含む配列になっています。これらを表示してみましょう。

　テキストエディタを使ってex0209.rbのようなプログラムを作成します（**リストD.27**）。

リストD.27 `Ruby` ex0209.rb

```
 1. # frozen_string_literal: true
 2.
 3. detail = ['μITRONによる組込みシステム入門', '武井 正彦', '販売: アマゾンジャパン
    合同会社', '￥ 3,080'] ❶
 4.
 5. detail.each do |item| ❷
 6.   puts item ❸
 7. end
 8.
 9. puts 'a)---'
10. puts "最初の要素: #{detail[0]}" ❹
11. puts "最後の要素: #{detail[-1]}" ❺
12.
```

```
13.   puts 'b)----'
14.   p detail.index('￥ 3,080')  ❻
15.
16.   puts 'c)----'
17.   p detail.include?('￥ 3,080')  ❼
18.
19.   puts 'd)----'
20.   detail.append('返品期間:2020/01/20まで')  ❽
21.   p detail
22.
23.   puts 'e)----'
24.   detail.delete('販売: アマゾンジャパン合同会社')  ❾
25.   p detail
```

❶ Amazonの注文履歴の明細を真似たデータを格納した配列detailを作成した。

❷ eachメソッドで、配列の要素を1つずつ取り出し、それをitemで参照している。

❸ putsメソッドで、それぞれの要素を表示している。

❹ 配列の最初の要素の添字（インデックス）は0。

❺ 配列の最後の要素は、添字（インデックス）に-1を使って表せる。

❻ indexメソッドは、引数で渡された値と同じ要素の添字を返す。

❼ include?メソッドは、引数で渡された値が配列に含まれているとtrueを返す。

❽ appendメソッドは配列に要素を追加する。

❾ deleteメソッドは、引数で渡された値と同じ要素を削除する。

告知

> detailのデータには、文字列を囲むシングルクォーテーション（'）や要素の区切りのカンマ（,）などが使われています。日本語混じりのデータを入力したときに、これらの記号を全角文字で入力しないでください。とくに文字列を閉じるとき、半角に戻すのを忘れないように気をつけてください。

実行してみましょう（**リストD.28**）。

リストD.28　端末 ex0209.rbを実行する

```
C:\Users\kuboaki\rubybook>ruby ex0209.rb
μITRONによる組込みシステム入門
武井 正彦
販売: アマゾンジャパン合同会社
￥ 3,080
a)---
最初の要素: μITRONによる組込みシステム入門 ❶
最後の要素: ￥ 3,080 ❷
b)----
3 ❸
```

```
c)----
true ❹
d)----
["μITRONによる組込みシステム入門", "武井 正彦", "販売：アマゾンジャパン合同会社", "￥
 3,080", "返品期間：2020/01/20まで"] ❺
e)----
["μITRONによる組込みシステム入門", "武井 正彦", "￥ 3,080", "返品期間：2020/01/20まで
"] ❻
```

❶ 最初の要素を表示した。

❷ 最後の要素を表示した。

❸ 指定した要素は（0から数えて）3番目に見つかった。

❹ 指定した要素は配列に含まれていたのでtrueが返ってきた。

❺ 末尾に要素が追加された。

❻ 引数に指定した文字列とマッチする要素が削除された。

D.3.2　プログラムに値を渡す（コマンドライン引数）

　ターミナルからプログラムを実行する時に、実行する時点でなんらかの設定を渡したいことがあります。この設定のことを「コマンドライン引数」といいます。Rubyでは、ARGVという組込み変数に文字列の配列として格納されています。ARGVのARGは、argument用語を意識した名前です。配列ですから、添字（インデックス）で要素を指定できます。また、eachメソッドのようなイテレータを使ったり、sizeメソッドで引数の数も調べられます。

　コマンドライン引数を調べるプログラムex0210.rbを作って、試してみましょう（**リストD.29**）。

リストD.29　`Ruby` ex0210.rb

```
 1. # frozen_string_literal: true
 2.
 3. puts size = ARGV.size ❶
 4. p ARGV ❷
 5.
 6. if size > 2
 7.   puts ARGV[0] ❸
 8.   puts ARGV[1]
 9. end
10.
11. ARGV.each do |arg| ❹
12.   print arg
13.   print ' '
14. end
```

❶ コマンドライン引数の数を取得して表示した。

❷ デバッグに使うpメソッドで、コマンドライン引数の内部要素を表示した。

❸ 添字を使って指定した要素を参照した。

❹ eachですべての要素を表示した。

実行してみましょう（**リストD.30**）。

リストD.30　　**端末**　ex0210.rbを実行する

```
C:\Users\kuboaki\rubybook>ruby ex0210.rb AAA 123 CCC
3 ❶
["AAA", "123", "CCC"] ❷
AAA ❸
123 ❹
AAA 123 CCC ❺
```

❶ コマンドライン引数の数は3だった。

❷ コマンドライン引数の内部要素を表示した。数字の並びも文字列になっている。

❸ 添字0を使って指定した要素を参照した。

❹ 添字1を使って指定した要素を参照した。

❺ eachメソッドで、すべての要素を表示した。

　コマンドライン引数を使えば、プログラムを実行するときに決めたい情報を、実行するときに指示できます。これで、実行前にいちいちプログラムを書き換えなくて済みますね。

D.3.3　注文履歴を表示しよう（Hashクラス）

　「ハッシュ（Hash）」もコレクションクラスの1つです。その記録方法や検索方法の持つ特徴から「連想配列」とも呼ばれています。配列は要素を0番目から始まる整数で番号づけしています。これに対して、ハッシュでは文字列やシンボルを使ったキーと、対応する値の組で表します。

　シンボルは、文字並びで表した整数です。整数に対応することからわかるように、同じシンボルは同じ整数を指します[10]。配列が使っている数字による添字の代わりに、文字列を元に求めた値やシンボルを添え字にしていると考えてもよいでしょう。

　シンボルを表すには**リストD.31**のような記法を使います。

リストD.31　　**Ruby**　シンボルの記法

```
:symbol_name ❶
```

10　CやC++を知っている人なら、enumのような役割を連想してみるとよいでしょう。

```
h1 = { :key1 => val1, :key2 => val2 } ❷
h2 = { key1: val1, key2: val2 } ❸
```

❶ シンボルは文字列とは異なり、文字の並びの前にコロン（:）を書く。

❷ ハッシュのキーにシンボルを使った例。

❸ ハッシュのキーにシンボルを使うときは、文字の並びの後にコロン（:）を書き=>を省略した記法も使える。

Column 【17】 ハッシュの記法について

　現在、Rubyでは複数のハッシュの記法が使えます。

　Rubyが最初から提供しているハッシュの記法は、リストD.32のような、キーと値をハッシュロケット（=>）で紐づけたものです。キーには文字列を使っています。

リストD.32　 Ruby 　ハッシュの記法 (1)
```ruby
fruits_prices = { 'banana' => 100, 'apple' => 200 }
```

　文字列ではなくシンボルを使うリストD.33のような記法も使われています。

リストD.33　 Ruby 　ハッシュの記法 (2)
```ruby
fruits_prices = { :banana => 100, :apple => 200 }
```

　そして、Ruby 1.9からは、シンボルを使う場合にはリストD.34のような記法が使えるようになりました。

リストD.34　 Ruby 　ハッシュの記法 (3)
```ruby
fruits_prices = { banana: 100, apple: 200 }
```

　文字列がキーの場合には、リストD.32の表記を使っておけばよいでしょう。一方、キーに決まった値を使うなら、シンボルを使う方が（文字列からハッシュ値を求める計算が必要ない分）効率よく処理できるでしょう。

【練習10】 注文履歴を表示する

　書籍の注文履歴を取得すると、それぞれの注文には '249-6343103-6413402' のようなシングルクォーテーションで囲まれた注文番号がついています。注文履歴がこの注文番号をキーとしてハッシュを構成しているとみなして表示してみましょう。

テキストエディタを使ってex0211.rbのようなプログラムを作成します（**リストD.35**）。

リストD.35　**Ruby** ex0211.rb

```
 1. # frozen_string_literal: true
 2.
 3. details = { ❶
 4.   '249-9053000-2881416' => { ❷
 5.     '注文日' => '2019年12月19日',
 6.     '合計' => '￥ 3,356',
 7.     '明細' => ['オーデコロン 単品 80ml', '￥ 2,810', 'ハンドクリーム 無香料 単品
        50g', '￥ 546'] ❸
 8.   },
 9.
10.   '249-3474742-7327824' => {
11.     '注文日' => '2019年12月16日',
12.     '合計' => '￥ 1,580',
13.     '明細' => ['マーカー コーン 5色 50個', '￥ 1,580']
14.   },
15. }
16.
17. puts 'a)----'
18. details.each do |item| ❹
19.   puts item
20. end
21.
22. puts 'b)----'
23. details.each_pair do |key, value| ❺
24.   puts '>====>'
25.   puts "key: #{key}"
26.   puts '>---->'
27.   value.each_pair do |key2, val2| ❻
28.     printf "%-10s %s\n", "【#{key2}】", val2 ❼
29.   end
30. end
31.
32. puts 'c)----'
33. details['249-4549341-0555864'] = { ❽
34.   '注文日' => '2019年12月15日',
35.   '合計' => '￥ 2,948',
36.   '明細' => ['見て試してわかる機械学習アルゴリズムの仕組み 機械学習図鑑', '秋庭 伸
        也', '￥ 2,948']
37. }
38. p details
39.
40. puts 'd)----'
```

```
41. puts details.key?('249-3474742-7327824')  ❾
42.
43. puts 'e)----'
44. details.delete('249-3474742-7327824')  ❿
45. puts details.key?('249-3474742-7327824')  ⓫
46. p details
```

❶ Amazonの注文履歴を真似たデータdetailsをハッシュを使って作成した。

❷ キーが注文番号で、値として注文日や合計といった詳細を持つハッシュとして格納した。

❸ 詳細の最後は、キーが'明細'で、値は配列になっている。

❹ ハッシュから1件ずつデータを取り出した。

❺ each_pairメソッドは、キーと値のペアを取り出した。

❻ 履歴の値もまたハッシュなので、each_pairメソッドを使ってキーと値のペアを取り出した。

❼ printfメソッドでキーを5桁に右寄せして書式化した（日本語の文字も1文字と数えることに注意）。

❽ detailsに要素を追加した。

❾ key?メソッドを使って、キーが'249-3474742-7327824'の要素がないか調べた。

❿ deleteメソッドを使って、キーが'249-3474742-7327824'の要素をハッシュから削除した。

⓫ 削除されていることを確認した。

実行してみましょう（**リストD.36**）。

リストD.36　端末　ex0211.rbを実行する

```
C:\Users\kuboaki\rubybook>ruby ex0211.rb
a)----
249-9053000-2881416
{"注文日"=>"2019年12月19日", "合計"=>"￥ 3,356", "明細"=>["オーデコロン 単品 80ml",
"￥ 2,810", "ハンドクリーム 無香料 単品 50g", "￥ 546"]}
249-3474742-7327824
{"注文日"=>"2019年12月16日", "合計"=>"￥ 1,580", "明細"=>["マーカー コーン 5色 50個
", "￥ 1,580"]}
b)----
>====>
key: 249-9053000-2881416
>---->
【注文日】2019年12月19日  ❶
【合計】 ￥ 3,356
【明細】 ["オーデコロン 単品 80ml", "￥ 2,810", "ハンドクリーム 無香料 単品 50g", "￥
546"]
```

➡️
```
>=====>
key: 249-3474742-7327824
>----->
【注文日】2019年12月16日
【合計】￥ 1,580
【明細】 ["マーカー コーン 5色 50個", "￥ 1,580"]
c)----
{"249-9053000-2881416"=>{"注文日"=>"2019年12月19日", "合計"=>"￥ 3,356", "明細"=>["
オーデコロン 単品 80ml", "￥ 2,810", "ハンドクリーム 無香料 単品 50g", "￥ 546"]},
 "249-3474742-7327824"=>{"注文日"=>"2019年12月16日", "合計"=>"￥ 1,580", "明細"=>["
マーカー コーン 5色 50個", "￥ 1,580"]}, "249-4549341-0555864"=>{"注文日"=>"2019年
12月15日", "合計"=>"￥ 2,948", "明細"=>["見て試してわかる機械学習アルゴリズムの仕組み
機械学習図鑑", "秋庭 伸也", "￥ 2,948"]}}
d)----
true ❷
e)----
false ❸
{"249-9053000-2881416"=>{"注文日"=>"2019年12月19日", "合計"=>"￥ 3,356", "明細"=>["
オーデコロン 単品 80ml", "￥ 2,810", "ハンドクリーム 無香料 単品 50g", "￥ 546"]},
 "249-4549341-0555864"=>{"注文日"=>"2019年12月15日", "合計"=>"￥ 2,948", "明細"=>["
見て試してわかる機械学習アルゴリズムの仕組み 機械学習図鑑", "秋庭 伸也", "￥ 2,948"]}}
```

❶ ここでは、1件の注文履歴の中のハッシュの中身をキーと値に分けて取り出している。

❷ '249-3474742-7327824' というキーはdetailsに含まれている。

❸ '249-3474742-7327824' というキーのレコードは削除した結果、detailsからこのキー
を探しても見つからなくなった。

D.4 │ 条件によって履歴の表示を変える（条件分岐）

これまでの演習でもすでに使っていますが、ある条件によって処理を分けることを「条件分
岐」と呼びます。条件が成り立った（条件式がtrueだった）ときに処理を実行したい場合に
は、「if文」や「if修飾子」を使います。

D.4.1　履歴の中で明細を別表示に変える（if文、unless文）

条件が成り立った（条件式がtrueだった）ときに処理を実行したい場合には、「if文」を
使います。条件が成り立たなかった（条件式が falseだった）ときに処理を実行したい場合
には「unless文」を使います。

みなさんがスーパーマーケットで買い物するときは、1品購入するごとにレジで並んだりし
ないでしょう。たいていは、1回の買い物で複数の商品をかごに入れ、まとめて1回の会計で

済ませますよね。Amazon の注文履歴の場合も、1件の注文には複数の購入品の明細が含まれている場合があります。たとえば、注文履歴を**リストD.37**のようなハッシュに格納していたとしましょう。

リストD.37　`Ruby`　明細が複数件ある注文履歴の例 (order_sample01.rb)

```ruby
 1. # frozen_string_literal: true
 2.
 3. $orders = {
 4.   'D01-9030194-5084203' => { ❶
 5.     '注文日' => '2019年7月14日',
 6.     '合計' => '￥ 2,204',
 7.     '明細' => [ ❷
 8.       ['左ききのエレン(11):広告営業の奔走', 'かっぴー', 'Kindle 版', '￥ 551'],
                                                                              ❸
 9.       ['左ききのエレン(12):幻影のランウェイ', 'かっぴー', 'Kindle 版', '￥ 551'],
10.       ['左ききのエレン(13):広告代理店の再開', 'かっぴー', 'Kindle 版', '￥ 551'],
11.       ['左ききのエレン(14):平成の終わり　　　', 'かっぴー', 'Kindle 版', '￥ 551']
12.     ]
13.   }
14. }
```

❶ キーが注文番号の注文履歴を1件だけ持つハッシュ。値として注文日、合計、明細が含まれている。変数名に $ がついているのは、別ファイルのプログラムから参照するグローバル変数として定義したため。

❷ 「明細」は配列データになっている。

❸ それぞれの明細のデータも配列になっている。

リストD.37の場合、注文履歴としては1件ですが、「明細」には4件のデータがありますね。このデータのうち、明細部分を他の項目とは別の表示に変えるには、明細を見つけたら処理を変えればよいでしょう。このようなときに if 文を使います。

▌【練習11】 条件によって明細の処理を分ける（1）

リストD.37を参照して、表示するプログラムを作ってみましょう。注文日や合計の場合は、キーと値をそのまま表示しましょう。明細が見つかったら、キーを表示して、それから配列の要素（明細1件分）を表示します。明細1件もまた配列になっています。それぞれの要素がわかるように表示してみましょう。

テキストエディタを使って ex0212.rb のようなプログラムを作成します（**リストD.38**）。

リストD.38　`Ruby`　ex0212.rb

```ruby
 1. # frozen_string_literal: true
 2.
```

```
3.  require_relative 'order_sample01' ❶
4.
5.  $orders['D01-9030194-5084203'].each_pair do |key, val| ❷
6.    if key == '明細' ❸
7.      puts key
8.      val.each do |details| ❹
9.        puts "  #{details.join("\t")}" ❺
10.     end
11.   else ❻
12.     puts "#{key}: #{val}" ❼
13.   end ❽
14. end
```

❶ リストD.37のハッシュを参照するためにrequire_relativeした。

❷ 1件の注文履歴から、キーと値を取り出した。

❸ if文の始まり。条件式がtrueだった場合に処理するブロックが続く。ここでは、キーが'明細'と等しい文字列であったなら、明細行を処理する。

❹ 明細1件ずつが配列の要素になっているので、これをeachメソッドで1件ずつ処理する。

❺ 取り出した明細もまた配列なので、joinメソッドでタブキー（\t）を間に挟んで文字列にして表示した。

❻ if文の「else節」の始まり。if文の条件式がfalseだった場合に処理するブロックが続く。もし、条件分岐が他にもあれば、「elsif節」を追加して分岐する条件を書く。

❼ 明細以外の項目の場合は、キーと値を表示する。

❽ if文の終わりを表すend。

実行してみましょう（**リストD.39**）。

リストD.39 端末 ex0212.rbを実行する

```
C:\Users\kuboaki\rubybook>ruby ex0212.rb
注文日：2019年7月14日
合計：￥ 2,204
明細
  左ききのエレン(11):広告営業の奔走     かっぴー     Kindle 版     ￥ 551 ❶
  左ききのエレン(12):幻影のランウェイ     かっぴー     Kindle 版     ￥ 551
  左ききのエレン(13):広告代理店の再開     かっぴー     Kindle 版     ￥ 551
  左ききのエレン(14):平成の終わり         かっぴー     Kindle 版     ￥ 551
```

❶ 明細の1件をタブキーで区切って表示した。

if文を使って変数と文字列を比較して、処理が分けられました。

D.4.2　明細の価格を合計する（if修飾子、unless修飾子）

　if文に似た記法として「if修飾子」があります。if文が条件式のあとに処理のブロックを伴うのに対して、if修飾子では実行したい処理のあとにif修飾子を書きます。条件が成り立たなかった（条件式がfalseだった）ときに処理を実行したい場合には「unless修飾子」を使います。

▌【練習12】条件によって明細の処理を分ける（2）

　再び**リストD.37**を参照して、表示するプログラムを作ります。明細の金額を合計して、合計額を求めてみましょう。明細が見つかったら、明細1件分ずつを処理します。明細1件ずつについて、金額の項目を見つけたら数値に変換して表示し、合計額にも追加します。明細をすべて処理したら、合計も表示しましょう。

　テキストエディタを使ってex0213.rbのようなプログラムを作成します（**リストD.40**）。ここでは、unless修飾子を使っています。

リストD.40　`Ruby` ex0213.rb

```ruby
 1. # frozen_string_literal: true
 2.
 3. require_relative 'order_sample01'
 4.
 5. $orders['D01-9030194-5084203'].each_pair do |key, val|
 6.   total = 0
 7.   next unless key == '明細' ❶
 8.
 9.   val.each do |detail|
10.     detail.each do |item| ❷
11.       next unless /¥\s*(\d+)/ =~item ❸
12.
13.       price = $1.to_i ❹
14.       puts "価格: #{price}円" ❺
15.       total += price ❻
16.     end
17.   end
18.   puts "合計: #{total}円" ❼
19. end
```

❶ キーが'明細'でなかったとき（'合計'などのとき）は、nextによってeachメソッドによるループの次の繰り返しへ進む。

❷ 明細を1件ずつ取り出して処理する。

❸ 各要素が価格のパターンにマッチするか調べ、マッチしなければ次の要素へ進む。

❹ 価格の中の金額にマッチしたところは$1で参照できるので、これを整数に変換して変数

に格納している。

❺ 変数に格納した金額を表示した。

❻ 金額を合計に加算した。

❼ 合計を表示した。

実行してみましょう（**リストD.41**）。

リストD.41　**端末**　ex0213.rbを実行する

```
C:\Users\kuboaki\rubybook>ruby ex0213.rb
価格: 551円 ❶
価格: 551円
価格: 551円
価格: 551円
合計: 2204円 ❷
```

❶ 金額を表示した。

❷ 合計を表示した。

D.4.3　$PROGRAM_NAMEと __FILE__ を使う

if文を使うと、条件によってプログラムの動作を変えられることがわかりました。こんどは、Rubyがあらかじめ用意している変数を使って、プログラムの動作を調整してみましょう。

▋【練習13】テスト用のコードをプログラムに埋め込む

メッセージ表示などで、プログラム中でそのファイル自身の名前を使いたいときがあります。Rubyには、このようなときに使える変数があります。$PROGRAM_NAME[11]と __FILE__ です。$PROGRAM_NAMEは特殊変数の1つで、現在実行中のプログラムのファイル名を表します。__FILE__ は疑似変数の1つで、この変数が書いてあるファイルのファイル名になっています。

複数のファイルから成り立っているプログラムを考えてみます。$PROGRAM_NAMEの方は、プログラムのどこで参照しても同じ名前を保持しています。一方で、__FILE__ は、それぞれのファイルで別の名前（各々のファイル名）になっています。

このことをex0214.rb（**リストD.42**）とex0214_test.rb（**リストD.43**）で確かめてみましょう。

リストD.42　**Ruby**　ex0214.rb

```ruby
1. # frozen_string_literal: true
2.
3. class Greeting
```

11　$PROGRAM_NAME の代わりに $0 も使えます。

```
 4.   def say_hello
 5.     puts 'Hello!'
 6.     puts "#{$PROGRAM_NAME}, #{__FILE__}" ❶
 7.   end
 8. end
 9.
10. if __FILE__ == $PROGRAM_NAME ❷
11.   app = Greeting.new
12.   app.say_hello
13. end
```

❶ $PROGRAM_NAME と __FILE__ の値を表示した。

❷ 2つの変数が同じ値だったときに、続くブロックを実行する。

リストD.43　 Ruby ex0214_test.rb

```
1. # frozen_string_literal: true
2.
3. require_relative 'ex0214'
4.
5. app = Greeting.new
6. app.say_hello
7.
8. puts "#{$PROGRAM_NAME}, #{__FILE__}" ❶
```

❶ $PROGRAM_NAME と __FILE__ の値を表示した。

実行してみましょう（**リストD.44**）。

リストD.44　 端末 ex0214.rb、ex0214_test.rb を実行する

```
C:\Users\kuboaki\rubybook>ruby ex0214.rb
Hello!
ex0214.rb, ex0214.rb ❶

C:\Users\kuboaki\rubybook>ruby ex0214_test.rb
Hello!
ex0214_test.rb, C:/Users/kuboaki/rubybook/ex0214.rb ❷
ex0214_test.rb, ex0214_test.rb ❸
```

❶ 実行したプログラム（ここではex0214.rb）のファイル内では、$PROGRAM_NAME と __FILE__ の値は同じ。

❷ 異なるファイルから呼び出された場合は、$PROGRAM_NAME は呼び出した方のex0214_test.rbを示し、__FILE__ は、ex0214.rbのパス名を示している。

❸ 実行したプログラム（ここではex0214_test.rb）のファイル内では、$PROGRAM_NAME

　　と __FILE__ の値は同じ。

　これで、ファイルを分けてプログラムを作成していても、それぞれのファイルを単独で実行するためのテスト用コードを書いておけるようになりました。

D.5 複数の履歴を繰り返し処理する（繰り返し）

　みなさんのAmazonの1年の注文履歴は何件ぐらいでしょう。50件あるいは100件ぐらいあるでしょうか。2〜3回程度の同じ処理なら、その数だけ処理を並べ立ててもよいでしょう。ですが、100件となればちょっと大変ですね。

　そこで、使うのが「繰り返し処理」です。すでにこれまでの演習でも使っていますが、配列やハッシュはeachメソッドを使うと要素を1つずつ取り出せます。ハッシュには、キーと値の対を1つずつ取り出すeach_pairメソッドもあります。

D.5.1 注文した回数だけ処理を繰り返す（eachメソッド）

　配列から要素を1つずつ取り出すには、「each」メソッドを使います。要素の数がわからなくても、配列に格納されている順番にすべての要素を取り出せます。order_sample02.rb（リストD.45）のように配列に注文履歴を格納しているデータを考えてみましょう。

リストD.45　`Ruby`　配列に格納された注文履歴の例 (order_sample02.rb)

```ruby
1. # frozen_string_literal: true
2.
3. $orders = [ ❶
4.   { 注文番号: '249-7759973-2113414',  注文日: '2019年11月17日', ❷
5.     品名: 'UNIX: A History and a Memoir', 価格: '￥ 2,259' },
6.   { 注文番号: 'D01-9030194-5084203',  注文日: '2019年10月13日',
7.     品名: '世界チャンピオンの紙飛行機ブック', 価格: '￥ 2,420' },
8.   { 注文番号: '250-5284642-3033438',  注文日: '2019年6月17日',
9.     品名: '茶色の朝', 価格: '￥ 1,080' }
10. ]
```

❶ 1件ずつが配列の要素に格納されている注文履歴のデータ。

❷ それぞれの履歴は、項目名をキーとしたハッシュになっている。ハッシュのキーでは、コロンを後ろにおいて =>を省略する記法でシンボルを使っている。

【練習14】項目の順序を指定して履歴を取り出す

　リストD.45の履歴はeachメソッドで1件ずつ取り出せます。では、それぞれの履歴の項目

を、プログラム側の希望する順序で表示させるにはどうすればよいでしょうか。

　たとえば、表示順に項目を並べた配列があればどうでしょう。うまくできるかどうか ex0215.rbのようなプログラムを作成して確かめてみましょう（**リストD.46**）。

リストD.46　Ruby　ex0215.rb

```
 1. # frozen_string_literal: true
 2.
 3. require_relative 'order_sample02'
 4.
 5. $orders.each do |order| ❶
 6.   [:注文番号, :品名, :価格, :注文日].each do |detail_name| ❷
 7.     puts "#{detail_name}: #{order[detail_name]}" ❸
 8.   end
 9.   puts '>----<'
10. end
```

❶ 注文履歴の配列からeachメソッドで1件ずつ取り出し、続くブロックを実行する。

❷ 表示順序に並べた項目名をシンボルで表した配列を用意し、これを順番に取り出して使う。シンボルの配列は%iを使って%i[注文番号 品名 価格 注文日]>のようにも書ける。

❸ 取り出した項目名のシンボルを使って、履歴のハッシュから値を取り出して表示した。

　実行してみましょう（**リストD.47**）。

リストD.47　端末　ex0215.rbを実行する

```
C:\Users\kuboaki\rubybook>ruby ex0215.rb
注文番号: 249-7759973-2113414
品名: UNIX: A History and a Memoir
価格: ￥ 2,259
注文日: 2019年11月17日
>----<
注文番号: D01-9030194-5084203
品名: 世界チャンピオンの紙飛行機ブック
価格: ￥ 2,420
注文日: 2019年10月13日
>----<
注文番号: 250-5284642-3033438
品名: 茶色の朝
価格: ￥ 1,080
注文日: 2019年6月17日
>----<
```

　実行結果が、注文履歴の中のハッシュの順序ではなく、表示したい順番になっていますね。

> **Column【18】do ... endと{ ... }の違い**
>
> 　Rubyにおけるブロックにはdo ... endと{ ... }の2通りの書き方があります。基本的には、どちらの書き方を使っても同じようにブロックを記述できます。ただし、do ... endと{ ... }には、リストD.48とリストD.49のような違いがあります。
>
> リストD.48　do ... endを使う
>
> ```
> mtd p1, p2 do  ❶
>   # なにかの処理
> end
> ```
>
> ❶ mtdメソッドは、p1、p2とdoブロックの3つを引数に持つとみなされる。
>
> リストD.49　{ ... }を使う
>
> ```
> mtd p1, p2 {  ❶
>   # なにかの処理
> }
> ```
>
> 　❶ ブロックはp2の引数とみなされる。mtdメソッドは、p1と「ブロックを伴うメソッドp2を実行した戻り値」の2つを引数に持つとみなされる。
>
> 　mtd(p1, p2)のように引数をかっこで囲めば、ブロックがp2の引数とみなされることはなくなります。
> 　Rubyの構文に慣れるまでは、基本的に引数は丸かっこで囲み、do ... endブロックを使うようにしておくとよいでしょう。

D.6 処理の対象と操作をまとめる（クラス）

　ここまでの演習では、処理の対象と操作（手続き）を分けて書いていました。ですが、実際に処理する際には、操作はデータの構造を知っている必要がありました。また、履歴が何件かあって処理を繰り返す場合でも、全体を1つの処理として書いてきました。

　全体を1つの処理として書いてしまうと、1件単位で処理したいときに困ります。それに、全体の処理のどこが1件分の処理なのかわかりやすい方が、プログラムの見通しはよくなります。こんなとき役に立つのが「クラス」です。

　みなさんのAmazonの注文履歴は、1件だけということはないでしょう。1件分の注文履歴を扱うクラスを定義して、複数の注文をこのクラスを型とした変数（インスタンスと呼びます）として表せば、処理の共有や注文履歴の取りまとめが容易になります。

D.6.1 注文履歴を図で表す

　ここでは、1件分の注文履歴を表す`OrderRecord`クラスと、複数件の履歴をまとめて保持する`OrderHistory`クラスを考えてみます。

　プログラムを書く前に、これらのクラスとその組み合わせを図で表してみましょう（**図D.1**）。

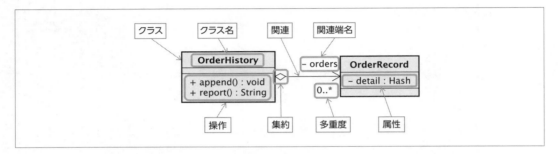

図D.1　OrderHistoryクラスとOrderRecordクラスの関係を表したクラス図

　この図については、少し説明が必要ですね。まず、図の右にある箱が`OrderRecord`クラスを表しています。箱の中は3段に分かれています。中段に記載する情報を、この図の記法では「属性」と呼びます。ここに、クラスのインスタンスを作ったときに用意する変数を列挙します。

　`OrderRecord`クラスの場合、`detail`という名前のハッシュを用意することを表しています。このハッシュに1件の注文履歴の要素の項目名と値を保持します。実は、このクラスを新たに定義しなくても、代わりにハッシュをそのまま使えば済みそうでした。そこをあえてクラスにしたのには、2つ理由があります。1つは、1件分の履歴を担当するのは`OrderRecord`クラスだと明記できることです。ハッシュを直接使ってしまうと、そのハッシュが1件分の注文履歴を指していることがわかりにくくなります。もう1つは、複数のクラスが関係している構造を作ることを練習しておきたかったからです。

　次に、図の左の箱です。これが`OrderHistory`クラスを表しています。箱の下段に記載する情報を、この図の記法では「操作」と呼びます。ここにメソッドを列挙します。`OrderHistory`クラスの場合、`append`や`report`というメソッドあることを表しています。

　そして、2つのクラスの間には線が引かれています。この線は2つのクラスの間につながりがあることを表していて、この図の記法では「関連」と呼びます。線の左端にあるダイヤモンド形のシンボルと線の右端にある矢印は、`OrderHistory`クラスには`OrderRecord`クラスを取りまとめて集約する役割があることを表しています。また、`OrderRecord`クラス側にある矢印のそばには名前や記号が書いてあります。これらは、`OrderHistory`クラスが、0件以上の`OrderRecord`クラスのインスタンスを`orders`という名前の変数に保持することを表しています。

D.6.2　注文履歴をクラスで表す（Class）

　こんどはRubyのプログラムとして、「クラス（Class）」を定義して使ってみましょう。クラス自身が使うデータは、クラス内の変数として定義できます。クラスが提供する操作は、そのクラス内のメソッドとして定義できます。クラス間の関連は、保持する側のクラスの変数として定義できます。

　クラスを定義すると、そのクラスからいくつものインスタンス（オブジェクト）を作成できます。実際にプログラムを作って、これらのことを確認しましょう。

【練習15】 クラスを使って注文履歴を表す

　それでは、図D.1に合うように、プログラムex0216.rbを作成してみましょう（リストD.50）。

リストD.50　　Ruby　ex0216.rb

```
 1. # frozen_string_literal: true
 2.
 3. require 'stringio'　❶
 4.
 5. class OrderRecord　❷
 6.   attr_reader :detail　❸
 7.
 8.   def initialize(id, name, price, date)　❹
 9.     @detail = { 注文番号: id, 品名: name, 価格: price, 注文日: date }　❺
10.   end
11. end
12.
13. class OrderHistory　❻
14.   def initialize
15.     @orders = []　❼
16.   end
17.
18.   def append(record)　❽
19.     @orders.append(record)　❾
20.   end
21.
22.   def report　❿
23.     report = StringIO.new　⓫
24.     report.puts "件数: #{@orders.size}件"　⓬
25.     report.puts '>------<'
26.     @orders.each do |rec|　⓭
27.       [:品名, :価格].each do |detail_name|　⓮
28.         report.puts "#{detail_name}: #{rec.detail[detail_name]}"　⓯
29.       end
```

```
30.        report.puts '>------<'
31.      end
32.      return report.string ⑯
33.    end
34. end
35.
36. if $PROGRAM_NAME == __FILE__
37.    orders = OrderHistory.new ⑰
38.
39.    rec = OrderRecord.new( ⑱
40.      '249-7759973-2113414', 'UNIX: A History and a Memoir',
41.      '￥ 2,259', '2019年11月17日'
42.    )
43.    orders.append(rec) ⑲
44.
45.    rec2 = OrderRecord.new(
46.      'D01-9030194-5084203', '世界チャンピオンの紙飛行機ブック',
47.      '￥ 2,420', '2019年10月13日'
48.    )
49.    orders.append(rec2)
50.
51.    puts '1)----<'
52.    puts rec.detail
53.    puts '2)----<'
54.    puts rec2.detail[:注文日]
55.    puts '3)----<'
56.    print orders.report ⑳
57. end
```

❶ 編集可能な文字列を扱うためにstringioライブラリをrequireした。

❷ 1件分の注文履歴のハッシュを保持するOrderRecordクラスの定義の始まり。

❸ attr_readerを使って、detailを読み込みではアクセス可能なインスタンス変数とした。

❹ コンストラクタの定義。newメソッドが使われると、このメソッドが呼び出される。

❺ 引数で受け取った注文履歴の要素を、ハッシュに仕立ててインスタンス変数に格納する。

❻ 複数件の注文履歴をまとめて保持するOrderHistoryクラスの定義の始まり。

❼ 複数件の注文履歴を保持する配列@ordersをインスタンス変数として用意した。@で始まる変数はインスタンス変数を表し、そのクラスのインスタンスごとに値を保持する。

❽ 1件の注文履歴を追加するメソッド。

❾ 配列@ordersに、1件分の注文履歴を追加する。

❿ 注文履歴をレポートするメソッドを定義した。このメソッドは、注文履歴のレポートを文字列として返す。

⓫ 書き換え可能な文字列バッファをレポートを出力するのに使うため、StringIOクラスのインスタンスを作成した。

⓬ 注文履歴を保持する配列の要素数（保持している履歴の件数）を調べてバッファへ出力した。

⓭ 注文履歴を保持する配列から1件ずつ取り出して処理する。

⓮ 履歴から「品名」「価格」をこの順に取り出したいので、シンボルの配列を使って繰り返し処理を実行する。

⓯ 取り出した項目の項目名と保持していた値をバッファへ出力した。

⓰ 編集用のバッファから文字列に変換した（この文字列が呼び出し元へ返る）。

⓱ 複数の注文履歴を保持するOrderHistoryクラスのインスタンスを作成した。

⓲ 1件分の注文履歴を保持するOrderRecordクラスのインスタンスを作成した。

⓳ 1件の注文履歴を追加した。

⓴ レポートを表示した。

作成できたら、実行してみましょう（**リストD.51**）。

リストD.51 端末 ex0216.rbを実行する

```
C:\Users\kuboaki\rubybook>ruby ex0216.rb
1)----<
{:注文番号=>"249-7759973-2113414", :品名=>"UNIX: A History and a Memoir", :価格=>
"￥ 2,259", :注文日=>"2019年11月17日"}
2)----<
2019年10月13日
3)----<
件数: 2件
>------<
品名: UNIX: A History and a Memoir
価格: ￥ 2,259
>------<
品名: 世界チャンピオンの紙飛行機ブック
価格: ￥ 2,420
>------<
```

　複数のクラスを間にある関連も反映して定義し、これらのクラスのインスタンスとして注文履歴のデータを作成しました。2つのクラスが注文履歴の構造を表していることや、クラス間に関連があるときにはどのようにプログラムを書けばよいかわかるようになりました。

D.7 | 注文履歴を保存する

　プログラムを作る際は、実行結果をファイルに保存したり、ファイルに保存してあるデータを読み込んで利用するといったことがよくあります。このようなときに利用するのが「ファイル」です。

D.7.1　注文履歴をファイルに保存する（File クラス）

Rubyの「Fileクラス」を使って、注文履歴をファイルに保存し、保存した注文履歴を読み出してみましょう。

▌【練習16】注文履歴をファイルに保存する

リストD.50で作成したプログラムを使ってファイルを保存し、読み込むプログラムex0217.rbを作成しましょう（リストD.52）。

リストD.52　`Ruby`　ex0217.rb

```ruby
 1. # frozen_string_literal: true
 2.
 3. require_relative 'ex0216' ❶
 4.
 5. orders = OrderHistory.new
 6.
 7. rec = OrderRecord.new(
 8.   '249-7759973-2113414', 'UNIX: A History and a Memoir',
 9.   '￥ 2,259', '2019年11月17日'
10. )
11. orders.append(rec)
12.
13. rec2 = OrderRecord.new(
14.   'D01-9030194-5084203', '世界チャンピオンの紙飛行機ブック',
15.   '￥ 2,420', '2019年10月13日'
16. )
17. orders.append(rec2)
18.
19. File.open('ex0217.output', 'w') do |f| ❷
20.   f.print orders.report ❸
21. end
22.
23. File.open('ex0217.output', 'r') do |f| ❹
24.   f.each do |line| ❺
25.     print line ❻
26.   end
27. end
```

❶ ex0216で定義したクラスを使うために require_relative した。

❷ 保存用のファイルを書き込みモード（'w'）でオープンした。オープンしたファイルオブジェクトをfで参照する。

❸ 注文履歴のレポートを作成して、ファイルに書き出した。

❹ 保存用のファイルを読み込みモード（'r'）でオープンした。

❺ 1行読み込んだ。まとめて読み出すにはreadメソッドやreadlinesメソッドが使える。
❻ 読み込んだ行を表示した。

作成できたら、実行してみましょう（**リストD.53**）。

リストD.53 〔端末〕 ex0217.rbを実行する

```
C:\Users\kuboaki\rubybook>ruby ex0217.rb

件数: 2件
>------<
品名: UNIX: A History and a Memoir
価格: ￥ 2,259
>------<
品名: 世界チャンピオンの紙飛行機ブック
価格: ￥ 2,420
>------<
```

注文履歴をファイルに保存する方法や、保存したファイルを読み込む方法がわかりました。

D.8 | ファイル操作の失敗を捕捉する（例外処理）

ファイルの操作のような入出力を伴う処理では、期待通りに動作しない状況が起きやすいです。ファイルはプログラムを実行していないときでも他のプログラムから操作可能なので、容易に想定外の状況が発生しやすいのです。このようなことが起きたとき、問題が発生したことを捕捉し、対応策を用意するために使うのが「例外処理」です。

D.8.1 ファイル操作で発生する例外の例

ファイル操作では、「ファイル操作でよく起きる失敗と原因」に挙げたような状況がよく発生します。

ファイル操作でよく起きる失敗と原因
- ファイルが開けない（ファイルが見つからない、作成や開く権限がないなど）。
- ファイルが読めない（ファイルを開けていない、読む権限がないなど）。
- ファイルに書き込めない（ファイルを開いてない、書く権限がないなど）。
- ファイルを削除できない（ファイルが見つからない、削除の権限がない）。

RubyのFileクラスには、このような例外が定義してあります。みなさんの作るプログラムが、すべての例外を対策しなければならないわけではありません。しかし、対策していない

例外が発生すると、例外が発生した時点でプログラムは終了します。例外が発生してもプログラムを終了したくない例外については、あらかじめ例外処理を書いておきます。例外処理は、想定しない状況が発生していることを捕捉するために、さまざまな場面で利用されています。たとえば、**Column 6**（P.111）も参照してみてください。

【練習17】 ファイル操作で発生する例外を調べる

　それでは、ファイル操作で発生する例外を調べてみましょう。ex0218.rbは、作為的にファイルを消したり、読み込めなくするように設定しています（リストD.54）。

リストD.54　**Ruby**　ex0218.rb

```
 1. # frozen_string_literal: true
 2.
 3. fname = 'ex0218.output'
 4.
 5. if(File.exist?(fname)) ❶
 6.   puts "ファイル#{fname}を削除します。"
 7.   File.delete(fname) ❷
 8. end
 9. puts '>----'
10.
11. begin ❸
12.   f = File.open(fname, 'r')
13. rescue => e ❹
14.   p e.message ❺
15.   puts "■エラー：ファイル#{fname}がみつかりません。新しく作成します。"
16.   f = File.open(fname, 'w+') ❻
17. end
18. puts '>----'
19.
20. # 『青森』太宰治(青空文庫)より
21. para = <<~PARA
22.   青森には、四年いました。青森中学に通っていたのです。親戚の豊田様のお家に、ずっと世話
      になっていました。寺町の呉服屋の、豊田様であります。豊田の、なくなった「お父(ど)さ」は、
      私にずいぶん力こぶを入れて、何かとはげまして下さいました。私も、「おどさ」に、ずいぶん
      甘えていました。
23. PARA
24.
25. f.puts(para) ❼
26. f.rewind ❽
27. puts f.gets ❾
28. puts '>----'
29.
30. puts 'ファイルのモードを変更して、書き込み権限を奪います。'
31. File.chmod(0444, fname) ❿
```

```
32.  puts '>----'
33.  begin
34.    f = File.open(fname, 'w+')
35.  rescue Errno::EACCES => e ⓫
36.    p e
37.    puts "■エラー：ファイル#{fname}に書き込み権限がありません。書き込み権限を与えます。"
38.    File.chmod(0644, fname) ⓬
39.    f = File.open(fname, 'a+') ⓭
40.  end
41.  puts '>----'
42.
43.  f.puts '追記モードで書き込んだので、ファイルの末尾に追加された。'
44.  f.rewind
45.  f.each do |line| ⓮
46.    puts line
47.  end
```

❶ exist?メソッドで、演習用のファイルが存在するか調べている。

❷ deleteメソッドで、演習用のファイルを削除している。

❸ begin節が例外を捕捉する範囲の始まり。

❹ 例外を捕捉したときに機能するrescue節。捕捉したい例外を明示していないときは、例外の種類によらずこの節が捕捉する。

❺ 捕捉した例外のインスタンスからメッセージを取り出して表示した。

❻ ファイルは削除していて見つからなかったので、新しく作成した。読み書きできて内容を空にするモード（'w+'）でオープンしている。

❼ 変数paraには、ヒアドキュメントを使って文章が割り当てられている。これをファイルに書き出した。

❽ rewindメソッドで、ファイルの読み込み位置をファイルの先頭に移動した。

❾ ファイルの内容を表示した。

❿ chmodメソッドで、ファイルの権限を0444（r--r--r--：ファイルの書き込みビットをオフ）に変更した。

⓫ 書き込み権限がないので、例外Errno::EACCESが発生する。ここで例外を捕捉している。捕捉したい例外を明示している場合は、明示した例外だけが捕捉できる。

⓬ ファイルの権限を0644（rw-r--r--：オーナーの書き込みビットをオン）に変更した。

⓭ 再びファイルを開いた。読み書きできて、書き込みは末尾に追記するモード（a+）でオープンしている。

⓮ eachメソッドを使って、すべての行について、1行読み込んでは表示している。

作成できたら、実行してみましょう（**リストD.55**）。

リストD.55　**端末**　ex0218.rbを実行する

```
C:\Users\kuboaki\rubybook>ruby ex0218.rb
ファイルex0218.outputを削除します。
>----
"No such file or directory @ rb_sysopen - ex0218.output" ❶
■エラー：ファイルex0218.outputがみつかりません。新しく作成します。
>----
青森には、四年いました。青森中学に通っていたのです。親戚の豊田様のお家に、ずっと世話になって
いました。寺町の呉服屋の、豊田様であります。豊田の、なくなった「お父（ど）さ」は、私にずいぶん力こ
ぶを入れて、何かとはげまして下さいました。私も、「おどさ」に、ずいぶん甘えていました。
>----
ファイルのモードを変更して、書き込み権限を奪います。
>----
#<Errno::EACCES: Permission denied @ rb_sysopen - ex0218.output> ❷
■エラー：ファイルex0218.outputに書き込み権限がありません。書き込み権限を与えます。
>----
青森には、四年いました。青森中学に通っていたのです。親戚の豊田様のお家に、ずっと世話になって
いました。寺町の呉服屋の、豊田様であります。豊田の、なくなった「お父（ど）さ」は、私にずいぶん力こ
ぶを入れて、何かとはげまして下さいました。私も、「おどさ」に、ずいぶん甘えていました。
追記モードで書き込んだので、ファイルの末尾に追加された。
```

❶ 例外に付随するエラーメッセージを表示した。
❷ 例外オブジェクトをpメソッドで表示した。

　例外処理を使えば、実行中にエラーが発生しても、プログラムを終了させずに済ませられそうですね。

D.9 複数行に分かれた注文履歴を読み込む

　これまでの演習で使った注文履歴は、ハッシュや配列のようなデータ構造で、1行にまとめられていました。そのため、注文履歴を1件ずつ読み込む場合には、ハッシュや配列、ファイルの行などの単位で処理すれば済みました。もしこれが、1件の注文履歴が複数行で構成されていたら、どのように扱うとよいでしょうか。

D.9.1 複数行に分かれた注文履歴の例

　複数行に分かれている例としてorder_sample03.txtのような注文履歴を作成してみましょう（**リストD.56**）。

リストD.56　テキスト　order_sample03.txt

```
ID: 250-5412279-9327848
注文番号: 250-5412279-9327848
注文日: 2019年5月19日
合計: ¥ 2,808
明細: ["正しいものを正しくつくる", "市谷聡啓", "¥ 2,808"]
ID: 250-6213785-1784649
注文番号: 250-6213785-1784649
注文日: 2019年5月16日
合計: ¥ 1,620
明細: ["SEの基本", "山田 隆太", "¥ 1,620"]
```

　このリストD.56の注文履歴のデータは、「ID」の行から「明細」の行までが1件分の注文履歴になっています

D.9.2　複数行に分かれた注文履歴を1件分ずつ読み込む

　複数行に分かれた注文履歴を読み込むには、「複数行に分かれた注文履歴を読み込む方法」にあるような2つの方法が考えられます。

複数行に分かれた注文履歴を読み込む方法

- 注文履歴を利用する側で、普通のファイルのように1行ずつ読み込む。読んだ内容を判断して1件分の注文履歴にする。
- 注文履歴の1件分を読み込むメソッドを用意する。使う側で1件読み込むたびに、このメソッドが複数行読み込む。

　前者の場合、利用する側がすべての利用場所に複数行を読み込みむ処理を書くことになります。そうすると、同じような処理をプログラムのあちこちに重複して書くことになります。また、読み込み方が変更になると、利用している場所すべてを書き直さなくてはなりません。これでは、あまり嬉しくないですよね。

　そのため、たいていは後者のように、定まった読み込み方をメソッドとして用意しておきます。そして、注文履歴を読み込む処理を利用するすべての処理は、このメソッドを通して注文履歴を取得するようにします。こうしておけば、読み込み方が変わっても影響を局所化できます。また、読み込みの処理に問題が発生しても、使っている場所ではなく提供しているメソッドの方を直せば済みます。

▌【練習18】複数行をまとめ読みするメソッドを使う

　それでは、複数行を読み込んで1件分の注文履歴を取得する方法で注文履歴を読み込むプログラムを作ってみましょう。まず、読み込み用のクラスとメソッドを用意して、これを使う方法で注文履歴を読み込むプログラムex0219.rbを作成してみます（リストD.57）。

リスト D.57　**Ruby**　ex0219.rb

```ruby
 1. # frozen_string_literal: true
 2.
 3. class OrderRecordReader ❶
 4.   def initialize(file)
 5.     @file = file ❷
 6.   end
 7.
 8.   def read ❸
 9.     until @file.eof ❹
10.       rec = {}
11.       @file.each do |line|
12.         if /^(ID|注文番号|注文日|合計|明細):\s*(.+)/ =~ line   ❺
13.           key = $1
14.           rec[key] = $2
15.           return rec if rec.key?('明細') ❻
16.         end
17.       end
18.     end
19.   end
20. end
21.
22. if $PROGRAM_NAME == __FILE__
23.   File.open('order_sample03.txt', 'r') do |f| ❼
24.     reader = OrderRecordReader.new(f) ❽
25.     loop do ❾
26.       rec = reader.read ❿
27.       break unless rec ⓫
28.
29.       puts rec ⓬
30.     end
31.   end
32. end
```

❶ 1件分の行をまとめ読みするためのクラス OrderRecordReader の定義の始まり。

❷ 注文履歴のファイルの open メソッドで読み込み用に開いて得たファイルオブジェクト。

❸ 1件分の注文履歴をまとめ読みするメソッド read の定義の始まり。

❹ ファイルの終わりに達していたら false を返す。

❺ 1行読み込んで、パターンマッチしてキーと値を取り出し、ハッシュ rec に格納する。

❻ 「明細」行だったらその注文履歴の終わりなので、読み込みを終了してメソッドを抜ける（格納したハッシュを呼び出し元へ返す）。

❼ 1件が複数行からなる注文履歴のファイルを開いた。

❽ クラス OrderRecordReader のインスタンスを作成した。

❾ loopは、無限に繰り返す繰り返し処理に使う。

❿ readメソッドを呼び出して、1件分の注文履歴を読み込んだ。

⓫ readメソッドがfalseを返したら、ファイルの終わりに達していたので、繰り返し処理を抜ける。

⓬ 読み込んだ注文履歴を表示した。

途中に出てくる正規表現（❺）を説明しておきましょう。これは、IDや注文番号のあとにコロンが続くようなパターンを見つけるものです。

「^」は行頭とマッチします。つまり、このあとに続くパターンが行の先頭から始まっていること指定しています。続く「(ID|注文番号|注文日|合計|明細)」は「|」で区切られているので、いずれかの項目名にマッチするか調べています。「(」と「)」で囲まれているので、マッチした文字列は「$1」という変数に格納されます。その次の「:」は、項目名の後ろの「:」とマッチさせています。「\s*」は、0個以上続く空白文字の並びにマッチします。「(.+)」は、1個以上続く任意の文字の並びにマッチします。項目名の後ろの商品名や日付にマッチします。ここも「(」と「)」で囲まれているので、マッチした文字列は「$2」という変数に格納されます。

作成できたら、実行してみましょう（リストD.58）。

リストD.58　　端末　ex0219.rbを実行する

```
C:\Users\kuboaki\rubybook>ruby ex0219.rb
{"ID"=>"250-5412279-9327848", "注文番号"=>"250-5412279-9327848", "注文日"=>"2019
年5月19日", "合計"=>"￥ 2,808", "明細"=>"[\"正しいものを正しくつくる\", \"市谷聡啓\",
\"￥ 2,808\"]"}
{"ID"=>"250-6213785-1784649", "注文番号"=>"250-6213785-1784649", "注文日"=>"2019年
5月16日", "合計"=>"￥ 1,620", "明細"=>"[\"SEの基本\", \"山田 隆太\", \"￥ 1,620\"]"}
```

うまく読み込めましたね。

D.9.3　繰り返し処理にブロックつきメソッドを使う

ところで、リストD.57には、loopメソッドを使った繰り返し処理が出てきました。これは、これまでハッシュや配列を使ったときとちょっと違っていますね。ハッシュや配列について繰り返し処理を作ったときは、eachメソッドとdoに続くブロックを使っていました。OrderRecordReaderクラスも、ハッシュや配列と同じように「繰り返し処理にブロックつきメソッドを使う」と便利そうです（リストD.59）。

リストD.59　　Ruby　OrderRecordReaderクラスをブロックつきで使いたい

```
1. OrderRecordReader.new(f) do |reader| ❶
2.   reader.each do |rec| ❷
3.     puts rec
```

```
   4.    end
   5. end
```

❶ do から end までのブロックを伴う new メソッドの呼び出し（内部では initialize メソッドが呼び出される）。new で作成したインスタンスは、変数（ブロックパラメータ）reader で参照できる。

❷ do から end までのブロックを伴う each メソッドの呼び出し。each で取り出したインスタンスは、ブロックパラメータ rec で参照できる。

大部分の処理は似ているのですから、each と同じような書き方で使えそうに思えます。ですが、実は**リスト D.57** の read メソッドは、繰り返し処理やブロックを伴う場合に対応できていないのです。そのため、ハッシュや配列の each メソッドと同じようには使えません。

【練習19】繰り返し処理に each メソッドを使えるようにする

そこで、**リスト D.57** を見直して、ex0220.rb のように each メソッドが使えるように変えてみましょう（**リスト D.60**）。読み込み処理の大部分は**リスト D.57** と同じですが、ブロックの処理に関わるところが異なっています。

リスト D.60　`Ruby`　ex0220.rb

```
 1. # frozen_string_literal: true
 2.
 3. class OrderRecordReader
 4.   def initialize(file)
 5.     @file = file
 6.     return unless block_given? ❶
 7.
 8.     yield self ❷
 9.   end
10.
11.   def each ❸
12.     until @file.eof
13.       rec = {}
14.       @file.each do |line|
15.         if /^(ID|注文番号|注文日|合計|明細):\s*(.+)/ =~ line
16.           rec[$1] = $2
17.         end
18.         break if rec.key?('明細') ❹
19.       end
20.       return rec unless block_given? ❺
21.
22.       yield rec ❻
23.     end
24.   end
```

```
25.
26. end
27.
28. if $PROGRAM_NAME == __FILE__
29.   File.open('order_sample03.txt', 'r') do |f|
30.     reader = OrderRecordReader.new(f) ❼
31.     puts reader.each ❽
32.     puts reader.each
33.   end
34.
35.   puts '>----'
36.
37.   File.open('order_sample03.txt', 'r') do |f|
38.     OrderRecordReader.new(f) do |reader| ❾
39.       reader.each do |rec| ❿
40.         puts rec
41.       end
42.     end
43.   end
44. end
```

❶ OrderRecordReaderのインスタンスがブロックを伴って呼び出されか、block_given?メソッドで調べている。

❷ ブロックつきの処理の場合には、渡されたブロックをここで呼び出して処理する。ここでselfはinitializeメソッド自身のこと。メソッドがブロックを伴っていた場合には、ブロックなしでinitializeメソッドを呼び出す。ブロック呼び出し後に実行すること（たとえばファイルを閉じるなど）があれば、このあとに書く。

❸ eachメソッドの定義の始まり。

❹ 「明細」行だったらその注文履歴の終わりなので、読み込みの繰り返し処理を抜ける。

❺ 取得した1件分の履歴がrecに格納されているので、eachメソッドがブロックを伴わずに呼び出された場合（通常のメソッド呼び出しのように呼び出された場合）は、メソッドを抜けて呼び出し側にrecを返す。

❻ ブロックを伴っていた場合は、取得した1件分の履歴がrecに格納されているので、これをパラメータとして渡してブロックを呼び出す。この練習の呼び出し側を見るとputsrecとなっているので、ここで取得した注文履歴を表示する。

❼ ブロックを使わずに書いたOrderRecordReaderのインスタンスの作成。

❽ ブロックを使わずに書いたeachメソッドの呼び出し。

❾ ブロックを使って書いたOrderRecordReaderのインスタンスの作成。

❿ ブロックを使って書いたeachメソッドの呼び出し。

　少し説明を追加しておきましょう。「block_given?メソッド」は、このメソッドがブロックを伴って呼び出されていたらtrueを返します。この関数を使って、ブロックを伴う呼び出し

かそうでないかで、処理を切り替えます。「yieldメソッド」は、制御構造を作る仕組みの1つです。yieldの引数に渡された値は、ブロック記法の中に「|」と「|」の間にはさまれた変数（ブロックパラメータ）に代入されます。自分でブロックつきメソッドを定義した中で、ブロックを呼び出すときに使います。

initializeメソッドでは、このyieldメソッドの引数がselfになっています。そして、initializeメソッドの処理（ここでは@file変数の初期化）のあとで、yieldを呼び出しています。このとき、newメソッドが伴っていたブロックの処理（eachによるレコードの繰り返し処理）を実行します。

eachメソッドでは、untilによる繰り返し処理の中にyieldの呼び出しがあります。つまり、eachを呼び出せば、この繰り返しが処理されます。そして、繰り返し処理の中のyieldの呼び出しによって、eachメソッドが伴っていたブロックの処理（ここではputs rec）が繰り返し実行されるのです。

作成できたら、実行してみましょう（リストD.61）。

リストD.61　　**端末**　ex0220.rbを実行する

```
C:\Users\kuboaki\rubybook>ruby ex0220.rb
{"ID"=>"250-5412279-9327848", "注文番号"=>"250-5412279-9327848", "注文日"=>"2019
年5月19日", "合計"=>"￥ 2,808", "明細"=>"[\"正しいものを正しくつくる\", \"市谷聡啓\",
 \"￥ 2,808\"]"}
{"ID"=>"250-6213785-1784649", "注文番号"=>"250-6213785-1784649", "注文日"=>"2019年
5月16日", "合計"=>"￥ 1,620", "明細"=>"[\"SEの基本\", \"山田 隆太\", \"￥ 1,620\"]"}
>----
{"ID"=>"250-5412279-9327848", "注文番号"=>"250-5412279-9327848", "注文日"=>"2019
年5月19日", "合計"=>"￥ 2,808", "明細"=>"[\"正しいものを正しくつくる\", \"市谷聡啓\",
 \"￥ 2,808\"]"}
{"ID"=>"250-6213785-1784649", "注文番号"=>"250-6213785-1784649", "注文日"=>"2019年
5月16日", "合計"=>"￥ 1,620", "明細"=>"[\"SEの基本\", \"山田 隆太\", \"￥ 1,620\"]"}
```

これで、ブロックを伴うメソッドの作り方がわかりました。ハッシュや配列の処理を真似たプログラムが書けるようになりましたね。

D.10 | HTMLとCSSの基礎

この本の演習では、Webサイトのページデータを扱います。ページのデータを表現するためには、HTML（HyperText Markup Language）[用語]を使います。ページデータの見た目を修飾するために、CSS（Cascading Style Sheets）[用語]を使います。これらについても、基礎的なことがらを確認しておきましょう。

実際にアプリケーション用のWebページを作る演習は、「第4章 Webアプリの働きを実験しよう」で取り上げています。ここでの演習では、ページの要素を特定するために、CSSを

使ってページ要素を検索します。そのために、CSSについても少し説明しています。これまで
CSSを使ってきた人でも、主に文書の表示を調整するために使っていて、ページ要素を特定
するために使う方法には慣れていない場合もあるでしょう。

そのような場合は、この節を読んで理解を高めておくとよいでしょう。

これまでにWebサイトを制作したり、スタイルシートを編集したことがある人にとっては、
あらためて説明する必要のないことが多いでしょう。他の本や講義などですでに基本的なこ
とは理解できている人は、確認する程度でかまいません。

D.10.1　開始タグと終了タグ

HTML文書はタグづけされた（マークアップされた）文書です。HTMLのタグは、タグ名
を「<」と「>」で囲んで表します。文章にタグづけするときは、「開始タグ」と「終了タグ」
で囲みます（**リストD.62**）。終了タグは、「</タグ名>」のように、タグ名の前にスラッシュを
つけます。

リストD.62　`HTML` HTMLの開始タグと終了タグ（「h1」タグの例）

```
1. <h1>これは文章のタイトル</h1>
```

終了タグのない要素は「空要素」と呼ばれています。XHTML（Extensible HyperText
Markup Language）では、「<タグ名 />」のように、タグ名のあとに空白とスラッシュをつ
けます。たとえば、「改行」や「区切り線（水平罫線）」などがこの形式を取ります（**リスト
D.63**）。

リストD.63　`HTML` 「br」タグと「hr」タグの例

```
1. <p>文章の中に改行をいれると<br /> ❶
2. 折り返される</p> ❷
3. <hr /> ❸
```

❶ ここの行末は、段落は変えずに改行するという意味になる。

❷ ここの行末は、段落を変える（段落の間の空きなどがはいる）という意味になる。

❸ ここに段落区切り（多くの場合、水平の罫線）がはいる。

HTML5では、後ろの空白とスラッシュがなくなりましたが、XHTMLの形式も使えます。
この本では、XHTMLとHTML5の両方で使えるタグ名のあとに空白とスラッシュをつける形
式を使っています。

D.10.2　タグの属性

　開始タグにはタグ名の他に「属性」を追記できます。属性は「<タグ名　属性名="属性値">」のように、種類を表す「属性名」と設定の内容や値を表す「属性値」で表します。属性が複数ある場合には、間をスペースで区切ります。

　例として、URLを参照するときに使うリンクを定義する「<a>」タグを紹介します。「a」タグ（アンカータグ）では、**リストD.64**のように、リンク先を設定するのに「href」属性を使います。リンク先のURLはこの属性の属性値になります。

リストD.64　`HTML`　「a」タグの属性「href」の例

```
1. <a href="https://www.jaist.ac.jp">北陸先端科学技術大学院大学(JAIST)</a> ❶
```

❶「href」が属性名、「"https://www.jaist.ac.jp"」が属性値。

D.10.3　段落

　文章の段落を表すには「p」タグ（段落、パラグラフ）を使います（**リストD.65**）。
段落中に改行したい場合には、「br」タグ（改行）を使います。

リストD.65　`HTML`　「p」タグの例

```
1. <p>吾輩は猫である。名前はまだ無い。</p> ❶
2. <p>どこで生れたかとんと見当がつかぬ。何でも薄暗いじめじめした所でニャーニャー泣いて
   いた事だけは記憶している。</p> ❷
```

❶ ここで改段される。
❷『吾輩は猫である』夏目漱石（青空文庫）より。

> 💡 **ヒント**　日本語の文書は、改段と改行の行送りを同じにしている場合が多いです。海外では、段落の間には改行より大きい行送りを使っている文書を多く見かけます。

D.10.4　見出し

　文章には、その文章の流れや構造を把握しやすくするために、章や節といった見出しを使います。HTMLでは、これらに相当するタグとして「見出し（ヘディング）」があります。見出しに使うタグは、もっとも上位の「h1」タグから、もっとも下位の「h6」タグまでが用意されています。

リスト D.66　**HTML**　「見出し（ヘディング）」タグの例

```
1. <h1>吾輩は猫である</h1>
```

D.10.5　ハイパーリンクとアンカーポイント

「a」タグは、「href」属性を使って「ハイパーリンク（他のページへのリンク）」へのジャンプを表せます（**リスト D.67**）。

また、id 属性や name 属性を使ってページ内に「アンカーポイント（ページ内の特定の位置）」を設定していれば、href 属性を使ってそのアンカーポイントへのジャンプを表せます（**リスト D.68**）。

リスト D.67　**HTML**　「a」タグの例（ハイパーリンクの場合）

```
1. <p>『吾輩は猫である』は、<a href="https://www.aozora.gr.jp/">青空文庫</a> で読めます。</p>
```

リスト D.68　**HTML**　「a」タグの例（アンカーポイントの場合）

```
1. <p>ここから <a href="#danraku02">第二段落</a> へ進む。</p> ❶
2.
3. (……略……)
4.
5.
6. <a name="danraku02">第二段落</a> ❷
```

❶ danraku02 という名前をつけたアンカーポイントへジャンプする。
❷ danraku02 という名前をつけたアンカーポイント。

D.10.6　表（テーブル）

HTML の「表（テーブル）」は一般的な表組みに使われます。また、文書の構成要素を格子状に配置する「グリッド」を形成するのにも使われています。表全体を「table」タグで囲み、個々の行要素を「tr」タグで囲みます。1 つのマス（セル）は「td」タグで囲み、「tr」タグの中に並べます。**リスト D.69** と **リスト D.70** は、スタイルを指定したテーブルの例です。

リスト D.69　**HTML**　表の例（table_struct.html）

```
1. <html>
2.   <head>
3.     <link rel="stylesheet" type="text/css" href="table_struct.css">
4.   </head>
5.   <body>
```

```
6.      <table>
7.       <caption>複写機の各社比較</caption>
8.       <tbody>
9.        <tr>
10.          <th>メーカー</th>
11.          <th>特徴</th>
12.        </tr>
13.        <tr>
14.          <td>リコー</td>
15.          <td>印刷機能が豊富</td>
16.        </tr>
17.        <tr>
18.          <td>キヤノン</td>
19.          <td>画像処理が得意</td>
20.        </tr>
21.        <tr>
22.          <td>ゼロックス</td>
23.          <td>とにかくタフ</td>
24.        </tr>
25.       </tbody>
26.      </table>
27.    </body>
28.  </html>
```

リストD.70　**CSS** 表のスタイルシートの例 (table_struct.css)

```
1. table, th, td {
2.   border: solid 1px #080808;
3. }
```

D.10.7　フォーム

　HTMLには、クライアントPC側からの入力データを受け取るために「フォーム（Form）」が用意されています。フォームは「form」タグで囲んだ中に、表やリストを使って入力項目のラベルと入力フィールドを用意します。入力項目を作るときは「input」タグ使います。「form」タグの属性には、どのような方法で送るのかを指定する「method」属性と、サーバ側のどの処理にデータを送るのかを指定する「action」属性があります。「action」属性で指定した処理を実行するプログラムを「CGI（Common Gateway Interface）」といいます。

　フォームの使い方や「input」タグの種類については、扱う内容が多く説明も長くなってしまいます。ここでは簡単な紹介だけで済ませ、残りは実際に使う場面で説明します。

D.10.8　HTML文書の全体構造

HTML文書は、**リストD.71**のような構造を持っています。

リストD.71　`HTML`　HTML文書の全体構造

```
 1.  <!DOCTYPE html> ❶
 2.  <html> ❷
 3.    <head> ❸
 4.       ここがヘッド要素。
 5.       title などの文書情報要素をここに書く。
 6.    </head>
 7.    <body> ❹
 8.       ここがボディ要素。
 9.       見出し、本文の段落、などの文書の本体を構成する要素をここに書く。
10.    </body>
11.  </html>
```

❶ HTML文書の先頭には、DOCTYPE宣言（Document Type Definition：DTD：文書型宣言）を書く。

❷ HTML文書の始まり。

❸ head要素の始まり。

❹ body要素の始まり。

「head」要素は、このHTML文書に関するメタデータの集まりを表します。「メタデータ」は、タイトル、スタイルシートの指定といった文書本体では表せない情報を指定したものです。

「body」要素は、このHTML文書の本文を表します。Webブラウザがページとして表示したり、JavaScriptで書き換えたりしているのは、「body」要素の中身です。

D.10.9　CSSの基礎

文書を作成するとき、本文と体裁は分離して考えたほうがよいと考えられています。このとき本文から分離した体裁に関する指示を表した文書を「スタイルシート**用語**」といいます。

Webページの場合、HTML文書中の表示要素の修飾を「CSS（Cascading Style Sheets）**用語**」を使って指示します。スタイルシートは独立したファイルの場合もあれば、HTML文書内部に本文と分けて書いてある場合もあります。

CSSの仕様は規模が大きく複雑です。CSSの詳細を学ぶことは、いまのわたしたちの目的ではありませんので、ここでの説明は演習で必要となりそうな範囲に絞っておきましょう。

CSSの仕様は、HTMLの仕様と同じ様にW3Cが策定しています。CSSの仕様を知りたい人は、CSSのWebサイトを参照してください。

Cascading Style Sheets home page　https://www.w3.org/Style/CSS/

　CSSは、表示要素ごとの修飾を指示する規則の集まりです。規則には「セレクタ」「プロパティ」「値」の3つの要素があります。セレクタは、対象としたい表示要素を特定するための指示です。プロパティと値の組は、その表示要素の操作したい対象となる特性（色や大きさなど）について、どんな値を設定したいのかを指定します。

　CSSのスタイルシートの基本的な構造を**リストD.72**に示します。

リストD.72　CSSのスタイルシートの基本的な構造

```
セレクタ {
  プロパティ: 値;
  プロパティ: 値
}

次のセレクタ {
  プロパティ: 値
}
```

　プロパティと値は「:」で区切って並べます。1つのプロパティと値の組を「宣言」と呼びます。宣言が複数ある場合には、「;」で区切ります。宣言を「{」と「}」で囲んだ部分を「宣言ブロック」と呼びます。表示要素を特定するためのセレクタと、そのあとに続く宣言ブロックを合わせて「規則集合」と呼びます。スタイルシートは、このように構成された規則集合の集まりです。

　よく使われるセレクタには**表D.1**のようなものがあります。

表D.1　CSSで使われるセレクタ（よく使われるもの）

セレクタ	説明
HTMLのタグ	HTMLのタグ名がセレクタになっている場合、そのタグに該当するすべての表示要素選択対象になる。「*」を指定すると、すべてのタグが対象になる。
.class名	名前の前に「.」がついている場合はクラス名の指定。タグ名などに続ければ、そのタグ名のうち指定のクラス名を持つ要素が選択対象になる。タグ名などの指示がなければ、そのクラス名に該当するすべての表示要素が選択対象になる。
#id名	名前の前に「#」がついている場合はid名の指定。タグ名などに続ければ、そのタグ名のうち指定のid名を持つ要素が選択対象になる。タグ名などの指示がなければ、そのid名に該当するすべての表示要素が選択対象になる。
子孫セレクタ	セレクタ セレクタ。セレクタを「スペース」で区切って並べた場合、1番目のセレクタ名で選択した範囲のうち、2番目のセレクタに該当するすべての表示要素が選択対象になる。
子セレクタ	セレクタ > セレクタ。セレクタを「>」で区切って並べた場合、1番目のセレクタ名で選択した範囲のうち、一階層下に2番目のセレクタに該当する表示要素があれば、そのセレクタが選択対象になる。
隣接セレクタ	セレクタ + セレクタ。共通の親を持つセレクタを「+」で区切って並べた場合、1番目のセレクタ名に該当する要素の直後に2番目のセレクタに該当する表示要素があれば、そのセレクタが選択対象になる。

セレクタ	説明
間接セレクタ	セレクタ ～ セレクタ。共通の親を持つ複数のセレクタを「～」で区切って並べた場合、1番目のセレクタ名に該当する要素のあと（直後でなくてよい）に2番目のセレクタに該当する表示要素があれば、そのセレクタが選択対象になる。
グループ化	セレクタ ， セレクタ。同じ規則集合を持つセレクタをひとまとめに扱う。列挙されているセレクタ名のいずれかに該当する表示要素が選択対象になる。

　これらのセレクタは、「第2章 必要な機能を実験しよう」の中でページを取得したり、ページ内の要素を抽出するときに使っています。そのときの使い方では、個々のセレクタのCSSとしての働きをあまり気にしません。むしろ、セレクタによって表示要素を特定することが重要になります。みなさんも、ここではセレクタの種類や組み合わせ方を覚えておきましょう。

D.10.10　spanタグとdivタグ

　文章の指定した範囲にスタイルシートを適用したいときには、「span」タグを使います。このタグは、囲った部分を「インライン要素」としてグループ化します。

　たとえば、**リストD.73**と**リストD.74**を組み合わせると、li要素（箇条書きの項目）の中のspanブロックの部分だけ背景色が水色になります。

リストD.73　　HTML　spanの例 (span_sample.html)

```
 1. <html>
 2. <head>
 3. <link rel="stylesheet" type="text/css" href="span_sample.css">
 4. </head>
 5. <body>
 6. <ul>
 7.   <li>こちらが<span><a href="profile.html">自己紹介のページ</a></span>になります。</li>
 8. </ul>
 9. </body>
10. </html>
```

リストD.74　　CSS　spanの例 (span_sample.css)

```
 1. li span {
 2.   background: skyblue;
 3. }
```

　スタイルシートを適用したい範囲が、見出しや段落のような「ブロックレベル要素」の場合は、「div」タグを使います。「div」タグを使って囲んだ部分は、ブロックレベル要素とみなされるので、前後に改行が入ります。

　たとえば、**リストD.75**と**リストD.76**を組み合わせると、「div」で囲まれている「h2」の見出しのブロックの文字サイズが20ポイントになり、全体の色がマルーンになります。

リストD.75　`HTML`　divの例 (div_sample.html)

```
1. <html>
2. <head>
3. <link rel="stylesheet" type="text/css" href="div_sample.css">
4. </head>
5. <body>
6. <div class="sec_title"><h2>中川船長の話</h2></div> ❶
7. <p>これは、今から四十六年前、私が、東京高等商船学校の実習学生として、練習帆船琴ノ緒丸に
   乗り組んでいたとき、私たちの教官であった、中川倉吉先生からきいた、先生の体験談で、私が、
   腹のそこからかんげきした、一生わすれられない話である。</p>
8. </body>
9. </html>
```

❶『無人島に生きる十六人』須川邦彦（青空文庫）より。

リストD.76　`CSS`　divの例 (div_sample.css)

```
1. .sec_title {
2.     font-size: 20px;
3.     border-bottom:  solid;
4.     color: maroon;
5. }
```

D.11 | まとめ

　この章では、プログラミング言語のRubyの基本的な使い方、HTMLとCSSの基礎的なことがらについて紹介しました。

　プログラミング言語の文法やライブラリは非常に大きく、短く簡便に紹介するのは難しいものです。そこで、まずアプリケーションを作成するときに必要になる、クラスの定義やブロックつきメソッドの定義について演習しました。基本的なライブラリや制御構造については、これから作成するアプリケーションの中で使いそうなところに絞って演習しました。HTMLとCSSについても、演習で使いそうなところに絞って説明しました。

　この章では、短いものばかりですがRubyのプログラムをたくさん作って動かしてみました。Rubyのすべてを理解するためであるなら、まだまだ説明や演習が足りないでしょう。ですが、Rubyのプログラムを書いて動かしてみることについては、だいぶ慣れてきたのではないでしょうか。

付録 E　用語集

argument　「引数」を参照。

astah*　チェンジビジョンが開発、販売しているモデリングツールのブランド名。UMLや SysMLなどのモデリング記法をサポートしている。

CSS（カスケーディングスタイルシート：Cascading Style Sheets）　W3Cによるスタイルシートの仕様。HTMLやXMLなどに対して表示や印字のための修飾方法を指示するために用いる。コンテンツを表示または印字するメディアに応じてコンテンツに適用するスタイルシートを切り替えられる。また、Webブラウザ、コンテンツ制作者、コンテンツ利用者などが、各々が定義したスタイルシートを重ね合わせて（カスケードして）利用できる。

CSV（Comma Separated Values）　データ中の各項目をカンマ（,）で区切ったデータ形式のこと。CSV形式のデータファイルをCSVファイルと呼ぶ。

DIP　「依存性逆転の原則」を参照。

HTML　「ハイパーテキスト・マークアップ・ランゲージ」を参照。

HTTP　「ハイパーテキスト・トランスファー・プロトコル」を参照。

immutable　「イミュータブル」を参照。

ISP　「インターフェース分離の原則」を参照。

JSON（ジェイソン、JavaScript Object Notation）　元はJavaScriptにおいてオブジェクトの表記法に用いていた記法が、データ交換用の表記法として一般化したもの。基本は、順序のないキーと値を：で区切ったペアを｛と｝で囲んだもの。値としては、オブジェクト（入れ子の構造）、文字列、配列、数値（10進と指数表記）、文字列、真偽値、nullを扱える。

LSP　「リスコフの置換原則」を参照。

OCP　「オープン/クローズドの原則」を参照。

OpenSSL（オープン・エスエスエル：Open Secure Sockets Layer）　SSL プロトコル、TLS プロトコルのオープンソースによる実装。SSL（Secure Sockets Layer）と TLS（Transport Layer Security）は、共に通信相手の認証、通信内容の暗号化、改竄の検出などを提供するプロトコル。

parameter　「パラメータ」を参照。

PATH　「パス名」を参照。

RuboCop（ルボコップ）　Ruby 用のソースコードの静的コード解析、スタイルチェッカー。基本的には、Ruby のコミュニティが共有しているスタイルガイドに準拠している。また、ルールを追加、削除、調整をすれば、独自ルールのチェッカーにもなる。

Ruby on Rails　Ruby で書かれたオープンソースの Web アプリフレームワーク。短く「Rails」「RoR」とも呼ばれる。Model-View-Controller（MVC）アーキテクチャに基づいている。

Selenium WebDriver　Selenium が提供するツールの 1 つ。各種ブラウザごとに用意された専用のドライバーを介して直接ブラウザを起動、操作するテストツール。

SOLID　ソフトウェア設計における 5 つの原則に使われている逆頭字語（バクロニム）。Robert C. Martin が論文「Design Principles and Design Patterns」において提唱した 5 つの原則に対して、Michael Feathers が「SOLID」という頭字語を名付けた。「単一責任の原則（SRP）」「オープン/クローズドの原則（OCP）」「リスコフの置換原則（LSP）」「インターフェース分離の原則（ISP）」「依存性逆転の原則（DIP）」がある。

SRP　「単一責任の原則」を参照。

UML　「統一モデリング言語」を参照。

URI　「ユニフォーム・リソース・アイデンティファイア」を参照。

URL　「ユニフォーム・リソース・ロケータ」を参照。

W3C　「ワールド・ワイド・ウェブ・コンソーシアム」を参照。

Webアプリ　Webサーバーや連携動作するサーバー上で対象業務の処理を実行し、動的に Webページを生成するアプリケーション。または、そのような処理を提供するための複数の サービスからなるシステム。

Webスクレイピング（Web Scraping）　Webサイトから情報を抽出するソフトウェア技術、ま たはその技術を使った行為。

WWW　「ワールド・ワイド・ウェブ」を参照。

イミュータブル（immutable）　変数や文字列に対して破壊的変更を認めないという特性を持た せること。または、破壊的変更ができないようにするための宣言。変更されないはずと考えて いる文字列や数値が不用意に書き換えられると、想定しない不具合の原因になりやすい。書 き換えできないという特性を持たせることで、書き換えようとするような不具合が見つかると 警告できるようになる。

インターネット（internet）　互いに独立していたネットワーク同士を接続し、接続したネット ワーク内のコンピュータ間で相互のデータをやり取りできるようにしたネットワークのこと。 インターネット上に構築された World Wide Web の閲覧、検索が一般化してからは、このこ とを「インターネットする」「ネットする」と呼ぶこともある。かつては固有名詞として the Internet と表記していたが、現在は普通名詞として扱われて internet と表記するようになった。

インターフェース分離の原則（ISP：Interface Segregation Principle）　SOLIDの原則の1つ。 「クライアントは自分が使わないメソッドに依存することを強制されない」あるクラスを利用 していてそのクラスが他の使途のためにインターフェースを追加すると、これまで利用してい た側のクラスも、そのインターフェースの実装を強要されてしまう。そうならないよう、イン ターフェースを分離して設計する。

オープン／クローズドの原則（OCP：Open/Closed Principle）　SOLIDの原則の1つ。開放/閉 鎖原則ともいう。「拡張に対して開いていること（オープン）、修正に対して閉じていること （クローズド）」新しい機能や要件の変更で拡張する場合は、既存のコードに新しいコードを 追加すれば対応できるよう（オープン）に設計する。また、その修正において、既存コード は修正しなくても済むよう（クローズド）に設計する。

カレントディレクトリ（current directory）　コマンドプロンプトやターミナルを使っているとき、 あるいはシェルスクリプトでアプリケーションを実行しているとき、その処理を実行する際に 位置していたディレクトリのこと。MacやLinuxのターミナルでは、pwdコマンドで表示できる。 Windowsのコマンドプロンプトでは、引数なしのcdコマンドで表示できる。

クラス図（Class Diagram）　UMLの図の1つで対象の業務やシステムがどのような要素で構成され、それらの要素の間にはどのような関係があるのかを示すことで、対象の構造を表す。構成要素を「クラス」や「パッケージ」のシンボルで表し、要素間の関係を「関連」の線を引いて表す。

スクレイパー（scraper）　もとは物質の外面をこそげとるへら状の器具のこと。Webサイトを巡回し、情報を収集するアプリケーション。クローラー、Webスクレイパー、Webスパイダーとも呼ばれる。

スタイルシート　文書の構造と体裁を分離するという考え方に基づき、文書作成における体裁に関する指示を分離した記述のこと。HTMLやXHTMLに対して用いるCSSや、XMLに対して用いるXSLがある。

ステートマシン図（Statemachine Diagram）　UMLの図の1つ。対象の業務やシステムあるいはそれらの構成要素が、起きるのを待っているできごと（イベント）とイベントが起きたときの動作を示すことで、対象の振舞いを表す。イベントを待っている場面を「状態（state）」で表し、イベントが起きたときに実行する動作を「アクション」で表す。イベントが起きて次の状態に移ることを状態間に引いた「状態遷移」と呼ぶ矢印で表し、矢印に遷移の契機になったイベントを書く。

セッション管理　Webサーバーは、HTTPを使うだけでは同一のクライアントとの一連のやり取り（セッション）を把握できない。そこで、Cookieやhiddenフィールドまたはデータベースなどを用いてクライアントとの接続状況を把握し、同じセッションとして取り扱えるようにすること。

セレニウム（Selenium）　おもにWebアプリをテストするために作られたテスト用ツール。ブラウザの操作を記録したり、人がブラウザを操作するように多数のプログラミング言語で作成したプログラムからブラウザを操作する仕組みを持つ。

ディレクトリ（directory）　コンピュータのファイルシステムにおいて、複数のファイルをまとめて扱う際に使用する格納場所を表したもの。多くのOSにおいて、ファイルシステムは、ディレクトリを入れ子にした階層構造になっている。

ドメイン（領域、domain）　ソフトウェアの分野では、システムのうち、とりわけ対象業務や解決すべき問題に関わる部分を指す言葉。また、開発しているシステムのうち、対象業務に関わる要求や機能に対応している部分を指す場合もある。「アプリケーション・ドメイン」ともいう。

ドメイン分割（Domain Separation）　システムには解決したい問題に関するドメインがあると考え、システムの構成要素（あるいはその候補）について、該当する要素などをくくりだす行為。また、その行為によって分けたのちのドメイン構成のこと。

ハイパーテキスト（Hypertext）　ハイパーテキストは、文書中の離れた箇所や他の文書の特定の場所へのつながりである「ハイパーリンク（Hyper Link）」を情報として含む、構造化された文書のこと。

ハイパーテキスト・トランスファー・プロトコル（HTTP：HyperText Transfer Protocol）　TCP/IPのアプリケーションプロトコルの1つ。WebブラウザとWebサーバーとが通信する際に使用する。主流のHTTP/1.1は、RFC 7230からRFC 7235で規定されている。コンテンツの場所を表すのにURLを、文章などコンテンツの表記にはHTMLを用いる。

ハイパーテキスト・マークアップ・ランゲージ（HTML：HyperText Markup Language）　複数の文書（テキスト、画像、その他のメディア）を相互に関連づけて構成した文書であるハイパーテキストを記述するためのマークアップ言語の1つ。おもに、World Wide Web（WWW）において、Webページを表現するために用いる。

ハイパーリンク（Hyper Link）　文書中の離れた箇所や、他の文書の特定の場所へのつながりを表すために用いる接続方法のこと。

パス名　パス（PATH）は経路の意味。ほとんどのOSにおいて、ファイルシステムはディレクトリ（もしくはフォルダ）によって入れ子となった階層構造を持つ。パスは、この木構造をたどる経路を使って、特定のディレクトリやその中のファイルを指し示すための記法である。パス名には、ルートディレクトリからの経路を示す「絶対パス名」と、親ディレクトリを「..」で表す方法を使うことで兄弟のような別の枝となるディレクトリを示すような「相対パス名」がある。パスの区切り文字は、Windowsでは円記号（¥）、MacやLinuxではスラッシュ（/）を使う。

パラメータ（parameter）　プログラムやその内部で使用する関数において、外部と値をやり取りするために用いる変数。呼び出す側が渡す引数を「実引数（actual parameter）」、呼び出される側が受け取る引数を「仮引数（formal parameter）」と呼ぶ。呼び出された側は、渡された値を自分で定めた仮引数の値として操作できる。このことによって、呼び出す側が実際に使用している変数に依存しないプログラムや関数を作成できる。

プロキシーサーバー（Proxy Server）　内側のネットワーク（多くの場合LAN）と外部のネットワーク（多くの場合WAN、インターネット）の間に介在するサーバー。訪問頻度が外部

サーバーの情報をキャッシュして外部アクセスのトラフィックを下げる、外部のネットワークから取得した情報のセキュリティをチェックするといった目的で設置する。

マジックコメント（Magic Comment）　ソースコードの先頭行に書く、特別な意味を持つコメント行。たとえば、ソースコード自体の文字符号化方式（文字コード）を指定する、テキストエディタが参照する設定、実行時の動作に関わる指示などを記載しておく。

モデリングツール（Modeling Tool）　モデル図を描くための図形描画用エディタ。描画を支援するモデル図の記法に対して、その記法のシンボルや図のテンプレートを提供する。また、描画時に記法の持つ制約を示唆する機能を提供する場合もある。モデル要素やその関係をモデル情報のデータベース（リポジトリ）に保存しておくことで、モデル情報を他の用途や別のツールへ転用できる。

ユースケース図（Use-Case Diagram）　UMLの図の1つ。対象の業務やシステムを利用する人や外部のシステムと、それらに対して対象が提供する機能やサービスを表す。提供する機能やサービスを「ユースケース（Use-Case）」、享受する人や外部システムを「アクター（Actor）」で表す。ユースケースと関連するアクターの間は「関連」の線を引いて表す。

ユニフォーム・リソース・アイデンティファイア（URI：Uniform Resource Identifier）　URIスキームとして定義された書式によって、各種資源の場所や特性などを表現する記法。RFC 3986で規定されている。公式なURIスキームは、IANA（Internet Assigned Numbers Authority）が管理している。

ユニフォーム・リソース・ロケータ（URL：Uniform Resource Locator）　URIの様式を用いてインターネット上の資源の場所を特定するための記法。おもにWWWにおいてWebサイトなどのコンテンツの所在を示すために用いる。かつてはUniversal Resource Locatorと呼ばれていた。

リスコフの置換原則（LSP：Liskov Substitution Principle）　SOLIDの原則の1つ。「あるクラスSがクラスTの派生型であれば、Tのオブジェクトが使われている箇所はSのオブジェクトで置き換え可能」クラスTのオブジェクトを使っている場面では、その派生クラスであるクラスSのオブジェクトもクラスTのオブジェクトのように利用できるよう設計する。

ロバストネス図（Robustness Diagram）　ロバストネス分析に使う記法およびその記法で作成された分析図のこと。UMLでは、クラスにロバストネス図の3要素をステレオタイプとアイコンで割当て、クラス図に描く。

ロバストネス分析（Robustness Analysis）　システムがバウンダリ、エンティティ、コントロールの3種類の要素から構成されると考えてシステムの処理を分析する手法。

ワールド・ワイド・ウェブ（WWW：World Wide Web）　インターネット上に展開されている、ハイパー・テキストによる情報共有システムのこと。おもにWebブラウザのようなクライアントを用い、情報提供者がWebサーバー上に公開しているWebページを閲覧する。

ワールド・ワイド・ウェブ・コンソーシアム（World Wide Web Consortium）　World Wide Webで使用される各種技術の標準化を推進する為に設立された標準化団体、非営利団体。HTML、XML、MathML、DOMなどの規格を勧告している。略称はW3C。2019年5月に、W3CはHTMLとDOMに関する標準策定をやめ、今後はWHATWGが策定するリビングスタンダード（バージョン番号などをつけず、毎日改版や修正を行っている仕様）が標準の仕様ということになった。

依存性逆転の原則（DIP：Dependency Inversion Principle）　SOLIDの原則の1つ。「上位モジュールは下位モジュールに依存すべきではなく、両方とも抽象（abstractions）に依存すべき。抽象は詳細に依存すべきではなく、詳細が抽象に依存すべき」下位のモジュールに依存する（下位のモジュールのインターフェースを呼び出す）構造になっていると、下位モジュールの修正の影響を上位のモジュールが影響を受けやすい。代わりに、依存するインターフェースを抽出して分離し、上位と下位のモジュールは共にこのインターフェースに従うように設計する。

階層化アーキテクチャ（Layered Architecture）　変化に強いシステムを構築するために、システム構築に使う基盤とアプリケーションを分離するために階層を設けて対処する構造に関する様式のこと。実例としてISOの7階層などがある。多層アーキテクチャ（Multitier architecture）と呼ぶこともある。

環境変数　OSが利用者に提供するデータ共有、データ設定機能の1つ。プログラムが実行時に参照するパス名や設定値などを、利用者がログインしているプロセスに対して設定できる。また、設定している値をこの変数を介して複数のプログラム間で参照できる。

単一責任の原則（SRP：Single Responsibility Principle）　SOLIDの原則の1つ。「モジュールは1つのアクターに対して責任を追うべきである」モジュールが複数の外部要素（アクターとみなす）に対して責任を負えば、別の立場の要求に応える働きを抱えることになる。これは責務の集中を意味する。そうではなく、複数の働きを持つとしても同じアクターに対してだけ責任を負うような設計をすべきという原則。

統一モデリング言語（UML：Unified Modeling Language） システムや業務の分析設計に使う各種の図について、記法を統一した仕様。かつては手法ごとに異なっていた図の種類や記法を、オープンで標準的な仕様として集約したもの。現在はOMG（Object Management Group）が管理している。ISOやJISの標準にもなっている。JISの用語では「統一モデル化言語」と呼ぶ。

引数（アーギュメント、argument） コマンドや関数に指示や設定を与えるための値。「パラメータ」を参照。

非同期処理 関数を呼び出すときは、たいていは処理が終わるのを待って結果を受け取る。しかし、時間のかかる処理や時限のある処理では、処理の完了を待っていると他の処理ができなくなってしまう。そこで、結果を待たずに関数の呼び出しは終了し、処理結果が得られたときにコールバック関数を使って呼び出し元に通知する方式を使う。このような処理方式を非同期処理と呼ぶ。

平文 データ通信やファイルに保存するデータのうち、秘匿のための処理が施されていないデータのこと。「文」と呼んではいるが文とは限らない。画像や音声のようにバイナリーデータでも、そのまま再生、閲覧が可能なものは平文とみなす。

おわりに

　最後までお読みいただき、ありがとうございました。

　この本では、提供する機能がどんなもので、どうやって作ればよいかについて考えることを重視して演習してきました。ふつうであれば、Webアプリの作り方となれば、Webアプリの仕組みを調べたりWebページのUIについて検討したくなるものです。たしかに、Webアプリの仕組みを知ることは楽しいですし、重要です。しかし、それをいくらやってもアプリケーションの分析や設計にはなっていないことに、いまのみなさんは気づいているでしょう。

　演習では、できるだけ小さいステップで、徐々に作り上げていくように進めました。わからないことがあれば、プログラムを作って実験してみることもありました。実験してみてわかったことを元にして、そこからアプリケーションに組み込む方法を決めていきました。たとえば、Selenium WebDriverの使い方を調べたときは、いきなりAmazonの注文履歴で試そうとはしませんでしたね。その前に、もっとシンプルなWebサイトを使って、WebDriverの動作やプログラムの作り方を確認しました。

　また、アプリケーションの開発にとっては、作ろうとするアプリケーションの問題を検討する過程が重要なことも学びました。たとえば、コマンドライン版のアプリケーションを作るときは、誰がどのようにアプリケーションを利用するのかをユースケース図とユースケース記述を使って整理しました。プログラムの構造を考えたときは、注文履歴を取得するところとAmazonのWebサイト操作をするところに分けて構成するという指針を立てました。そして、その指針に合わせてプログラムを作成しました。Webアプリの場合では、画面と処理とデータの関係をロバストネス図を使って整理し、ステートマシン図で画面遷移を検討してから作成しました。いずれも、作ろうとするアプリケーションのことをよく考える過程であったことが、いまならわかるでしょう。同時に、大きな問題は小さな問題に分けて解決するという考え方が、ここでも役に立つことを実感できたのではないでしょうか。

　さて、もしみなさんがこの本の演習に「Ruby on Rails用語」を使っていたらどうなっていたでしょうか。おそらくは、Railsという大規模なフレームワークの環境設定やライブラリの使い方について学ぶことに相当量の演習を必要としたでしょう。また、複雑さや機能の多さに翻弄され、肝心なアプリケーションの中身について検討する意識はかなり薄れてしまっていたでしょう。一方で、この本の演習をやり遂げたみなさんは、Webアプリを作ることとRailsの使い方を学ぶことの違いがわかっています。いまは、Railsについて学ぶ準備が整った段階と考えてかまわないでしょう。

　この本はWebアプリの仕組みやページの作り方を学ぶ本ではなく、Webアプリの中身の作り方を学ぶ本として書きました。あまりこのような視点で書いている本は見当たりませんでし

た。みなさんがこの本の演習を通じて、そういった違いに気づいていただけたなら嬉しいです
し、この本が役に立ったということなのではないかと考えています。

　最後にお願いがあります。この本を読んだ感想をいただけると大変助かります。ぜひご協
力いただけますようお願いいたします。

アンケートフォーム　https://forms.gle/g4VfPm7DVjFssMp39

アンケートフォームのQRコード

索引

〈著者略歴〉

久保秋 真 （くぼあき しん）

株式会社チェンジビジョン勤務。
モデリングツール「astah*」の開発支援、UML や SysML を使ったモデリングのコンサルティングや技術教育の開発・講師を担当し、全国を駆け回る毎日。ET ロボコンのモデル審査員としてロボコンにも参画。大学などの講義では演習に Mindstorms や Ruby を活用。アジャイル開発とモデル駆動開発（MDD）の双方に関心を持つ。
情報処理学会、日本ソフトウェア科学会各会員。早稲田大学理工学術院非常勤講師、日本大学生産工学部非常勤講師、関東学院大学理工学部非常勤講師、トップエスイー講師、スマートエスイー講師。日本雨女雨男協会 IT 本部長。日本あんこ協会あんバサダー。
著書に『作りながら学ぶ Ruby 入門 第 2 版』（SB クリエイティブ刊）、『作って身につく C 言語入門』（ソシム刊）などがある。

編集：ツークンフト・ワークス　www.zukunft-works.co.jp
DTP：スタヂオ・ポップ

Ruby ではじめる Web アプリの作り方

2021 年 11 月 25 日　　第 1 版第 1 刷発行

著　　者　久保秋 真
発 行 者　村 上 和 夫
発 行 所　株式会社 オーム社
　　　　　郵便番号　101-8460
　　　　　東京都千代田区神田錦町 3-1
　　　　　電話　03(3233)0641(代表)
　　　　　URL　https://www.ohmsha.co.jp/

© 久保秋 真 2021

印刷・製本　三美印刷
ISBN978-4-274-22741-7　Printed in Japan

本書の感想募集 https://www.ohmsha.co.jp/kansou/
本書をお読みになった感想を上記サイトまでお寄せください。
お寄せいただいた方には、抽選でプレゼントを差し上げます。

基礎からわかる TCP/IP
ネットワークコンピューティング入門
第3版

村山公保 著

A5判 344頁 定価(本体2000円【税別】)

テスト駆動開発

Kent Beck 著／和田卓人 訳

A5判 344頁 定価(本体2800円【税別】)

リファクタリング
既存のコードを安全に改善する
第2版

Martin Fowler 著
児玉公信・友野晶夫・平澤 章・
梅澤真史 共訳

B5変判 456頁 定価(本体4400円【税別】)

達人プログラマー　第2版
熟達に向けたあなたの旅

David Thomas・Andrew Hunt 共著
村上雅章 訳

A5判 448頁 定価(本体3200円【税別】)

型システム入門
プログラミング言語と型の理論

Benjamin C. Pierce 著
住井英二郎 監訳
遠藤侑介・酒井政裕・今井敬吾・
黒木裕介・今井宜洋・才川隆文・
今井健男 共訳

B5判 528頁 定価(本体6800円【税別】)

Rust プログラミング入門

酒井和哉 著

A5判 304頁 定価(本体3400円【税別】)

例解 UNIX/Linux プログラミング教室
システムコールを使いこなすための12講

冨永和人・権藤克彦 共著

B5変判 512頁 定価(本体3700円【税別】)

データサイエンス教本
Pythonで学ぶ統計分析・パターン認識・深層学習・
信号処理・時系列データ分析

橋本洋志・牧野浩二 共著

B5変判 344頁 定価(本体3600円【税別】)

◎定価の変更、品切れが生じる場合もございますので、ご了承ください。
◎書店に商品がない場合または直接ご注文の場合は下記宛にご連絡ください。
TEL.03-3233-0643 FAX.03-3233-3440 https://www.ohmsha.co.jp/

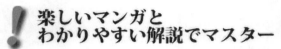